三维点云：原理、方法与技术（下）

王映辉　赵艳妮　著

科 学 出 版 社
北 京

内 容 简 介

本书内容是三维点云的核心原理、方法与技术，重点是点云模型的三维空间识别、理解与重建。全书上、下两册，分为四部分，共 15 章，上册包括点云获取与预处理、点云特征分析与计算和点云识别与理解；下册介绍点云重构与艺术风格化。本书为下册。

本书可作为高等院校计算机视觉、人工智能、数字媒体技术、虚拟现实、地理信息、测绘和建筑等专业本科生或研究生的参考书，也可供点云的研究人员、技术开发人员和工程技术人员等阅读。

图书在版编目(CIP)数据

三维点云：原理、方法与技术. 下 / 王映辉，赵艳妮著. —北京：科学出版社，2022.6

ISBN 978-7-03-067187-5

Ⅰ. ①三… Ⅱ. ①王… ②赵… Ⅲ. ①计算机视觉-研究 Ⅳ. ①TP302.7

中国版本图书馆 CIP 数据核字（2020）第 246798 号

责任编辑：宋无汗 / 责任校对：崔向琳

责任印制：张 伟 / 封面设计：陈 敬

科 学 出 版 社 出版

北京东黄城根北街 16 号

邮政编码：100717

http://www.sciencep.com

北京中石油彩色印刷有限责任公司 印刷

科学出版社发行 各地新华书店经销

*

2022 年 6 月第 一 版 开本：720×1000 1/16

2023 年 5 月第二次印刷 印张：13 1/4

字数：267 000

定价：125.00 元

（如有印装质量问题，我社负责调换）

作 者 简 介

王映辉，博士，江南大学二级教授，博士生导师，主要从事三维计算机视觉智能、虚实融合方面的研究。中国虚拟现实与可视化产业技术创新战略联盟常务理事，CCF 高级会员，ACM/IEEE 会员，曾担任西安理工大学计算机科学与工程学院院长（2006.06～2016.10）。先后主持或参与完成国家重点研发专项课题、国家自然科学基金项目等国家级项目十多项；发表 SCI 论文百余篇，出版著作和译著 6 部；获得省部级及以上科学技术奖 5 项。

赵艳妮，副教授，主要从事三维建模、三维识别等三维计算机视觉智能方面的研究。参与完成国家自然科学基金项目 4 项，主持或参与完成陕西省自然科学基金项目 5 项；发表论文三十多篇，授权发明专利 5 项，参编教材 3 部，其中一部荣获陕西省计算机教育学会优秀教材奖。

前　言

人们的日常生活和工作，时刻处于三维空间中。机器人完成人类赋予的任务，首先要对三维空间进行感知和理解。目前，研究者的研究主要集中在对图像和视频的空间认知和理解。由于图像和视频本质上是特定视点下的场景及其所含物体的二维投影或投影序列，基于二维的图像结构进行三维空间的识别与理解，具有无法克服的歧义性。此外，人类对空间的理解，特别是对复杂空间的理解是基于已有的经验知识，这是一个非常复杂的思维过程。基于二维图像模型对三维空间进行认知，则有很大的难度。

为此，作者基于三维空间表达模型，即点云(也称三维点云或三维点集)模型，开展了十多年的相关研究。在三维点集这种易于表达空间场景物体复杂形状模型的基础上，结合点集几何理论和模式识别理论，探究点云的组成机理，融合基于几何特征的空间识别、三维场景恢复为主要脉络的研究策略，建立一套以离散点云为对象的空间识别与表达的理论体系和方法体系，并给出了详细的算法描述，为基于点云的场景认知建立了一套完整的方法框架，丰富了空间感知和理解的理论体系，为更广范围的点云模型应用奠定了基础，力争在空间感知和理解方面取得突破性进展。

本书向读者介绍一个完整的基于点云的原理、方法和技术体系，全书为四部分内容：点云获取与预处理、点云特征分析与计算、点云识别与理解、点云重构与艺术风格化。第一部分重点阐述点云的定义、结构特征、计算机逻辑存储格式，以及去噪、精简与重采样方法、孔洞的补缺方法等内容。第二部分重点针对点云物体的宏观结构特征和外表局部特征，对点云表达物体的骨架特征和脊、谷线特征进行方法上的详细描述。相对于曲率、挠率等特征，骨架特征和脊、谷线特征更为复杂，也是点云识别及其应用的关键特征。第三部分首先阐述分割方法的评价标准，这是场景认知的基础；其次阐述场景及其物体最基本构成成分——构件，并给出识别和提取构件的方法及其实现算法；再次结合场景物体的提取，给出基于构件的物体识别与提取方法和实现算法；最后针对场景的结构给出场景的表达方法，以及基于场景表达的场景理解方法。在第四部分点云重构与艺术风格化中，结合建立的场景表达体系结构：构件-物体-场景，在感知和认知理解方法的基础上，给出三维场景恢复和重建的技术体系，为无空间拓扑结构的点集模型变换为具有空间拓扑结构的几何模型奠定基础，也为点云模型的广泛应用提供技术上的解决思路。

本书全面介绍点云研究的前沿核心算法，重点介绍作者及课题组十多年的研究成果，力求在介绍基本概念和脉络的同时，将最新的研究成果展示给读者，以便读者了解基于点云的空间场景识别与重构的方法体系，并掌握相关的原理。

本书想法始于 2013 年年底，最初的目的是撰写一本基于点云模型理论、方法与技术体系的系统性专著，但架构和内容体系没有最终确定。之后，在多项国家自然科学基金项目的支撑下对点云进行了研究和不断探索，2020 年提出了以空间感知与重构为主脉络的三维点云的原理与方法体系，为本书的撰写奠定了基础。在撰写本书的过程中，博士研究生赵艳妮、唐婧以及宁小娟、郝雯博士对研究成果进行了梳理，博士研究生吴敏对书稿进行了多次检查和优化。此外，本书部分内容来自宁小娟、郝雯、李晔、刘晶、张缓缓、王丽娟等博士(按照毕业时间顺序)，博士研究生赵艳妮、唐婧，刘静、罗鹏飞、邓剑雄、陈东、贺鑫鑫、徐乐、付超、王超、吴超杰、李晓文等硕士(按照毕业时间顺序)的研究成果。另外，美国凯斯西储大学计算机专业的黄亮一博士、美国德克萨斯大学达拉斯分校计算机专业的博士研究生王宁娜，为本书部分章节的撰写提供了宝贵意见，在此一并表示感谢。感谢国家自然科学基金委对相关研究内容的支持！感谢江南大学 2021 年学术专著出版基金资助出版！感谢所有参考文献的作者！同时，感谢我的爱人王琼芳女士长期无悔的支持和理解！

由于作者水平有限，书中的疏漏在所难免，恳请读者批评指正。

目　　录

第四部分

点云重构与艺术风格化

第 11 章　点云曲面重建

基于点云数据重建出三角网格的过程，即利用点云数据携带的信息构建出原始曲面的几何模型的过程，称为点云曲面重建。在科学计算可视化（visualization in scientific computing，VISC）、计算机辅助几何设计（computer-aided geometric design，CAGD）、计算机图形学、逼近论等领域，为更好地研究被测对象，需要根据给定的点云模型进行曲面重建。点云曲面重建是很多研究领域中的关键步骤，如逆向工程、医学影像可视化，也是现代技术研究的热点。

曲面表达形式主要有隐函数表达形式、参数表达形式、网格表达形式和点云表达形式等几类。常见的基于点云的曲面重建方法相应地可以分为三类，分别是隐式曲面重建方法、参数曲面重建方法和网格曲面重建方法。本章主要阐述由点云表达形式到其他三种表达形式的转换方法。

11.1　点云曲面重建经典方法

Voronoi 图是一种空间分割算法，其空间划分思想来源于笛卡儿的凸域分割空间理论。Voronoi 图与 Delaunay 三角剖分互为对偶，基于点之间的连接关系和规则形成的 Voronoi 图与 Delaunay 三角剖分的过程，实质是基于点云形成网格曲面重建的过程[1,2]。

接下来，介绍基于 Voronoi 图和 Delaunay 三角剖分的点云曲面重建的相关方法。

11.1.1　基于 Voronoi 图的点云曲面重建

对于平面上任意两点 p、q，将二者之间的欧氏距离记为 $\mathrm{dist}(p,q)$，那么，可将 $\mathrm{dist}(p,q)$ 表示为

$$\mathrm{dist}(p,q)=\sqrt{(p_x-q_x)^2+(p_y-q_y)^2} \tag{11-1}$$

设 $P=\{p_1,\cdots,p_n\}$ 为平面上任意 n 个互异的点，这些点被称为基点。将平面划分为 n 个单元（cell），且对于位于点 p_i 所对应的单元中的任一点 q，当且仅当对

于任何的 $p_j \in P(j \neq i)$，都有 $\mathrm{dist}(q, p_i) < \mathrm{dist}(q, p_j)$，则称其为 P 对应的 Voronoi 图，记作 Vor(P)或 $V(P)$。

Voronoi 图实际上是一种连续多边形，由一组邻点直线的垂直平分线连接形成，又称 Dirichlet 图、泰森多边形，如图 11-1 所示。构建 Voronoi 图的关键在于形成离散数据点的 Delaunay 三角形，即对平面的一个子区域进行划分，将整个平面划分成若干个单元。

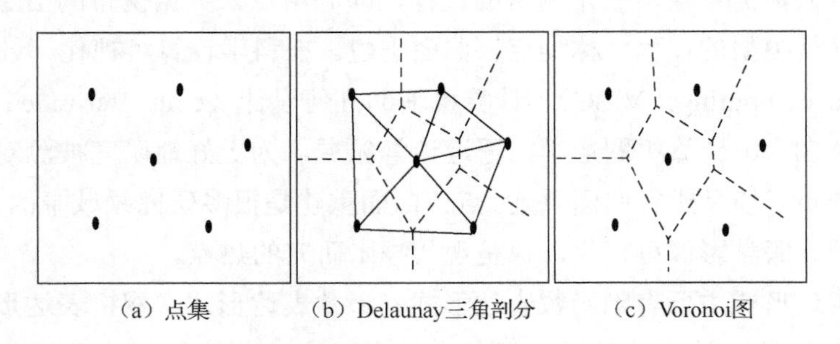

（a）点集　（b）Delaunay三角剖分　（c）Voronoi图

图 11-1　Voronoi 图的构建过程

1. Voronoi 图的性质

（1）对偶特性。Voronoi 图与 Delaunay 三角形互为对偶（三个 Voronoi 顶点构成一个 Delaunay 三角形）。

（2）最近邻特性。对于欧氏平面上一组互不相同的点，当且仅当其中两个点的 Voronoi 图（其中的一个多边形区域）共享一条有限长度的边时，这两个点为近邻点。

（3）空圆特性。在 Voronoi 图中选取任意结点 q，记 q 所在的 Voronoi 边对应的离散点集（3 个或更多）为 S，并构建圆 C，若 C 内不包含点集 S 中的其他离散点，则圆 C 称为空圆。其中，半径最大的空圆称为最大空圆。

（4）线性特性。Voronoi 图是含有 n 个多边形以及三个及以上结点的平面图形。假设 n、n_e、n_v（$3 \leqslant n \leqslant +\infty$）分别表示图中的生长点、Voronoi 边与 Voronoi 结点的个数。由于每一条 Voronoi 边存在两个结点，而每个结点至少属于三条边，那么有 $2n_e \geqslant 3n_v$。运用欧拉规则可得 $n_e \leqslant 3n-6$、$n_v \leqslant 2n-5$，这说明 Voronoi 图随着生长点的个数 n 呈线性增长。

2. 与 Voronoi 图相关的概念

中轴：一个对象的中轴是一个离散点集，这个点集中至少有两个距离该三维对象边界最近的点，该点集构成的线条称为中轴，即拓扑骨架，如图 11-2 所示。

局部特征尺寸：给定一个光滑流形 M（有关流形的概念参阅文献[3]），M 上任意一点的局部特征尺寸指该点和 M 的中轴之间的距离，如图 11-3 所示。

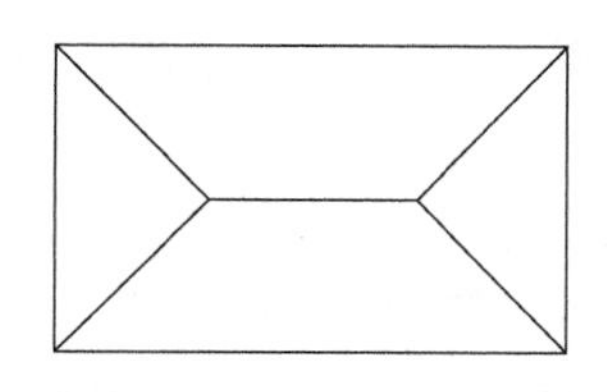

图 11-2　中轴

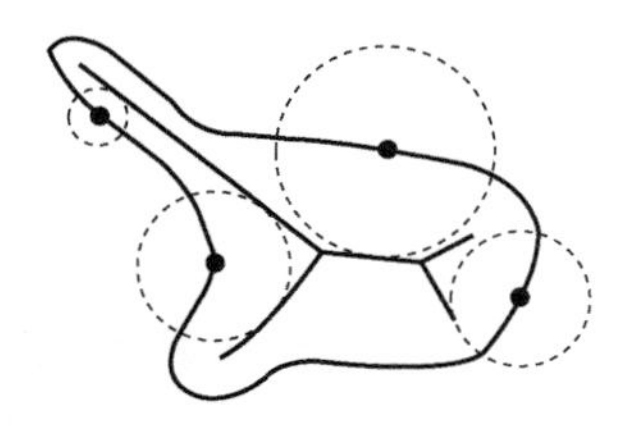

图 11-3　局部特征尺寸

ε-采样：在曲面 S 上对各点采样密度最大为这些点的局部特征尺寸的 ε 倍的一种非均匀密度采样方法。ε-采样的相关方法如下：

（1）如果点集 P 是对曲面 S 的 ε-采样，记为 $V_s(P)$，且 ε 满足式（11-2）所示条件，则 $V_s(P)$ 具有闭球属性。

$$\cos\left[\arcsin\left(\frac{2\varepsilon}{1-\varepsilon}\right)+\frac{\varepsilon}{1-3\varepsilon}\right]>\frac{\varepsilon}{1-\varepsilon} \tag{11-2}$$

（2）如果点集 P 是对曲面 S 的 ε-采样，P 对应的 Voronoi 图 $V(P)$的极点随着 ε 接近于 0 而收敛于曲面 S 的中轴。

（3）如果点集 P 是对曲面 S 的 ε-采样，对点集 P 中的任意点 p，令 P^+代表点 p 的 Voronoi 图原胞的极点，那么曲面 S 在 p 点处的法矢与向量 $P-P^+$ 的夹角不超过 $\arcsin(2\varepsilon/1-\varepsilon)$。

3. Voronoi 图的生成方法

关于平面点集的 Voronoi 图生成方法，代表性的方法主要分为两类[1]：①直接法，如增量法、分治法、半平面法和扫描线法等；②间接法，即利用 Voronoi 图的对偶性，先生成 Delaunay 三角形，然后构造 Voronoi 图，有换边法和升维法等。

下面以增量法为例，介绍 Voronoi 图的生成过程。

假定在二维空间中有 n 个生长点，这 n 个生长点按某种方式排序，如从 p_1 到 p_n 或者从 p_n 到 p_1。设 v_m 表示前 m 个生长点 p_1、…、p_m 的 Voronoi 图。从 v_3 开始，每增加一个生长点 $p_m(m\leqslant n)$，对 v_{m-1} 进行局部重新剖分，得到 v_m。由 v_{m-1} 扩展至 v_m 的过程中，主要包括两个步骤（图 11-4）。

（1）搜索邻近元。从 v_{m-1} 对应的生长点 p_1、…、p_{m-1} 中寻找与新增生长点 p_m 最近的生长点 $p_m(m)$。

（2）局部更新。作线段 $p_mp_m(m)$的垂直平分线，寻找垂直平分线与 Voronoi 多边形 $v_{m-1}[p_m(m)]$的交点，并确定与其邻近的 Voronoi 多边形 $v_{m-1}[p_{m1}(m)]$。然后，

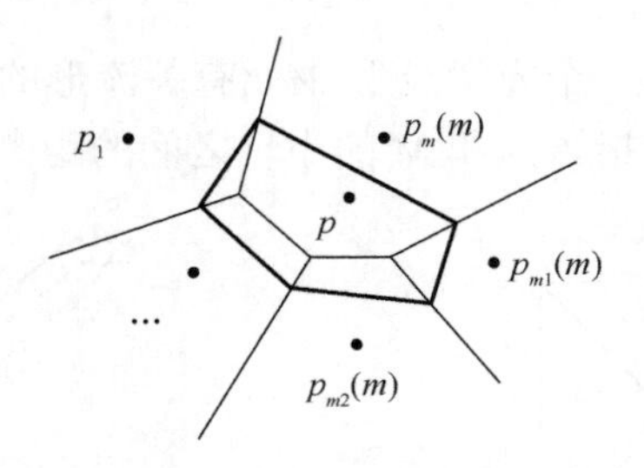

图 11-4 Voronoi 图的生成过程（以增量法为例）

作边 $p_m p_{m1}(m)$的垂直平分线，并找出其与 Voronoi 多边形 $v_{m-1}[p_{m1}(m)]$的另一个交点和邻近的多边形 $v_{m-1}[p_{m2}(m)]$。重复此过程，可以获得 p_m 的 Voronoi 多边形 v_m。

有关 Voronoi 图的详细内容，可参阅文献[1]。

4. 基于 Voronoi 图的三角网格曲面重建

下面介绍基于 Voronoi 图的三角网格曲面重建的常见方法，典型的有 Crust 方法和 Cocone 方法等。

1）Crust 方法

Crust 方法可以在二维平面上进行曲线重建或在三维空间进行曲面重建[4,5]。

Crust 二维算法在二维平面上进行曲线重建过程如下：首先计算光滑曲线 F 的离散采样点集 S 的 Voronoi 图，令 V 代表 Voronoi 图的顶点，对 $S \cup V$ 进行 Delaunay 三角剖分，Crust 由点集 S 中的点形成的边组成，这些边均为 Delaunay 三角形边且对采样点集 S 和 Voronoi 图顶点 V 满足空圆特性。其中，Voronoi 图顶点 V 起过滤作用。

Crust 方法需要保证重建曲线在拓扑结构上与原采样曲线一致，在采样密度满足 ε-采样的前提下，所得曲线与原采样曲线微分同胚。Crust 方法对二维曲线重建示例如图 11-5 所示。

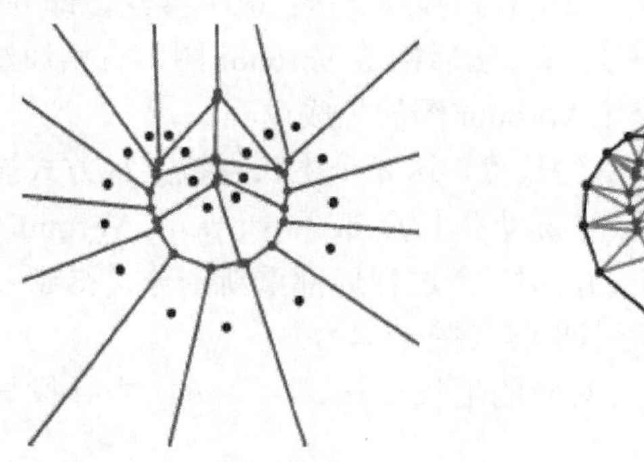

图 11-5 Crust 方法对二维曲线重建示例

在三维空间上拓展 Crust 二维算法，得到 Crust 三维算法。但是，Voronoi 图中并不是所有结点都逼近曲面中轴，因此需要计算逼近中轴的极点，对这些极点与采样点集 S 进行 Delaunay 三角剖分，然后再利用极点对 Delaunay 三角形进行过滤。如果某个三角形的三个顶点都位于点集 P 中，就保留该三角形；否则，过滤掉该三角形。同样，在采样密度足够大的情况下，通过过滤生成的 Delaunay 三角网格曲面与原采样曲面微分同胚。

2）Cocone 方法

Cocone 方法中主要利用约束 Voronoi 图和 Delaunay 三角形进行三角网格曲面重建[6]。

已知 P 是三维空间 R^3 上的一个点集，D_p 和 V_p 分别代表对 P 进行的 Delaunay 三角剖分与对应的 Voronoi 图。对 P 中的任意两点 p 和 q，当且仅当 p 和 q 各自的 Voronoi 图原胞 V_p 和 V_q 共享一个面时，p 和 q 构成 Delaunay 三角形的一个边，以此类推，Delaunay 三角形和 Voronoi 图具有对偶关系。

对曲面 S 上点集 P 的 Voronoi 图 V_p 进行约束，定义一个包括约束 Voronoi 图原胞的约束 Voronoi 图 $V_{p,S}$，其中 $V_{p,S}=V_p\cap S$，即和曲面 S 相交的 Voronoi 图原胞 V_p。这些约束的 Voronoi 图原胞的对偶是约束的 Delaunay 三角网格 $D_{p,S}$。当且仅当 $V_{p,S}\cap V_{q,S}\neq\varnothing$ 时，边 pq 是属于对曲面 S 上的点集 P 进行 Delaunay 三角剖分所得到三角网格的边；同理，对于 Delaunay 三角剖分所得到的三角网格中的三角形及四面体也存在类似条件。已经证明在采样密度足够大时，$V_{p,S}$ 的对偶三角网格 $D_{p,S}$ 与采样曲面 S 微分同胚。根据 ε-采样方法，如果点集 P 是对曲面 S 的 ε-采样，对点集 P 中的任意点 p，令 P^+ 代表点 p 的 Voronoi 图原胞的极点，那么曲面 S 在 p 点处的法矢与向量 $P\text{–}P^+$ 的夹角不超过 $\arcsin(2\varepsilon/1-\varepsilon)$。因此，可以利用 Voronoi 图原胞的极点估计曲面 S 在采样点 p 处的法矢，进而得到点 p 处的曲面双锥形曲面（图 11-6 中的阴影部分）。当采样密度指标 ε 很小时，夹角 $\arcsin(2\varepsilon/1-\varepsilon)$ 也很小，双锥形曲面逼近曲面 S。

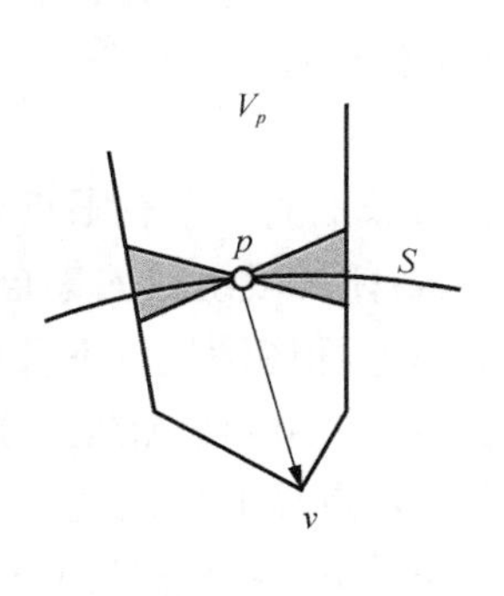

（a）二维Cocone方法

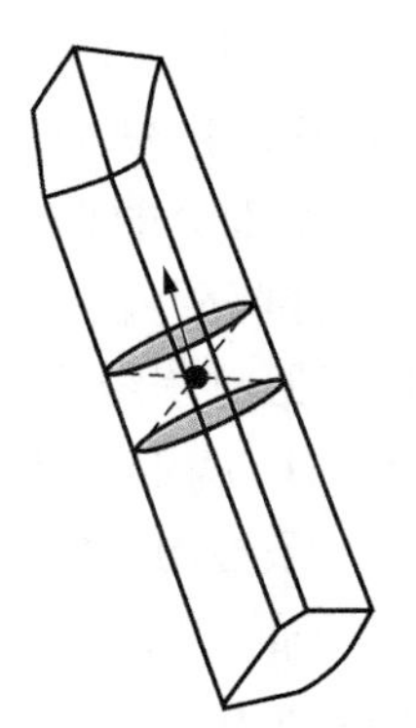

（b）三维Cocone方法

图 11-6　二维及三维 Cocone 方法

由此可见，Cocone 方法与 Crust 方法的相似之处是都需要从一组满足条件的候选三角形中提取一个分段光滑的流形，这组三角形包括所有约束 Delaunay 三角形，每个三角形的外接圆都很小，其半径是$O(\varepsilon)f(p)$。其中，$f(p)$是 p 点处的局部特征尺寸，p 是该三角形的一个顶点，每个三角形的法矢与曲面 S 在顶点 p 处的法矢有一个小的夹角 ε。

11.1.2　基于 Delaunay 三角剖分的点云曲面重建

将与相邻 Voronoi 多边形共享一条边的对应点进行连接，形成的三角形称为 Delaunay 三角形，其外接圆的圆心对应 Voronoi 多边形的其中一个顶点。

1. Delaunay 三角剖分的定义

1）Delaunay 三角剖分的数学抽象定义

在 E^d 空间中，$d+1$ 个顶点构成的凸壳称为 d 维单纯形（d-Simplex）。其中，二维单纯形是三角形，三维单纯形是四面体。凸壳的任一子集称为单纯形的一个 face。顶点称为 0-face，棱边称为 1-face，封闭线段形成的面片（facet）称为 2-face，其他的形状表示以此类推。

在 n 维空间中，假设 P 表示由 M 个不同结点构成的点集，n 维空间的三角剖分 T_n 是具有下列性质的 N 个 n 维单纯形 T_{in}（i=1,2,…,N）的集合，且满足以下条件：①T_n 的顶点集是 P；②P 的凸壳 CH(P)等于所有 T_{in} 的并集；③若 i 不等于 j，则 T_{in} 内部与 T_{jn} 的内部相交等于空集；④T_{in} 的 $n-1$ 维单纯形在 CH(P)的边界上或为两个单纯形共享。

特别地，在二维平面上，若三角形集合 $T=\{T_1,T_2,\cdots,T_N\}$满足下列三个条件：T 的顶点集是 P；P 的凸壳 CH(P)等于所有三角形的并集；T 中任意的两个三角形，其交集是以下三种情况中的其中一种（空集，P 中的点，以 T 中两点为端点的直线段）。那么，T 为平面上 M 个非共线有限点集 P 的三角剖分。

2）Delaunay 三角剖分的直观定义

定义 11.1　三角剖分：若 V 表示二维实数域上的一个有限点集，边 e 表示以 V 中的点为端点形成的封闭线段，E 表示这些封闭线段组成的集合。那么，点集 V 的一个三角剖分 $T=(V,E)$ 是一个平面图 G，该平面图满足以下条件：①除了端点之外，G 内的任意一条边均不包含点集中的点；②图中任意的边均不会相交；③G 内全部的面均是三角面，且这些三角面的合集是点集 V 的凸壳。

定义 11.2　Delaunay 边：给定 E 中的一条边 e，将其称为 Delaunay 边，当且仅当 e 满足下列性质。假设存在一个圆，该圆经过边 e 的两个端点，即边 e 的两个端点在圆上，那么圆内不存在点集 V 中其他的点，该性质又称为空圆特性。

定义 11.3　Delaunay 三角剖分：若点集 V 的一个三角剖分 T 仅包含 Delaunay 边，则将该三角剖分称为 Delaunay 三角剖分。

给定点集 V，设 T 表示 V 的一个三角剖分，对于 T 中的任意一个三角形，构建该三角形的外接圆，当且仅当该外接圆内部不包含 V 中的任意点，则称 T 是 V 的一个 Delaunay 三角剖分。从另外一个角度，对于给定二维平面上点的集合 $P=\{p_0,p_1,\cdots,p_n\}(n>3)$，假设这些点不全共线，找出点集 P 的所有相邻 Voronoi 多边形，将这些多边形的内核进行连接，得到点集 P 的三角剖分 DT，可将这样的剖分结果称为点集 P 的 Delaunay 三角剖分，记 DT 中的三角形为 Delaunay 三角形。

由此可见，给定一个点集 P，其三角剖分并不唯一，只有设置一定的约束条件才能够得到具有唯一性的三角剖分。理论上，三角网格的所有单元均为等边三角形，显然，几乎无法实现这个目标，一般而言，通过一定的方法可使三角形的最小内角尽可能大。因此，三角形中最小内角的大小也可作为判断网格优劣的一个重要标准，即最小内角越大的网格，质量越好。Delaunay 证明存在这样的一种剖分算法，使得所有三角形的最小内角最大，即现在常用的 Delaunay 三角剖分。因此，Delaunay 三角剖分恰好是使得三角形最小内角最大的最优三角剖分。

实际上，二维平面的三角剖分与三维空间的三角剖分应用较为广泛，最终得到的结果分别是三角形集合与四面体集合。

2. Delaunay 三角剖分的性质

1）空外接圆（球）性质

空外接圆（球）性质是最常用的求解 Delaunay 三角剖分的准则之一。给定一个结点集合 $P=\{p_0,p_1,\cdots,p_n\}(n>3)$，DT($P$)表示 P 的一个 Delaunay 三角剖分，当且仅当$\triangle p_ip_jp_k$ 的外接圆内不存在 P 的其他点时，则称$\triangle p_ip_jp_k$ 是 DT(P)的一个 Delaunay 三角形。如图 11-7 所示，$\triangle BCD$ 是 Delaunay 三角剖分的最优三角形，其外接圆内不包含 P 中的其他点，而$\triangle CDE$ 的外接圆内存在其他点，因此该三角形不是 Delaunay 三角剖分的最优三角形。

2）局部优化性质

给定三角剖分 T，若 T 中的两个三角形共享内边 e，则表明 T 是一个较好的剖分，并且称边 e 是局部优化的，或者边 e 不可进行对角置换。具体而言，如果边 e 不可进行对角置换，且共享边 e 的两个三角形$\triangle ABC$ 和$\triangle ACD$ 所形成的四边形 $ABCD$ 不是凹四边形，那么，$\triangle ABC$ 和$\triangle ACD$ 的最小内角都会大于$\triangle ABD$ 和$\triangle BCD$ 的最小内角，如图 11-8 所示。若 T 的所有内边均不可进行对角置换，那么 T 达到了全局最优。对于给定结点集合，在所有三角剖分中能够实现全局优化的三角形网格效果最优，可以与 Delaunay 三角剖分相媲美。

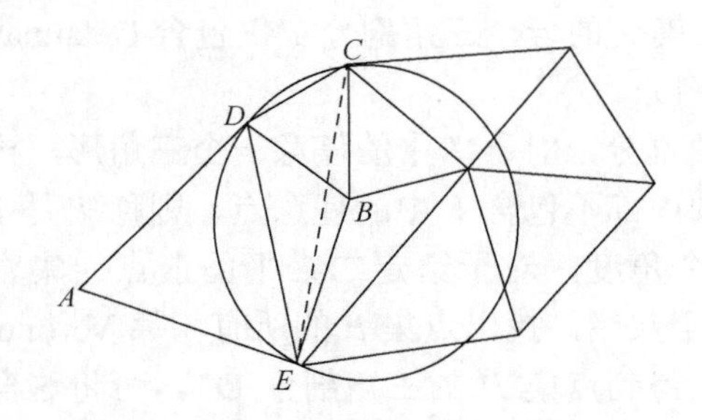

图 11-7 空外接圆（球）准则

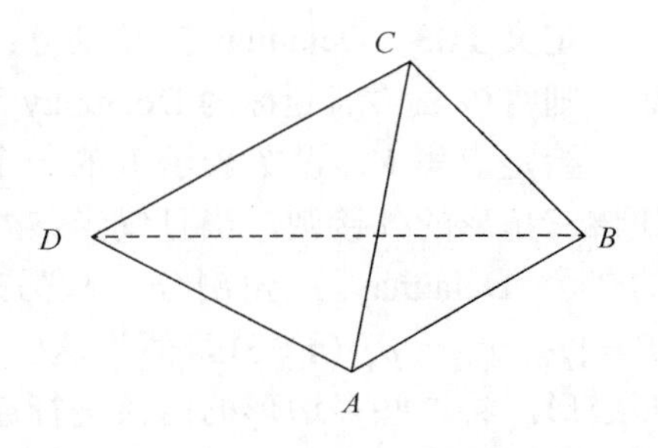

图 11-8 局部优化准则

3）Delaunay 空洞与局部重连性质

若点 Q 和某点的连线与其他边不相交，那么，Q 对于该点是可见的。在 Delaunay 三角剖分 T 中插入一个新点 P，找到外接圆内包含 P 的三角形并删除，得到三角剖分 B，B 属于 T，且 B 至少包含一个三角形，则称 B 为 Delaunay 空洞。Delaunay 空洞的任意顶点对于新点 P 均是可见的，且 P 与 Delaunay 空洞各顶点相连所形成的三角剖分满足 Delaunay 三角剖分的准则，如图 11-9 所示。

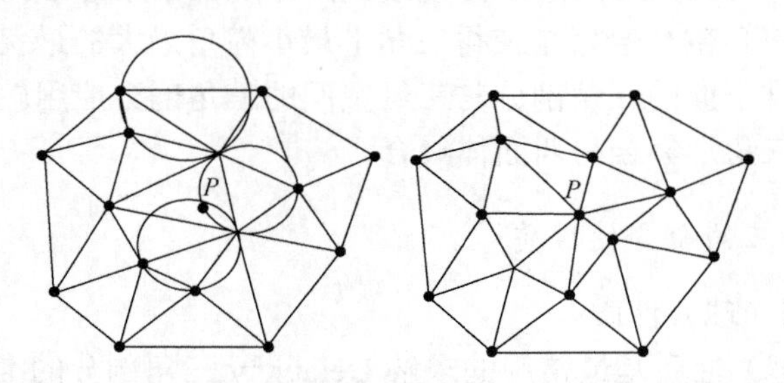

图 11-9 Delaunay 空洞算法示意图

3. Delaunay 三角剖分方法

Delaunay 三角剖分的经典方法主要有两类：Bowyer-Watson 法和局部变换法。Bowyer-Watson 法的优点在于与空间的维数无关，且该方法在实现上比局部变换法更加简单。局部变换法的优点在于能够优化已经存在的三角网格，使其变换成 Delaunay 三角网格。然而，不足之处在于将其扩展到高维空间后，将会变得十分繁杂。

1）Bowyer-Watson 法

Bowyer-Watson 法利用 Delaunay 空洞性质，从一个三角形开始，每次添加一个点，保证每一步得到的三角形都是局部最优的，又称为 Delaunay 空洞法或加点法[7,8]。图 11-10 为二维 Bowyer-Watson 法示意图，先生成给定点所在区域的大三角片，随后依次在三角片中插入符合条件的新点。若新插入的点出现在现有三角片的外接圆内，表明这些三角片（图中阴影部分）不是 Delaunay 三角片，并将其删除。因为剩下的三角片依然是 Delaunay 三角片，所以利用插入点周围形成的空多边形，分别对插入顶点与空多边形的顶点进行连接，即可得到新的 Delaunay 三角片。重复以上操作，直至所有的顶点均完成插入。

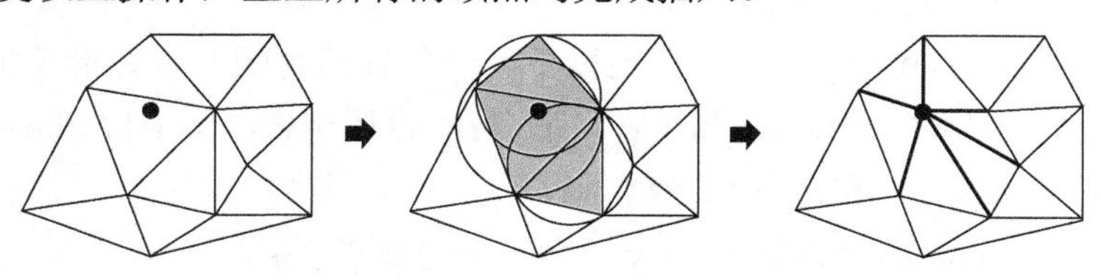

图 11-10　二维 Bowyer-Watson 法示意图

2）局部变换法

局部变换法又称换边/换面法。如图 11-11 所示，通过局部变换法进行增量式点集的 Delaunay 三角剖分，首先找到新加入点所在的三角形，随后在网格中加入三条新的连接该三角形顶点与新顶点的边（若新点位于某条边上，则该边被删除，加入四条连接新点的边），最终利用换边法在新点的局部区域内进行边的检测和变换，使其满足网格的 Delaunay 三角剖分性质。

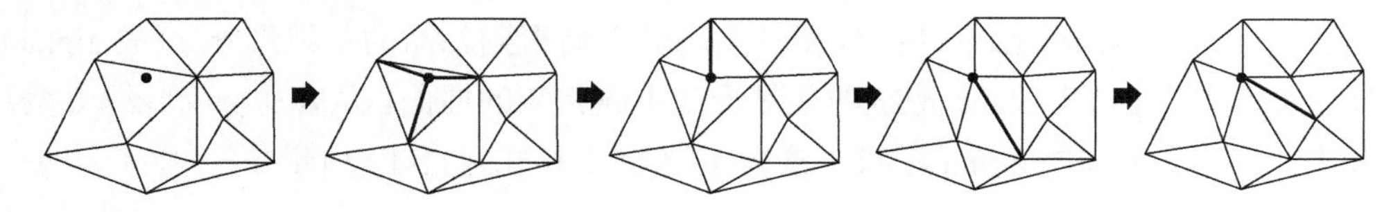

图 11-11　局部变换法示意图

有关 Delaunay 三角剖分的详细内容，可参阅参考文献[1]的相关章节。

4. 基于 Delaunay 三角剖分的曲面重建

基于 Delaunay 三角剖分的曲面重建已经发展了多种方法，本节主要介绍 alpha shape 方法和旋转球方法。

1）alpha shape 方法

alpha shape（α-shape，alpha 形状）是一个点集的凸壳的推广形式，下面介绍几个相关的概念和定义[9]。

α 球：假设空间点集 S，α 球指一个以点集中的点为球心，α 为半径的开球，其中 $0<\alpha<+\infty$。当 $\alpha=0$ 时，α 球变成一个点；当 $\alpha=+\infty$ 时，α 球是一个半开的空间。

空 α 球：如果 α 球和点集 S 的交集为空集，则称 α 球为空 α 球。

k-单纯形：点集 S 的任何一个包含小于等于 4 个点的子集定义了一个相应的凸壳，称为 k-单纯形，以 σ_T 表示。

α 暴露的 k-单纯形：当 $0 \leqslant k \leqslant 2$ 时，如果一个空 α 球的边界 ∂b 和 S 的交集等于子集 T，称 k-单纯形 σ_T 是 α 暴露的，其中 $|T|=k+1$。

α 暴露的单纯形集合 F_{k_α}：$0 \leqslant k \leqslant 2$ 时，一个固定的 α 值可以定义一组对应的 α 暴露的单纯形集合，记为 F_{k_α}。

alpha 形状的单复形 ξ：一个满足以下两个条件的封闭 k-单纯形（$0 \leqslant k \leqslant 3$）的集合。当 $T' \subseteq T$ 时，如果 σ_T 属于 ξ，那么 $\sigma_{T'}$ 也属于 ξ，其中 $|T|=k+1$；当 σ_T 和 $\sigma_{T'}$ 都属于 ξ 时，σ_T 和 $\sigma_{T'}$ 相交为空集。

下面介绍 alpha 形状和 Delaunay 三角剖分之间的关系。

令 F_k 表示 $0 \leqslant k \leqslant 3$ 时的 k-单纯形 σ_T 的集合，注意 F_0 就是点集 S 自身。对点集 S 进行 Delaunay 三角剖分 $D(S)$ 得到单复形 D，它由 F_3 定义的四面体、F_2 中的三角形、F_1 中的边和 F_0 中的顶点组成。根据定义，对于单复形 D 的每个单纯形 σ_T，都存在一个大于等于 0 的 α 值使得该 σ_T 是 α 暴露的。相反，alpha 形状的每个面都是单复形 D 中的一个单纯形。可见，alpha 形状是一个多面体，该多面体的边界由 $F_{2,\alpha}$ 中的三角形、$F_{1,\alpha}$ 中的边和 $F_{0,\alpha}$ 中的顶点组成。

通过 alpha 形状方法进行曲面重建时，首先在三维空间内对点集 S 进行 Delaunay 三角剖分，再选择合适的 α 值，使得三角剖分之后得到暴露的单纯形 σ_T 构成 alpha 形状的单复形 ξ，由 alpha 形状的单复形 ξ 生成相应的曲面。从 $\alpha=+\infty$ 到 $\alpha=0$ 变化时，会得到不同的 alpha 形状。该方法的效果图如图 11-12 所示。

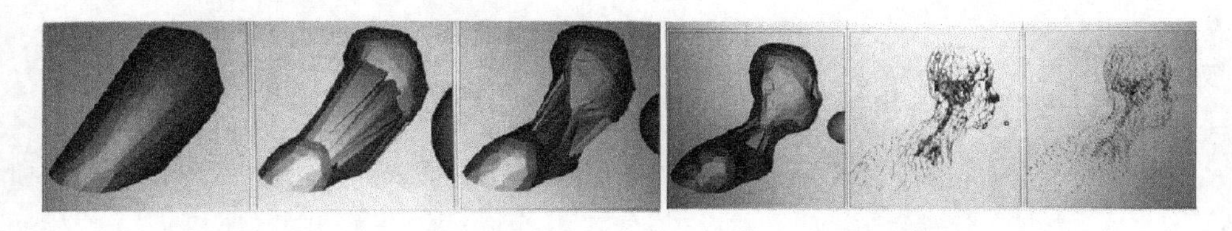

图 11-12　从 $\alpha=+\infty$ 到 $\alpha=0$ 变化时生成的 alpha 形状

2）旋转球方法

旋转球方法主要利用 Delaunay 三角剖分的空外接球思想进行曲面重建，即已知一个流形曲面 M 和对该曲面的采样点集 S，假设 S 的采样密度足够大，那么一个半径为 ρ 的球，不可能从曲面经过而没有接触任何采样点。

该方法从采样点集 S 中选择三点形成一个种子三角形（这三点位于用户定义的半径为 ρ 的球面上，且该球不包含其他点），从种子三角形开始，球围绕种子三角形的一个边旋转直至它接触到其他的采样点，该边和新增加的点构成一个新的三角形，再围绕新的三角形的边进行旋转形成另外的三角形。重复该过程，直到所有能达到的边都完成该操作。接下来，再从另一个种子三角形开始，直到所有的采样点都被接触过，最终输出的网格是一个 alpha 形状的流形子集。图 11-13 为二维旋转球方法示意图。

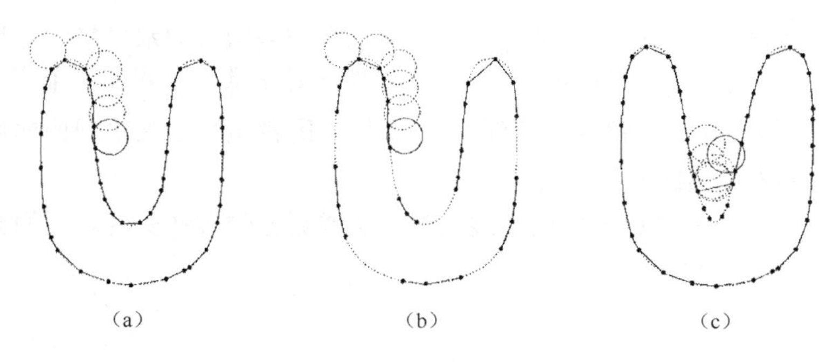

图 11-13　二维旋转球方法示意图

5. 三维 Delaunay 三角剖分

前文已经介绍了二维 Delaunay 三角剖分算法，下面介绍三维空间中的 Delaunay 三角剖分算法。该算法的具体过程如下：

（1）构建一个包含点云中所有点的超级四面体，将其作为初始四面体，并以该四面体为第一个节点插入到四面体链表 Tetrahedron_List。

（2）根据某一坐标值对散乱点云进行排序，按照顺序依次加入点，遍历四面体链表。在四面体链表中，判断当前加入的点是否位于四面体外接球内。若点位于四面体外接球外，则将该四面体从对应链表中删除，保存至另一个四面体映射链表（Temp_Tetrahedron_List）中。若位于四面体外接球内，则需要找到所有满足该条件的四面体凸壳，并提取其边界面，然后删除这些四面体。

（3）将当前插入点与（2）中提取出的边界面进行连接，形成新四面体，将这些新四面体添加到四面体链表中。

（4）重复（2）、(3)，直至所有点都完成插入。

（5）将链表 Tetrahedron_List 与链表 Temp_Tetrahedron_List 进行合并。

（6）在四面体链表中，若某个四面体与超级四面体存在公共顶点，则将其删除，最终得到输入点云的 Delaunay 三角剖分结果。

11.2　点云曲面重建基本方法

对于点云的三角网格曲面重建方法，在 11.1 节中已进行了详尽阐述，本节主要介绍点云的隐式曲面重建方法和点云的参数曲面重建方法。

11.2.1 点云的隐式曲面重建

在数学领域中，对于一个具有 n 个变量的实值函数 f 的水平集，可将其表示为集合 $\{(x_1,x_2,\cdots,x_n)\mid f(x_1,x_2,\cdots,x_n)=c\}$，其中 c 是常数。若存在两个变量，则称该集合为水平曲线或等高线；若存在三个变量，则称该集合为水平曲面或隐式曲面，函数 $f(x)$ 为该曲面的隐式表达式。

隐式曲面重建的表达式主要通过函数插值或逼近的方法实现。下面介绍常见的最小二乘法和径向基函数法。

1. 最小二乘法

1）多项式最小二乘法

多项式最小二乘法的插值原理：待插值点位于其邻域内已知散乱点所确定的 k 次多项式曲面内，在确定该曲面的参数时采用最小二乘法。

假定由待插值点邻域内已知散乱点所确定的二次多项式曲面为

$$z=b_0+b_1x+b_2y+b_3x^2+b_4y^2+b_5xy \tag{11-3}$$

其中，$b_i(i=0,1,\cdots,5)$ 为多项式系数。该二次多项式曲面与邻域内任一散乱点值的误差为

$$\varepsilon_i=z_i-(b_0+b_1x+b_2y+b_3x^2+b_4y^2+b_5xy) \tag{11-4}$$

其中，$\varepsilon_i\in N(0,\sigma^2)(i=1,2,\cdots,n)$。

根据最小二乘法，确定系数 b_i 的原则是使得二次多项式曲面与邻域内每一个散乱点值的方差达到最小，即 $\min(f)=\min\left(\sum_{i=1}^{n}\varepsilon_i\right)^2$。利用极值定理，令 $\dfrac{\partial f}{\partial b_i}=0$，得到关于 b_i 的方程，最终得到 b_i 的解。

2）移动最小二乘法

相比多项式最小二乘法，移动最小二乘法（moving least square，MLS）在计算最小方差时，对待插值点附近区域内的点赋予了较大权重。

MLS 定义：已知一个函数 $f:R^n\to R$ 及一组采样点 $S=\{(X_i,f_i)^2\mid f(x_i)=f_i\}$，则点 x 处的 m 阶移动最小方差逼近函数为 $p(x)$，其中 $x_i\in R^n$，且 f_i 是一个实数，$p(x)$是使加权最小方差 $\sum_{i\in I}\left[P(x)=f_i\right]^2\theta(\|x-x_i\|)$ 取最小值的 R^n 空间中的所有多项式函数，$\theta(s)$ 是权重函数。对待插值点 x 与插值点 x_i 之间距离赋予不同权重函数，并且在 $s\to\infty$ 时，$\theta\to 0$。

3）基于 MLS 的曲面重建

基于 MLS 的曲面重建方法，其基本原理如下。首先，为点集 P 中的每一点 p 建立一个参考超平面 H，将点 p 投影到这个超平面 H 上，得到投影点 q，以 q 为输入，求解一个投影 P，使 $P(q)$逼近点 p。如果一个点投影产生的结果是该点本身，那么可以判断这个点属于曲面。假设点集 P 中满足这个条件的点集为 R，则最终生成的曲面 S 为 $P(r)$，其中 $r\in R$。

在确定投影 P 时，使用多项式移动最小二乘法，其关键在于建立一个移动的笛卡儿坐标系，记为$C(r)=\{q,e_1,e_2,e_3\}$。以点 p 在参考超平面 H 上的投影 q 为中心，以三维空间的三个线性无关的基向量 e_1、e_2、e_3 为坐标方向，在该坐标系下对满足距离条件的被投影点 r_i 进行投影。使用多项式函数对 r_i 进行插值计算，确定投影 P 的系数，即求解式（11-5）：

$$\min\sum_i[p(x_i)-(r_i-q,e_3)]^2 w(\| r_i-q \|) \tag{11-5}$$

其中，x_i 为点 r_i 在参考超平面上的投影点在局部坐标系内 e_1、e_2 方向的坐标值；(r_i-q,e_3)为插值点距离参考超平面的垂直高度；$\|r_i-q\|$为插值点距离局部坐标系中心的距离。选择高斯函数 $\theta(d)=\mathrm{e}^{-d^2/h^2}$ 作为权重函数，最终求得满足移动最小二乘法方差标准的多项式插值函数 $p(x)$，如图 11-14 所示。

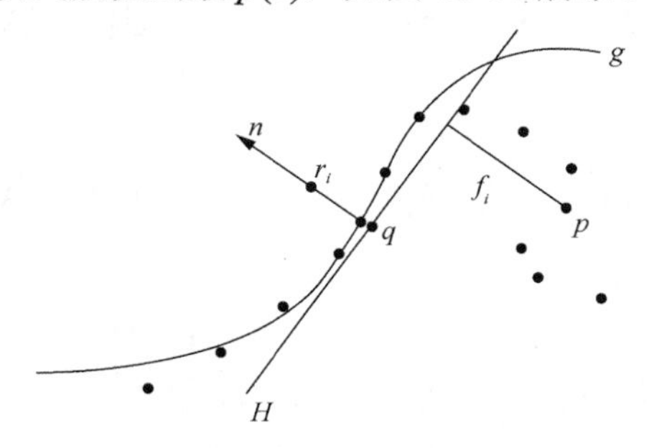

图 11-14　基于 MLS 的曲面重建示意图

此外，点云隐式曲面重建方法的多层次单元划分（multi-level partition of unity，MPU）中也使用了多项式插值函数。

假定三维空间上的一个有界域 Ω 及一组非负的函数紧集$\{\varphi_i\}$，使得在 Ω 上 $\sum_i\varphi_i\equiv 1$。在 Ω 上定义一个逼近函数 $f(x)\approx\sum_i\varphi_i(x)Q_i(x)$，其中 $Q_i\in V_i$，V_i 是一个多项式局部拟合函数集合中的函数。令 $\varphi_i(x)=w_i(x)\Big/\sum_{j=1}^{n}w_j(x)$，其中权重函数 $w_i(x)$ 由二次 B 样条函数产生，即 $w_i(x)=b(3\,|\,x-c_i\,|/2R_i)$。

在 MPU 方法中使用多项式插值函数来确定 $Q_i(x)$。首先，通过八叉树将点集分割成多个子集，在各个子集内使用多项式二次函数拟合这些点；其次，利用 $Q_i(x)$ 表示一个符号距离函数，根据曲面隐式表达式的特点，曲面上的点 x 满足条件 $Q_i(x)=0$，得到局部拟合函数 $Q_i(x)$；最后，综合各局部拟合函数，得到整体拟合函数 $f(x)$。

2. 径向基函数法

径向基函数（radial basis function，RBF）是一个取值仅依赖于到原点距离的实值函数，即 $\phi(x)=\phi(\|x\|)$，或是到任意一点 c 的距离的实值函数，c 点称为中心点，则有 $\phi(x,c)=\phi(\|x-c\|)$。任意一个满足上述特性的函数 ϕ 都称为径向基函数，"距离"通常使用欧氏距离。在使用 RBF 进行拟合的过程中，将拟合函数 y 表示为一组基函数的和，产生如下形式的函数：

$$y(X)=\sum_{i=1}^{n}\omega_i\phi(\|X-X_i\|) \tag{11-6}$$

其中，X_i、ω_i 分别为基函数的中心和权重。权重 ω_i 可通过最小二乘法求解。

将离散点 $(x_1,x_2,\cdots,x_n)$ 及其对应的函数值 $y_i(i=1,2,\cdots,n)$ 代入式（11-6）可以得到 n 个方程，写为矩阵形式：

$$\begin{bmatrix} y_1 \\ y_2 \\ \vdots \\ y_n \end{bmatrix}=\begin{bmatrix} \phi\|X_1-X_1\| & \phi\|X_1-X_2\| & \cdots & \phi\|X_1-X_n\| \\ \vdots & \vdots & & \vdots \\ \phi\|X_n-X_1\| & \phi\|X_n-X_2\| & \cdots & \phi\|X_n-X_n\| \end{bmatrix}\begin{bmatrix} \omega_1 \\ \omega_2 \\ \vdots \\ \omega_n \end{bmatrix} \tag{11-7}$$

即 $Y=\Phi W$，则 $W=\Phi^{-1}Y$。

当离散点数量大于权重 ω_i 的数量时，方程组（11-7）为一个超定方程组，此时通过最小二乘法能够得到该方程组的解，即 ω_i 的值。

在 RBF 插值法中比较经典的两种方法分别是 Multiquadric 法和薄板样条（thin plate spline）法。

1）Multiquadric 法

Multiquadric 法是目前应用效果最好的一种 RBF 插值法[10]，其采用了基函数 $\phi(r)=\sqrt{1+(\varepsilon r^2)}$，其中 $r=\|x-x_i\|$；ε 为参数。

2）薄板样条法

薄板样条法采用了形如 $\phi(r)=r^2\ln(r)$ 的基函数[11]，其中 $r=\|x-x_i\|$。

在点云数据进行曲面重建时，可以采用 RBF 插值法。首先，使用 RBF 定义一个符号距离函数 f，表示点集中的点到待拟合曲面的距离；利用曲面隐式表达式的特点，即曲面上的点 (x_i,y_i,z_i) 到曲面的距离是 0，得到一组方程 $f(x_i,y_i,z_i)=0$，

其中 $i=1,2,\cdots,n$。为了避免得到函数 f 的待定系数的平凡解，需要选择一些不是曲面上的点及其相应的距离值得到另一组方程，则 $f(x_i,y_i,z_i)=d_i\neq 0$，其中 $i=n+1,n+2,\cdots,N$。关于这些点的选取，在曲面点的基础上沿着法线方向选取，最好在曲面点的内外两个方向上都选择，如图 11-15 所示。

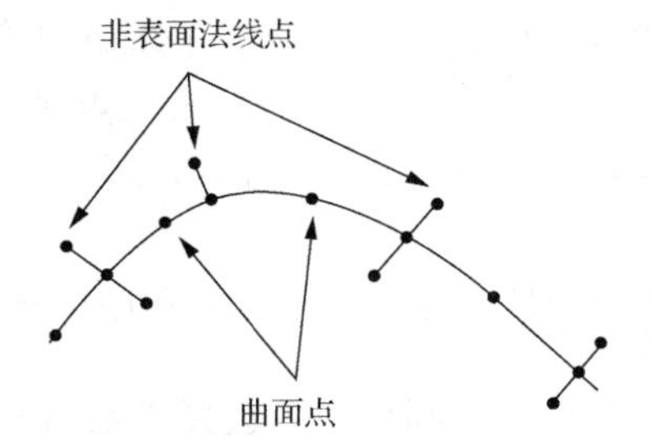

图 11-15　RBF 插值法数据点的选择

这里的 RBF 为双调和样条基函数，其表达式如式（11-8）所示：

$$s(x)=p(x)+\sum_{i=1}^{N}\lambda_i\left|x-x_i\right| \tag{11-8}$$

其中，λ_i 满足式（11-9）和式（11-10）：

$$\sum_{i=1}^{N}\lambda_i=\sum_{i=1}^{N}\lambda_i x_i=\sum_{i=1}^{N}\lambda_i y_i=\sum_{i=1}^{N}\lambda_i z_i=0 \tag{11-9}$$

$$p(x)=c_1+c_2x+c_3y+c_4z \tag{11-10}$$

则可以得到如式（11-11）所示的矩阵方程：

$$\begin{pmatrix} A & P \\ P^{\mathrm{T}} & 0 \end{pmatrix}\begin{pmatrix} \lambda \\ c \end{pmatrix}=B\begin{pmatrix} \lambda \\ c \end{pmatrix}=\begin{pmatrix} f \\ 0 \end{pmatrix} \tag{11-11}$$

其中，$A_{i,j}=|x_i-x_j|(i,j=1,2,\cdots,N)$；$P_{i,j}=p_j(x_i)(i=1,2,\cdots,N,j=1,2,\cdots,I)$，矩阵 P 的行向量为 $(1,x_i,y_i,z_i)$；$\lambda=(\lambda_1,\lambda_2,\cdots,\lambda_N)^{\mathrm{T}}$；$c=(c_1,c_2,c_3,c_4)^{\mathrm{T}}$。求解该方程即可得到 RBF 的表达式。

为了获取曲面的几何形状，在进行隐式曲面重建后，使用移动立方体（marching cube，MC）法、移动四面体（marching tetrahedron，MT）法等提取等值面。

11.2.2　点云的参数曲面重建

参数曲面由一组基函数和相联系的系数矢量来表示，基函数的形式不同，得到的曲面不同。目前，普遍使用的参数曲面包括 Bezier 曲面、有理 B 样条曲面和非均匀有理 B 样条曲面。

由离散点生成的B样条曲面称作B样条曲面反算或逆过程。B样条曲面反算也可以视为求解关于未知控制顶点$d_{i,j}$的线性方程组，其中$i=0,1,\cdots,m+k-1$；$j=0,1,\cdots,n+l-1$。然而，这些线性方程组的规模一般比较庞大，对其进行求解非常困难。通常，将这类问题描述为张量积曲面计算的逆过程，从而把曲面反算问题转换成两阶段的曲线反算问题，大大降低了求解难度。反算基本步骤如下：

（1）反算截面曲线，求出其控制顶点。对数据点进行参数化之后得到关于控制点$\overline{d}_{i,j}(i=0,1,\cdots,m+k-1;\ j=0,1,\cdots,n)$的方程，即

$$s_j(u_{k+i})=\sum_{r=0}^{m+k-1}\overline{d}_{r,j}N_{r,k}(u_{k+i})=p_{i,j}\left(i=0,1,\cdots,m;j=0,1,\cdots,n\right) \tag{11-12}$$

（2）反算控制曲线，求出其控制顶点。选择参数值$v_{l+j}(j=0,1,\cdots,n)$为控制曲线的节点，并得到式（11-13）所示方程，求解该方程得到控制曲线的控制顶点：

$$\sum_{s=0}^{n+l-1}d_{i,s}N_{s,l}(v_{l+j})=\overline{d}_{i,j} \tag{11-13}$$

对于大规模散乱数据的插值，可基于多层B样条方法实现。该方法基本原理为已知平面上的一个矩形区域$\Omega=\{(x,y)\,|\,0\leqslant x<m,0\leqslant y<n\}$，$P=\{(x_c,y_c,z_c)\}$表示离散点集，其中$(x_c,y_c)$是区域$\Omega$内的一个点。可以通过构建一个双三次B样条曲面和多层B样条曲面，得到一个均匀的双三次B样条曲面片，最终逼近点集P。算法具体过程如下。

1）构建一个双三次B样条曲面

在Ω上定义一个$(m+3)\times(n+3)$的控制点网格Φ，网格上的控制点为ϕ_{ij}，其中$i=-1,0,1,\cdots,m+1$；$j=-1,0,1,\cdots,n+1$。那么，由这些控制点可以定义双三次B样条曲面函数：

$$f(x,y)=\sum_{k=0}^{3}\sum_{l=0}^{3}B_k(s)B_l(t)\phi_{(i+k)(i+l)} \tag{11-14}$$

其中，B_k和B_l均为双三次B样条基函数。由式（11-14）可知，控制点ϕ_{kl}满足：

$$z_c=\sum_{k=0}^{3}\sum_{l=0}^{3}w_{kl}\phi_{kl} \tag{11-15}$$

其中，$w_{kl}=B_k(s)B_l(t)$，$s=x_c-1$，$t=y_c-1$。

显然方程（11-15）是一个欠定方程。利用最小二乘法，令$J(\{\phi_{kl}\})=\sum_{k=0}^{3}\sum_{l=0}^{3}\phi_{kl}^2$取极小值，得到$\phi_{kl}=w_{kl}z_c\Big/\sum_{a=0}^{3}\sum_{b=0}^{3}w_{ab}^2$。

2）构建多层 B 样条曲面

假定在矩形区域 Ω 定义了一个层次化的控制点网格 $\Phi_i(i=1,2,\cdots,h)$，并确定了第一层网格 Φ_0 的间距，每层网格间距是前一层网格间距的 2 倍。若利用多层 B 样条曲面来逼近散乱数据，首先在最稀疏的网格 Φ_0 上，通过第一步的基本算法求得控制点，如图 11-16 所示，记相应的样条函数为 f_0，它与散乱点集 P 中的每一点 (x_c,y_c,z_c) 的距离设为 $\Delta^1 z_c = z_c - f_0(x_c,y_c)$；然后，在更加精细的网格上计算控制点，构造双三次 B 样条曲面函数 f_1，并用来近似插值 $p_1=\{(x_c,y_c,\Delta^1 z_c)\}$。以此类推，一直到第 h 层的控制网格。最终的函数为 $f=\sum_{k=0}^{h} f_k$，效果如图 11-17 所示。

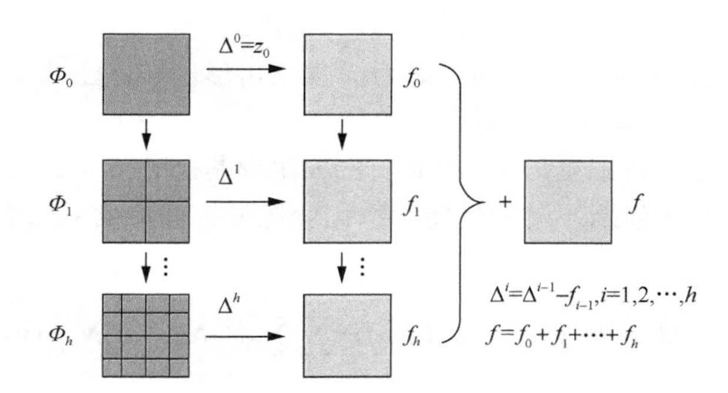

图 11-16　多层 B 样条插值过程

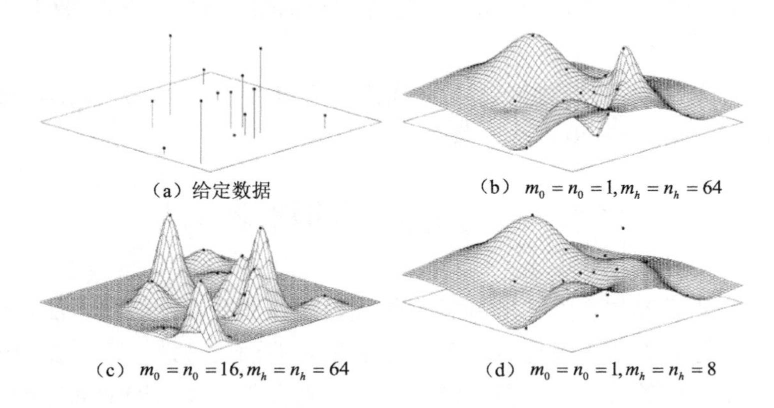

图 11-17　多层 B 样条插值效果图

多层 B 样条散乱点插值法存在一定的缺陷。对于较稀疏的网格，在该网格上求取控制点，并用其生成多层 B 样条曲面逼近给定的散乱点，若曲面的部分区域存在较大的误差，尽管只有一小块区域出现这种现象，也需要对网格进行处理，在全局范围内对其进行细分，并重新求取控制点，从而增加大量的计算。

针对这一问题，有人提出了自适应多层 B 样条算法，用于大规模散乱数据的曲面逼近和插值。该算法首先求取逼近散乱数据的 B 样条控制点网格，以及每一个散乱点处的误差；若子区域的误差大于阈值，则在该区域构造出更精细的网格，并在该网格上求取控制点，进而得到误差值较小的逼近；若子区域的误差小于阈值，则无需进一步的处理。上述过程递归进行，直至满足精度要求或误差足够小。

Eck 等[12]在 1996 年提出了一种生成 B 样条曲面片网格的方法，可以逼近任意拓扑结构的曲面，克服了单个 B 样条曲面拓扑结构受限制的缺点。该方法的算法步骤如下：

（1）对离散点集 $P=\{p_1,p_2,\cdots,p_N\}$ 用其他的曲面重建方法构建一个初始网格曲面 M_0，将点集 P 投影到 M_0 上进行参数初始化。

（2）基于网格曲面 M_0，将其分解为一些三角形区域，生成基础复形 K_T，并基于基础复形 K_T 对点集 P 重新进行参数化。

（3）合并三角形基础复形 K_T 的面，生成矩形基础复形 K_S，合并过程可以看作一个组合图的优化问题，目的是使参数化变化最小，将 K_T 上对 P 的参数化映射到 K_S 上。

（4）基于基础复形 K_S 按照式 $s_f(u,v)=\sum_{r=0}^{n_f}\sum_{s=0}^{m_f} d_{r,s}^f N_{r,k_f}(u)N_{s,l_f}(v)$ 进行 B 样条曲面反算，其中 s_f 是 B 样条曲面片网格中的各个 B 样条面片。为了保证各个 s_f 的 G^1 连续性，对基础复形 K_T 进行拓扑划分得到控制网格 M_x，对控制网格的顶点 V_x 进行仿射组合得到 $d_{r,s}^f$。

（5）自适应调节。为了使重建的曲面满足精度要求，可以对矩形基础复形 K_S 进行细分，重复第（4）步，重建曲面。

11.3　点云的曲面网格化方法

经过多年的研究与实践，发展了一些较为成熟的曲面网格化方法，根据逼近方式的不同，这些方法大致分为三类：基于隐式曲面的方法、基于参数曲面的方法和基于计算几何的方法。三类方法的主要区别在于重建后的曲面中面片顶点是否经过输入点，基于隐式曲面的方法和基于参数曲面的方法主要是通过拟合三维曲面来逼近原始的真实曲面，重建的曲面不一定能够经过每一个输入点；基于计算几何的方法，如 Delaunay 三角剖分等，每一个采样点最后都会精确地落在重建的三角网格曲面上。

目前，基于点云的曲面网格化方法主要关注点与点之间的连接规则，如果点的位置等发生变化，则需要重新按照连接规则进行网格化，对网格曲面的整体和局部调整支持力度不够。此外，许多经典的网格化方法，如 MC 法[13]、MT 法[14]等，也不能取得很好的效果。

本节介绍一种曲面网格化方法，该方法重建曲面的思路重点是将原始点云中的每一个点进行扩展，使其成为切平面上的一个方位可调的多边形面片，并利用可调三角形连接这些面片之间的顶点，与此同时，在这些可调三角形面片之间形成四边形（这些四边形不是平面的四边形）；然后，在连接四边形中，根据对角线最短规则选择一条对角线，进而将每个四边形变成两个三角形面片，该方法的基本过程如图 11-18 所示[15,16]。

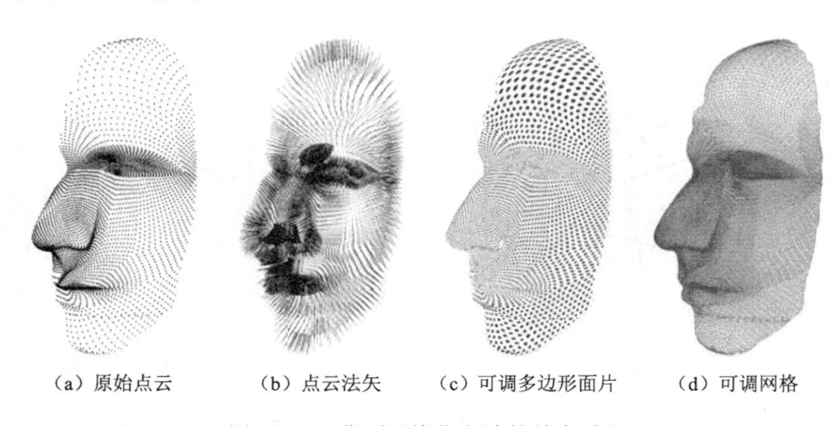

（a）原始点云　（b）点云法矢　（c）可调多边形面片　（d）可调网格

图 11-18　曲面网格化方法的基本过程

11.3.1　网格曲面形成过程

定义 11.4　中心点：在将点云进行三角网格化后，得到若干三角形，这些三角形的中心即为中心点。

定义 11.5　映射点：将中心点向所在三角形顶点的切平面上进行垂直投影，得到的投影点称为映射点。

将原始点云进行三角网格化，得到若干个三角形，并通过点间的连接关系初步确定原始点云中点间的相邻关系。对于原始点云的三角网格化，可采用三维 Delaunay 三角剖分法。随后，将各三角形的中心向三角形三个顶点（原始点云中的点）及其法矢所确定的切平面上进行垂直投影。最终，将每一个中心点扩展为三个空间切平面上的不同投影点。如图 11-19 所示，$\triangle ABC$ 的中心点为 M，将其分别垂直投影到点 A 的切平面 α 上，点 B 的切平面 β 上，点 C 的切平面 γ 上，得到对应的投影点 P_{a1}、P_{b1} 和 P_{c1}。

基于以上分析，空间点云中的每一个点将关联多个映射点，那么，便产生了如下定理。

定理 11.1　每个切平面上映射点的个数等于对应的切点作为共顶点的三角形的个数。

如图 11-20 所示，点 A 分别是$\triangle ABC$、$\triangle ACD$、$\triangle ADE$ 和$\triangle AEB$ 的公共顶点，根据定理 11.1，点 A 相对于这四个三角形将分别产生一个映射点，即 P_{a1}、P_{a2}、P_{a3}、P_{a4}，它们均位于点 A 所在的切平面上。

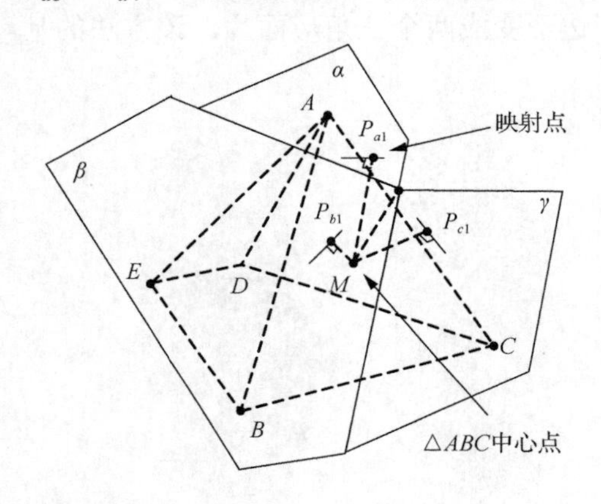

图 11-19　点云映射关系

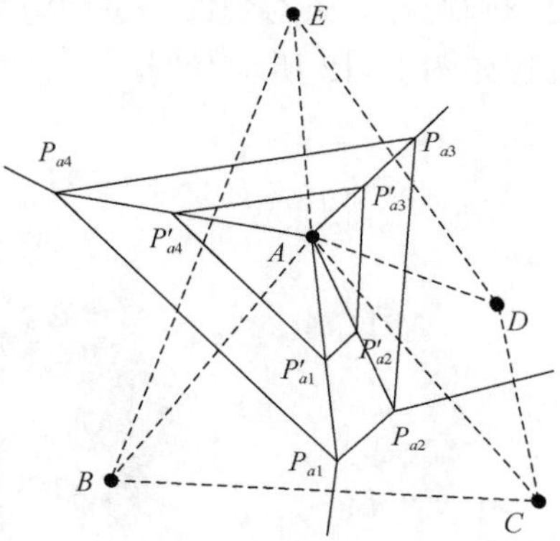

图 11-20　点云与切平面上映射点的关系

定义 11.6　映射单元：将同一个切平面上的所有映射点组合到一起形成一个集合，该集合称为映射单元。

定义 11.7　多边形面片：对每一个映射单元中的点，以法矢为轴，按右手规则进行逆时针排序后连接，得到的多边形面称为多边形面片，简称多边形。

基于上述定义，利用切平面上的多边形面片能够取代切点。逆时针排序采用极角判断法，如图 11-21 所示。例如，假设点 A 存在一组映射点 $P=\{P_{a1}, P_{a2}, P_{a3}, P_{a4}\}$，极角判断法的具体步骤如下：

（1）根据点 A 的法矢判断点 A 的切平面与哪个坐标面夹角最小。两个平面有四个夹角，其中两两相等，而两个不相等的夹角又互为补角，正弦值相同。因此，可以根据两个平面夹角的正弦值进行判断。不妨假设夹角最小的是坐标面 XOY。

（2）找出关于点 A 的映射点集合 P 中 Y 坐标最小的点，假设为点 P_{a1}。

（3）依次输入两个点 P_{a2}、P_{a3}，求得这两个点与 P_{a1} 的向量，并且将两个向量叉乘，叉乘的模大于零表示向量 $\overrightarrow{P_{a2}P_{a1}}$ 相对于向量 $\overrightarrow{P_{a3}P_{a1}}$ 逆时针旋转了角度，依次输入并进行判断，找出相较于 P_{a1} 极角最小的一个点。接下来利用相同的办法找

出相较于 P_{a2} 极角最小的一个点，重复该过程，直至所有的点完成判断，并按此顺序相连，则可将映射点集中的所有点按照逆时针顺序连接。

经过逆时针排序可以得到可调多边形，如图 11-22 所示的四边形 $P_{a1}P_{a2}P_{a3}P_{a4}$。

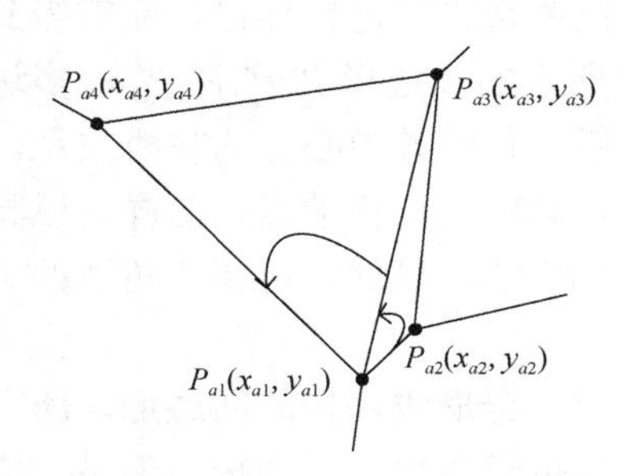

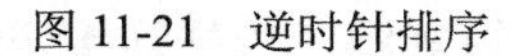
图 11-21　逆时针排序

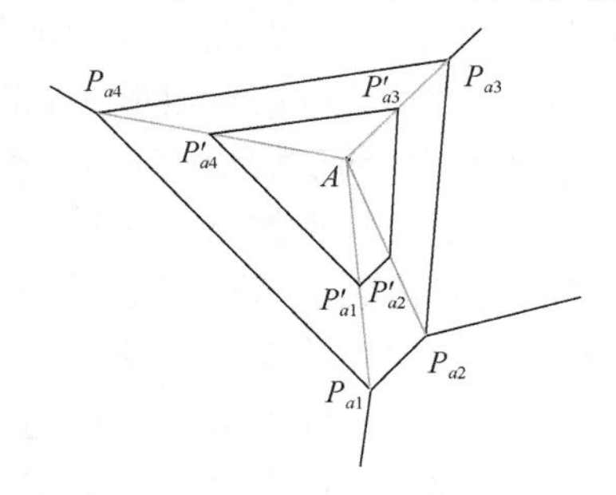

图 11-22　四边形 $P_{a1}P_{a2}P_{a3}P_{a4}$

定义 11.8　可调多边形面片：连接多边形面片的每个顶点与切点，形成二者之间的连线，然后将各顶点沿对应连线的方向移动，得到新的顶点集，并将根据原多边形顶点的连接顺序连接而成的多边形称为可调多边形面片，简称可调多边形。特别地，将图 11-23 中的 $\triangle P'_{a1}P'_{b1}P'_{c1}$ 称为可调三角形面片，简称可调三角形。在可调多边形和可调三角形构成的网格之间形成的四边形称为可调四边形。

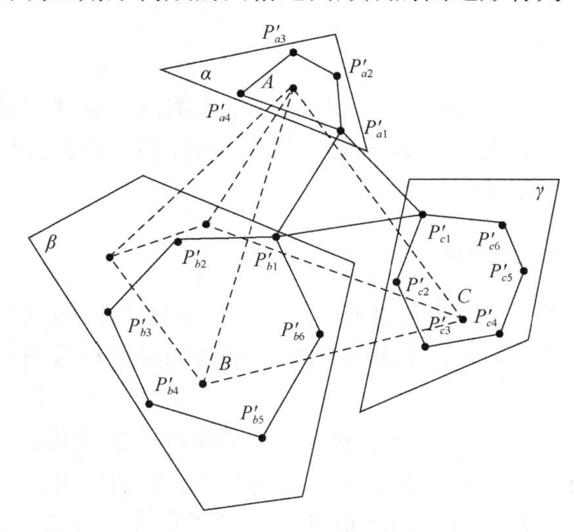

图 11-23　可调多边形面片

如图 11-22 所示，分别将多边形顶点 P_{a1}、P_{a2}、P_{a3}、P_{a4} 与切点 A 连接，得到线段 AP_{a1}、AP_{a2}、AP_{a3}、AP_{a4}。将点 P_{a1}、P_{a2}、P_{a3}、P_{a4} 分别沿着对应的线段 AP_{a1}、AP_{a2}、AP_{a3}、AP_{a4} 向切点 A 移动一定的距离变成点 P'_{a1}、P'_{a2}、P'_{a3}、P'_{a4}，得到可调多边形面片 $P'_{a1}P'_{a2}P'_{a3}P'_{a4}$，移动的距离可以根据具体情况进行设定。

定义 11.9　移动点：可调多边形上的顶点称为移动点。

通过对多边形进行调整，可以得到移动点。因为映射点与移动点之间一一对应，所以映射点间的相邻关系与连接关系在移动点之间依然成立。在同一切平面内的移动点，基于映射点逆时针排序确定的邻接关系将其进行连接，能够得到一个多边形，这就是可调多边形，如图 11-23 中所示的多边形 $P'_{a1}P'_{a2}P'_{a3}P'_{a4}$、多边形 $P'_{b1}P'_{b2}P'_{b3}P'_{b4}P'_{b5}P'_{b6}$ 和多边形 $P'_{c1}P'_{c2}P'_{c3}P'_{c4}P'_{c5}P'_{c6}$。随后，利用各中心点的映射关系，得到关于同一个中心点的三个映射点，三个映射点对应三个移动点，这样可以将这三个移动点连接成三角形，如图 11-23 中的 $\triangle P'_{a1}P'_{b1}P'_{c1}$。显然，可调三角形的大小随可调多边形大小的变化而变化。

在可调多边形和可调三角形构成的网格之间，会形成许多的四边形。所有的可调多边形都是平面多边形，所有的可调三角形也都是平面三角形。但是，它们之间的四边形不一定是平面四边形。根据对角线最短规则，选择连接四边形的一条对角线，能够将这些空间四边形变成两个三角形。

定义 11.10　三角化面片：根据对角线最短规则，选择可调四边形一条对角线，形成的三角形面片称为三角化面片。

至此，得到了完整的点云网格曲面。根据上述分析过程可知，这样的网格曲面由可调多边形面片和三角形面片（含可调三角形面片和三角化面片）拼接而成。

11.3.2　网格特性分析

由于可调多边形具有灵活多变的特性，本节的曲面重建方法具有一些其他曲面重建方法所不具备的优势，如点贡献度的可调控性、曲面光滑度的可调控性、曲面形状的可调控性和可插值性等。

1. *点贡献度的可调控性*

该特性的描述基于一个基本的事实，即点云是物体曲面形状信息的直接获取。因此，基于点云重建的曲面，其精确性与准确性的最低标准是重建的曲面必须通过这些点。

定义 11.11　点贡献度：点云中的点对曲面贡献度的简称。对于通过点云拟合而成的曲面，点的贡献度是指点在曲面上或距离曲面的程度。

若点在曲面上，则点对曲面的贡献度达到了最大；反之，点距离曲面越远，则对曲面的贡献度越小。如果点在曲面上，则将其扩展为曲面上的小区域，此时可以进一步研究点对曲面的广义贡献度。

如果重建的网格曲面没有通过原始点云，则重建的曲面仅是对物体曲面的一种逼近，可能会导致遗失原始点云所携带的物体曲面信息，以逼近为主要思想的方法，如基于隐式曲面和基于空间细分的方法存在这样的缺陷。基于区域生长的方法，利用原始点云的点之间的连接关系来实现曲面重建，在重建的曲面中，重建面片的顶点为原始点云中的点，对物体曲面重建结果的贡献度可以通过这些点来衡量，而点的大小无法度量（点无大小）。本节方法用可调多边形取代了原始点云中的点，通过调整这些多边形可以实现控制点对曲面的贡献度，能够有效地控制重建效果。

通过上述分析可知，可调多边形本质上是由移动点构成的多边形，移动点的移动范围在切点（点云中的一个点）与映射点连接形成的线段上。当移动点移动的长度为零（移动点与映射点重合）时，可调多边形的大小就与由映射点组成的多边形相同，此时可调多边形的面积最大。然而，当移动点移动最大距离（移动点与切点重合）时，可调多边形则变成一个点，即切点，此时可调多边形的面积为零。

当用面积不为零的可调多边形取代原始点云作为重建结果中的面片时，原始点云不再仅仅作为连接的点存在于网格中，可以通过调整移动点的移动距离来控制可调多边形的大小，从而达到控制原始点云对重建曲面的广义贡献度。这样可以灵活调整点云对于重建结果的影响力度，充分凸显点云携带的物体曲面信息的重要性。尤其当点云稀疏时，用可调多边形取代原始点云，通过调节可调多边形的大小，能够凸显出曲面的细节信息，得到更加精确的重建结果。

2. 曲面光滑度的可调控性

可调多边形的存在会对重建曲面的光滑度产生一定的影响，这种影响是由于重建面片的大小和法矢的变化所引起。那么，通过调整重建面片的大小和法矢可达到调整重建曲面光滑度的目的。

实际上，点云中近邻点的法矢非常接近，表 11-1 中 p 表示点云中点的编号，k 表示近邻点的个数，每格中的三个小数分别表示利用 k 个近邻点求得的法矢的 x、y 和 z 坐标分量。表 11-1 的每行展示了在近邻点数不同（k 取不同的值）的情况下，连续的五个点（从 1050 号点到 1054 号点）对应求得的法矢的值。

表 11-1　近邻点数取值与法矢值

k	坐标	p				
		1050	1051	1052	1053	1054
10	x	−0.045589	0.303883	−0.151090	−0.106263	−0.152544
	y	0.919734	0.426270	0.760928	−0.592619	−0.476299
	z	−0.389887	0.852026	−0.631000	0.798443	0.865950
20	x	−0.075407	0.285538	−0.163080	−0.132625	−0.134574
	y	0.914632	0.388544	0.787665	−0.538046	−0.477606
	z	−0.397192	0.876071	−0.594129	0.832417	0.868207

续表

k	坐标	p				
		1050	1051	1052	1053	1054
50	x	−0.101312	0.254008	−0.168137	−0.226798	−0.197727
	y	0.909179	0.310281	0.762011	−0.393777	−0.287910
	z	−0.403892	0.916082	−0.625356	0.890788	0.937023

有两种情况存在：①由于法矢的值非常接近，相邻点的切平面接近平行，且同一个中心点对应的三个映射点可能出现重叠；②由于多边形太大，相邻点的映射点构成的多边形在连接处可能出现尖锐转折。移动点的移动影响着可调多边形、可调三角形和可调四边形，同时会影响重建曲面的光滑度，因此可以通过对移动点的移动变换来调节重建曲面的光滑度。接下来，分别进行分析。

（1）可调多边形对曲面光滑度的影响。如图 11-24（a）所示，$\triangle ABC$ 的中心点 M 对应的三个映射点 P_{a1}、P_{b1} 和 P_{c1} 的距离非常接近，图 11-24（a）和（b）分别为映射点重叠与不重叠时的情况，图 11-24（c）和（d）分别是图 11-24（a）和（b）的剖面侧视图。但当移动点向切点移动一定的距离之后，可调多边形变小，面片之间的距离拉大，曲面在连接处变得更为平坦，如图 11-24（e）所示的剖面侧视图。

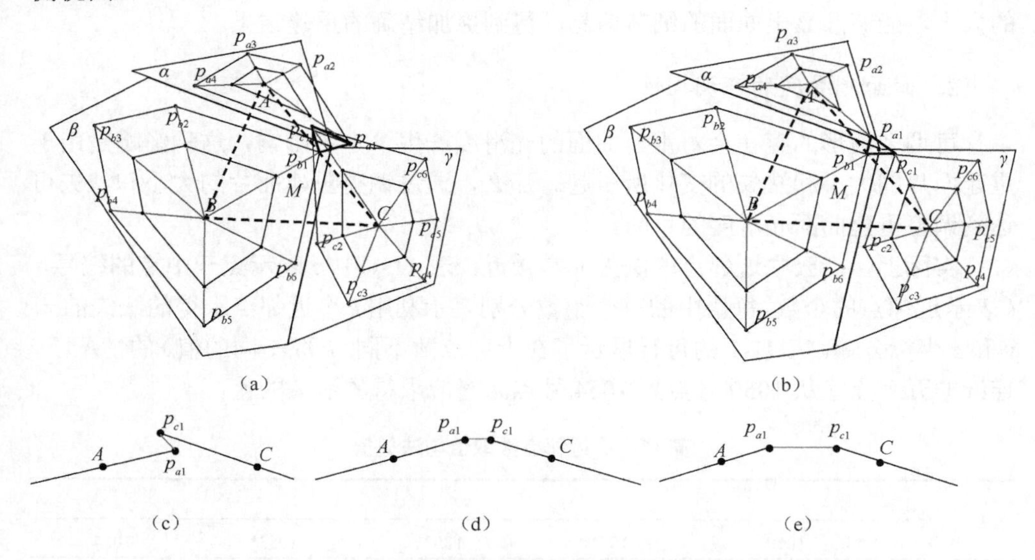

图 11-24　可调多边形对曲面光滑度的影响

（2）可调三角形对曲面光滑度的影响。如图 11-25（a）所示，$\triangle ABC$ 的中心点 M 对应的三个映射点 P_{a1}、P_{b1} 和 P_{c1} 的距离非常接近，中心点 M 对应着三个移动点构成可调三角形，如图 11-25（a）和（b）中的$\triangle P_{a1}P_{b1}P_{c1}$。通过移动映射点，可调三角形慢慢变大，从而改变了曲面的光滑性，如图 11-25（c）和（d）所示的剖面侧视图。通过适当的调整，可以有效去除面片之间顶点相接处的尖锐程度，使得可调多边形之间的过渡更加平滑，最终得到更加光滑的重建曲面。

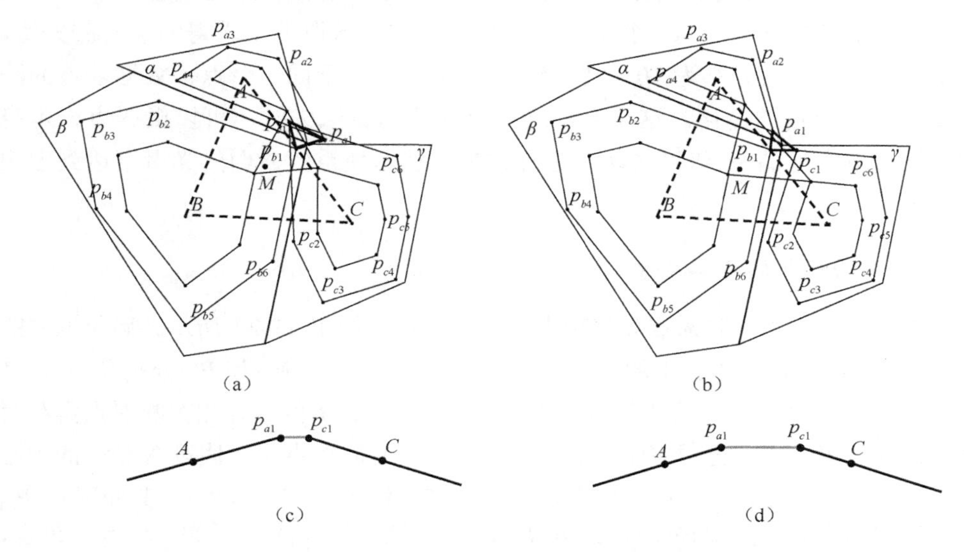

图 11-25　可调三角形对曲面光滑度的影响

（3）可调四边形对曲面光滑度的影响。如图 11-26（a）和（b）所示的加粗线四边形，由于构成可调四边形的顶点是同一个可调多边形的两个顶点与另一个可调多边形的两个顶点，可以看出可调四边形也会影响重建曲面的光滑度，如图 11-26（c）和（d）所示的剖面侧视图，与可调三角形对曲面光滑度影响的情况相似，不再赘述。

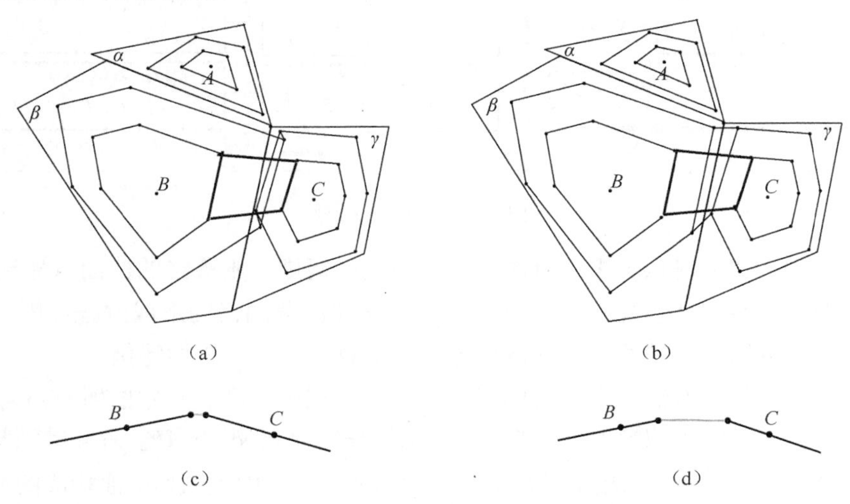

图 11-26　可调四边形对曲面光滑度的影响

实际上，以上描述的（2）和（3）是（1）中变化的自然结果。

此外，点的邻域选择对重建面片法矢的大小会产生影响，进而影响曲面的光滑程度。在表 11-1 中，每一行表示在不同 k 近邻点数取值下求得的点的法矢值，在 k 近邻点数取值分别为 10、20、50 的情况下，对于同一个点云数据求得的法矢值产生了一定的变化。这说明，利用近邻法估算法矢时，可以根据点云本身的特征选取合适的 k 值以对法矢进行调整，从而使重建曲面的光滑度达到理想状态。

3. 曲面形状的可调控性

点云、中心点、映射点和移动点之间的关系，如图 11-27 所示。黑色框中的三个点 A、B 和 C 是点云中的点（构成$\triangle ABC$），点 P_{a1}、P_{b1} 和 P_{c1} 分别是在 A、B 和 C 点的切平面上产生的映射点。浅灰色框包含 A、B 和 C 点相关映射点集和对应的移动点集。深灰色框表示点云中的点与其对应映射点集。假设$\triangle ABC$ 的中心点为 M，那么点 M 将对应三个映射点 P_{a1}、P_{b1} 和 P_{c1}。对于点 A，其映射点 P_{a1} 产生的移动点 P'_{a1} 的移动范围在线段 AP_{a1} 上，有两种极限情况：① P'_{a1} 与点 A 重合，② P'_{a1} 与映射点 P_{a1} 重合。

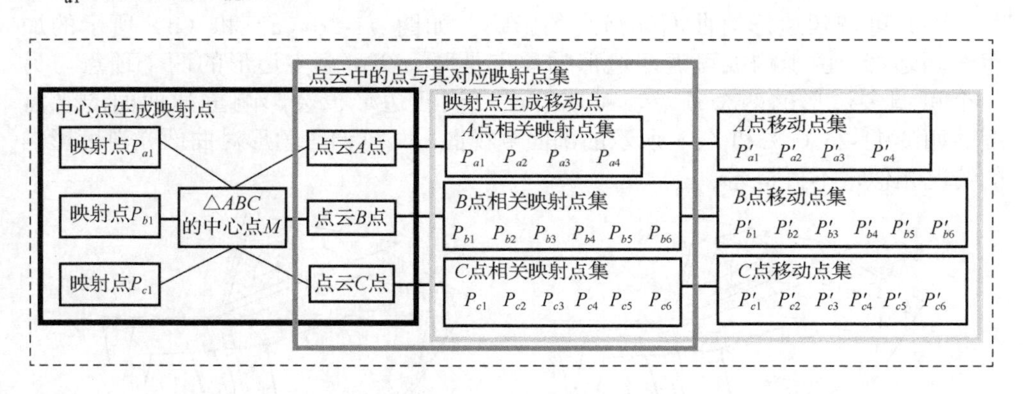

图 11-27　点的关系图

对于①，如果对点云中所有的点都使用这一规则，则最终的曲面重建结果就是传统的三角网格化重建结果。移动点的变化和三角网格的形成过程如图 11-28 所示。由此可知，传统的三角网格化方法是本章中绘制方法的特例。

对于②，如果对点云中所有的点都使用这一规则，则点云中的所有点可直接被由映射点组成的多边形取代。将 P_{a1} 产生的移动点 P'_{a1} 沿着 AP_{a1} 方向继续移动，当点云中所有点的切平面相交时，重建的曲面就是点云中点的切平面构成的曲面。由此可得：

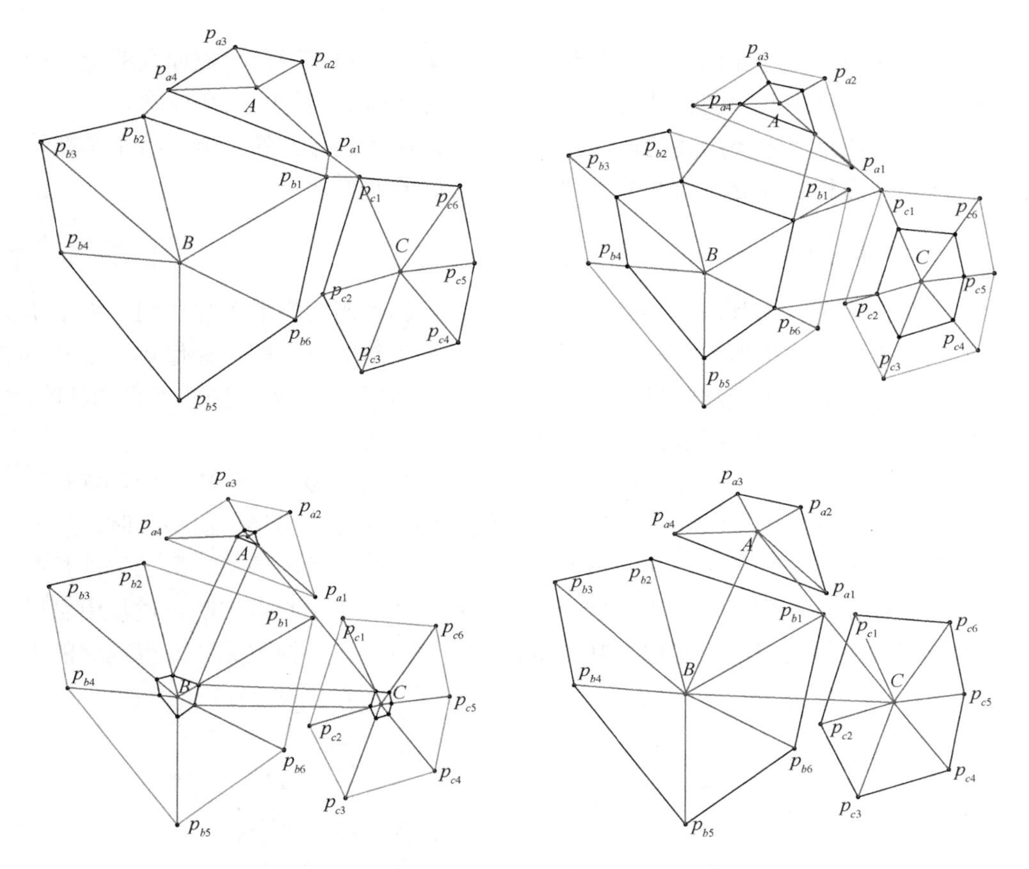

图 11-28　移动点的变化和三角网格的形成过程

定理 11.2　连接点云内点的切平面构成的曲面是点云表达的曲面的外包络面，而传统三角网格化后的曲面是点云表达的曲面的内包络面。

如图 11-29 所示，通过深灰色曲线所表示的曲面上有 4 个扫描点 A、B、C 和 D，直接连接四个点所构成的浅灰色折线表示传统网格化曲面，是曲面的内包络面；分别通过扫描点 A、B、C 和 D 的切线段相连构成的黑色折线表示切平面相连接构成的曲面，是曲面的外包络面。

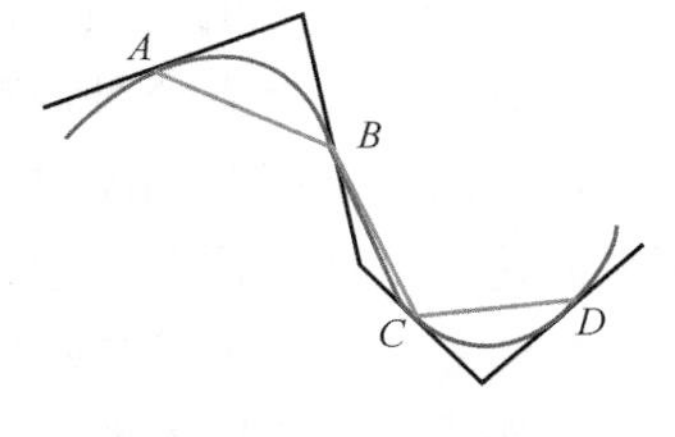

图 11-29　剖面示意图

由以上过程可得：

性质 11.1　采用相同的比例移动所有的映射点，可实现对重建曲面的全局约束和控制；若采用不同的移动比例，则可实现对曲面的局部约束和控制。

该性质决定了本节所述的曲面重构方法在曲面重建方面的优势，特别是在计算机自动处理和交互处理两个方面都能取得较好的效果。

4. 可插值性

当点云稀疏时，利用一般的重建方法无法得到理想的光滑重建曲面。由于本节方法将原始点云扩展为可调多边形，同时引入了新的点，即可插值点。这种可调多边形和可插值点能够凸显曲面的细节，并且弥补了稀疏点带来的不足和缺陷。这体现了本节方法的可插值性，是本节方法的优点之一。

如图 11-30 所示，假设点云中的六个点（A、B、C、D、E 和 F）表示半球面，原始的三角剖分如图 11-30（a）所示的虚线网格。显然，当半球面稍大时，用六个点来表示就过于稀疏了，在三角剖分后很难保留半球面的信息。本节方法具有的可插值性在一定程度上解决了这一问题，具体体现在中心点的映射过程中可以产生更多的可插值点，很好地弥补了重建过程中点云稀疏导致无法取得理想的重建结果。

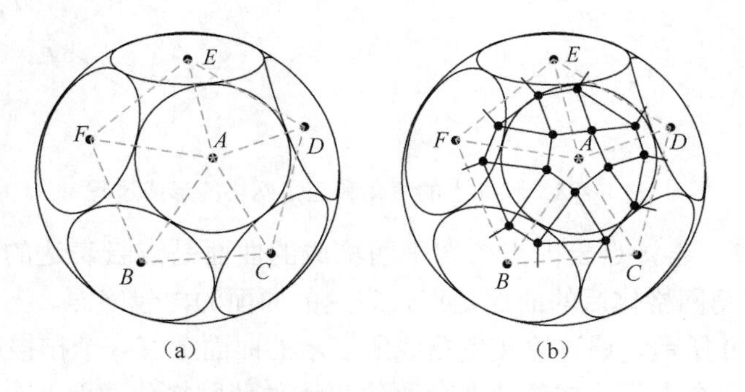

图 11-30　可插值性分析示意图

如图 11-30（b）所示，黑色实线网格是本节方法根据六个点表示的半球面仅对于点 A 重建的网格结果，其中有一个完整的五边形，包围着点 A，这个五边形就是点 A 对应的可调多边形。此外，图中有五个可调三角形，比直接三角剖分所得到的灰色虚线三角形小一些，空间位置在灰色虚线三角形上部，更加靠近球体曲面。另外，图中有五个可调四边形，在可调多边形与可调三角形之间起到平滑过渡作用。可见，本节的曲面重建方法显示出了较好的插值效果。

在此选择具有代表性的点云作为实验的输入数据，如图 11-31、图 11-32 所示，分别为眼睛、树叶的网格化重建结果，两个图中的（a）都是传统三角网格化方法的重建结果，（b）都是本节网格化方法的重建结果。显然，本节方法更有效。

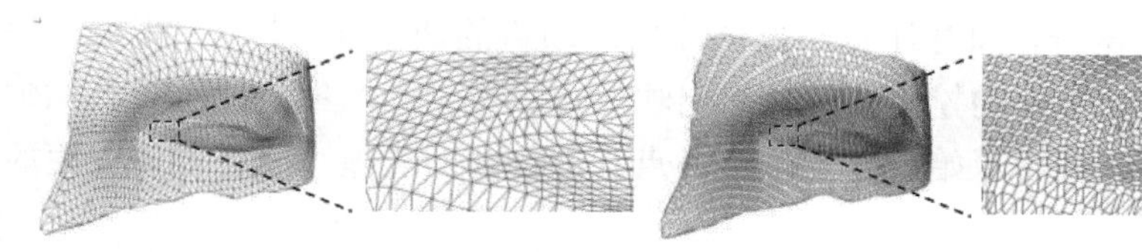

（a）传统三角网格化方法的重建结果　　（b）本节网格化方法的重建结果

图 11-31　眼睛的网格化重建结果

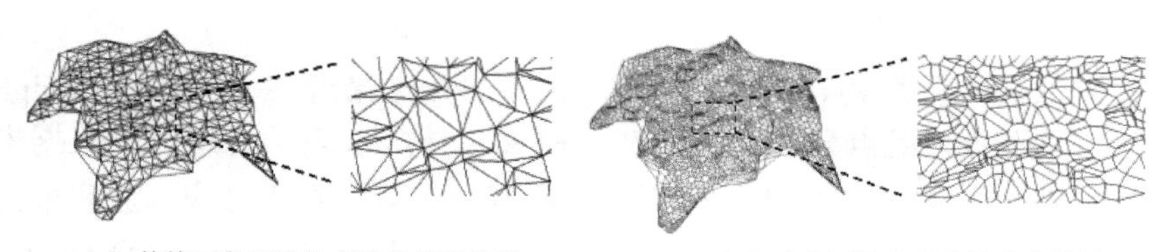

（a）传统三角网格化方法的重建结果　　（b）本节网格化方法的重建结果

图 11-32　树叶的网格化重建结果

表 11-2 展示的是实验统计数据，其中初始三角形数是传统三角网格化后的数量，新三角形数是指可调四边形三角网格化后的三角形数量，网格总数指可调多边形数与新三角形数之和，网格数比指初始三角形数与网格总数之比。由表 11-2 的最后一行可知，对于不同对象的点云，本节方法重建的曲面网格数大约是初始三角网格数的 6.5 倍，这个比例在一定程度上也说明了本节方法的可插值性。

表 11-2　实验统计数据

对象	眼睛	树叶
原始点数	1555	492
初始三角形数	3043	941
可调多边形数	1555	492
新三角形数	18258	5646
网格数	19813	6138
网格数比	1∶6.51	1∶6.52

11.4　点云的插值曲面重建方法

本节介绍一种基于三维 Delaunay 三角网格融合切平面的插值方法，基本思想是通过添加生长点使得重建结果更加接近真实物体的原始曲面，并且凸显曲面的细节[15,17]。生长点自动产生，均匀地分布在原始点云数据之间，并且始终与真实物体外形信息保持一致。该方法步骤如下：首先，对原始点云数据进行Delaunay 三角剖分，同时计算出每个三角形顶点的切平面；其次，根据法矢的方向和中心点在切平面的投影转换计算出映射点和生长点；最后，生长点均匀分布于原始点云中，结合原始点与生长点对点云进行曲面重建，确保物体表面的几何形状细节信息。

11.4.1 算法描述

1. 近邻点的确定

在计算法矢时，先要寻找近邻点，一般可采用 k 最近邻（k-nearest neighbor，KNN）法。假设有一组点云数据 $S=\{P_i \mid i=1,2,\cdots,n\}$，$p$ 表示这组点云数据中的一点，其 k 近邻点记为 N_k^p。首先，计算点 p 到每一个点的欧氏距离，随后根据欧氏距离对这些点进行升序排序，得到最近邻距离、次近邻距离，从而得到最近邻点、次近邻点，以此类推，直至找到第 k 个近邻点。其中，k 值的大小取决于点云数据的密度，即稀疏程度，避免出现一个点搜索不到其第 k 个近邻点的问题。在近邻点的搜索过程中，先利用 kd-tree 法对点云数据进行组织，这种方法可以快速地确定近邻点集合。随后，对点云数据中的各点依次进行 k 近邻搜索，并记录下每一个点及其近邻点集合。

2. 法矢的估算

给定一组点云数据，假设 p_0 是任意的一个初始点，$p_i(i=1,2,\cdots,k)$是利用 KNN 法确定的 k 近邻点。通过 $p_i(i=1,2,\cdots,k)$和 p_0 可以确定一个局部曲面，并可由 $p_i(i=1,2,\cdots,k)$计算出点 p_0 的法矢。

为了得到法矢，首先计算一个协方差矩阵，即

$$M=\sum(p_i-\overline{p})(p_i-\overline{p})^{\mathrm{T}} \tag{11-16}$$

其中，$\overline{p}$ 是点集 $p_i(i=1,2,\cdots,k)$和 p_0 的质心，定义为 $\overline{p}=\sum_{i=1}^{N}p_i/N$。

利用奇异值分解（singular value decomposition，SVD）法对协方差矩阵进行计算，得到相应的特征值 λ_1、λ_2 和 λ_3，并且 $\lambda_1>\lambda_2>\lambda_3\geqslant 0$。那么，最小的特征值 λ_3 所对应的特征向量即为点 p_0 的法矢。由于法矢是矢量，有时会出现180° 的反向，可以对其取绝对值进行调整，使得方向一致。

3. 生长点获得

首先进行 Delaunay 三角剖分，包括二维的和三维的 Delaunay 三角剖分，算法的详细步骤参阅本章第一节的相关内容。

基于原始点云 p 的三维坐标及其法矢 n_p，可以估计出点云数据的切平面。如图 11-33 所示，假设 A、B 和 C 分别表示原始点云数据中的点，其切平面分别为切平面 α、切平面 β 和切平面 γ，将每个 Delaunay 三角形当作一个最小重建单元，那么对于 Delaunay 三角形 $\triangle ABC$，将其中心点 M 分别在切平面 α、切平面 β 和切平面 γ 上进行投影，分别得到关于原始点 A 在切平面 α 上的映射点 P_a、关于原始点 B 在切平面 β 上的映射点 P_b 和关于原始点 C 在切平面 γ 上的映射点 P_c，这三个映射点恰好形成了一个三角形。

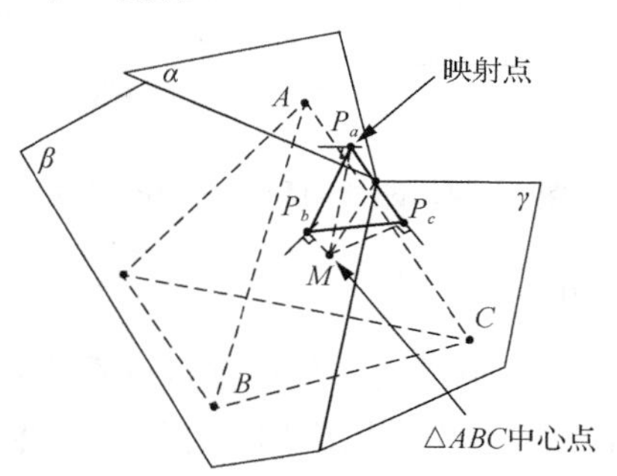

图 11-33　映射点和切平面

一般地，每个 Delaunay 三角形都可以产生三个映射点，这三个映射点正好构成一个三角形，并将这个三角形称为映射三角形。

定义 11.12　生长点：映射三角形的外接圆圆心称为生长点。

基于曲面的凹凸特性，能够将物体曲面划分为凹曲面和凸曲面，其组成关系如图 11-34 所示。图 11-34（a）～（d）的局部组成关系为左边是凸曲面，右边是凹曲面，两种曲面的整体组成关系连续。图 11-34（e）～（h）的局部组成关系为左边是凸曲面，右边也是凸曲面，两种曲面的整体组成关系连续。图 11-34（i）～（l）的局部组成关系为左边是凹曲面，右边也是凹曲面，但两种曲面的整体组成关系是不连续的，在两种曲面的交接处存在突变。

在进行三角网格重建的过程中，通过三角形面片来表示局部小曲面，那么，每个 Delaunay 三角形代表的一个局部曲面就可以视为一个最小重建单元。将最小重建单元关联到一个球体的内接三角形，那么在各种情况下的最小重建单元中，相比 Delaunay 三角形，生长点更接近于球体曲面，或者加入生长点将获得更多局部曲面信息。

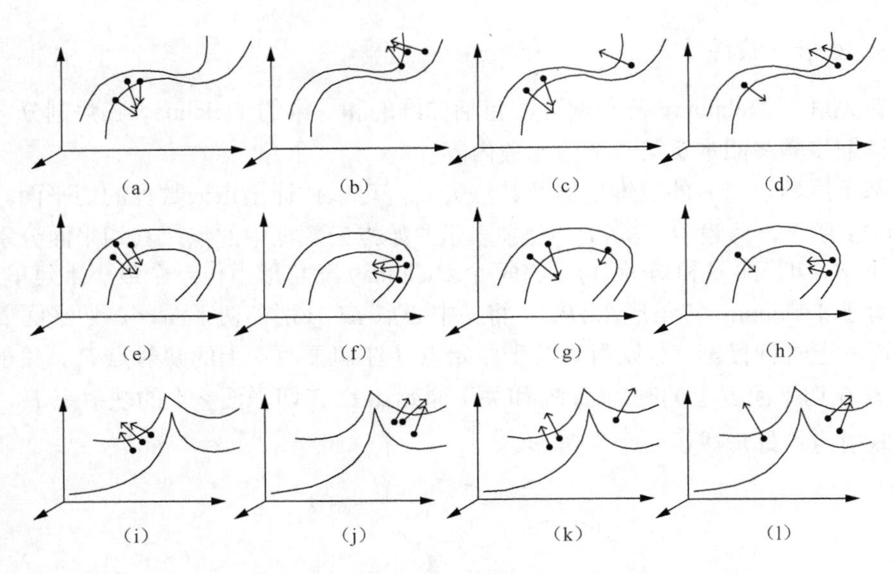

图 11-34　凹曲面和凸曲面的组成

11.4.2　插值点合理性分析

对于三角网格重建，每一个重建三角形都可以看成是一个最小重建单元。考虑到空间的两种曲面，由三个扫描点构成的三角形将产生 12 种情况，根据扫描点的分布和两种曲面间的连接关系，可以将这 12 种情况划分为三类。

第一类：构成一个最小重建单元的三个扫描点位于同一个曲面之上，如图 11-34（a)、(b)、(e)、(f)、(i）和（j）所示；构成一个最小重建单元的三个扫描点分别处在两边曲面上，如图 11-34（g）和（h）所示。由这三个扫描点构成的局部曲面是连续的，这种情况下的凹曲面和凸曲面可以相互转换。因此，可以将图 11-34（a)、(b)、(e）～（j）划归为第一类情况。

第二类：构成一个最小重建单元的三个扫描点分别处在两边曲面上，如图 11-34（c）和（d)，曲面间的组成关系是连续的。

第三类：构成一个最小重建单元的三个扫描点分别处在两边曲面上，如图 11-34（k）和（l)，并且两边曲面间的组成关系是不连续的，在两边曲面的连接处出现突变的情况。

情况 1：三个扫描点 D_a、D_b 和 D_c 在曲面的同一侧。最小重建曲面关联到一个球体，设球体半径为 R，如图 11-35 所示。将 $\triangle D_aD_bD_c$ 的各顶点对应的切平面与该三角形之间的夹角分别设为 α、β 和 γ，由于在情况 1 中，三个扫描点处于同一种球体曲面，那么有 $\alpha=\beta=\gamma$。

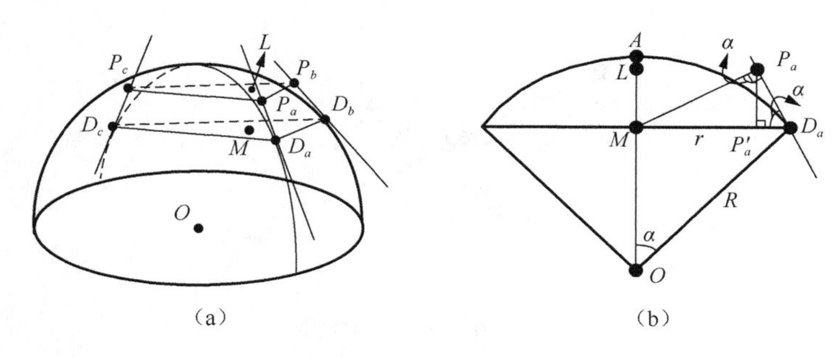

图 11-35　情况 1 的描述

如图 11-35 所示，扫描点 D_a 的映射点为 P_a，线段 MD_a 是局部三角形△$D_aD_bD_c$ 的外接圆半径，设为 r。那么，α 为∠P_aD_aM，则 $|MP_a| = r\sin\alpha$，点 M 沿△$D_aD_bD_c$ 的法向方向的偏移量 P_aP_a' 可表示为 $r\sin\alpha\cos\alpha$。同理分析 D_b 和 D_c，可得偏移量分别为 $r\sin\beta\cos\beta$ 和 $r\sin\gamma\cos\gamma$。那么，点 M 沿△$D_aD_bD_c$ 的法向方向的总偏移量 Dis 如式（11-17）所示：

$$\text{Dis} = \frac{r(\sin\alpha\cos\alpha + \sin\beta\cos\beta + \sin\gamma\cos\gamma)}{3} \tag{11-17}$$

偏移量的取值范围如式（11-18）所示：

$$0 \leqslant \text{Dis} \leqslant \frac{r}{2} \tag{11-18}$$

那么，$|AL| = |MA| - |ML| = (R - R\cos\alpha) - 1/2r$，其中 $r = R\sin\alpha$，$|OM| = R\cos\alpha$，$|MA| = R - R\cos\alpha$。为了说明 L 点和 M 点到底哪个点距离原始曲面上 A 点的距离更近，对 AL 和 MA 的长度进行作差，如果 AL 的长度小于 MA 的长度，则表明 L 点相较于 M 点更接近于原始曲面上 A 点：

$$|MA| - |AL| = (R - R\cos\alpha) - [(R - R\cos\alpha) - 1/2r] = 1/2R\sin\alpha \tag{11-19}$$

在局部的小区域内，夹角 α、β 和 γ 均为锐角，那么其正弦值均大于 0。因此，L 点相较于 M 点更接近于原始曲面上 A 点。在加入插值点之前只能通过一个 Delaunay 三角形△$D_aD_bD_c$ 表示原始局部曲面，在加入一个更接近于原始局部曲面的生长点之后，则能够利用三个 Delaunay 三角形（△LD_aD_b、△LD_aD_c 和△LD_bD_c）来描述原始局部曲面。

情况 2：三个扫描点 D_a、D_b 和 D_c 在曲面的不同侧。假设点 D_a 和 D_b 在右侧的凸曲面上，点 D_c 在左侧的凹曲面上，如图 11-36 所示。分析过程与情况 1 类似，将这三个扫描点关联到一个球体，然而这种情况下△$D_aD_bD_c$ 的各顶点对应的切平面与该三角形的夹角是不同的。将△$D_aD_bD_c$ 的各顶点对应的切平面与球体曲面的夹角分别设为 α、β 和 γ，那么有 $\alpha = \beta \neq \gamma$。

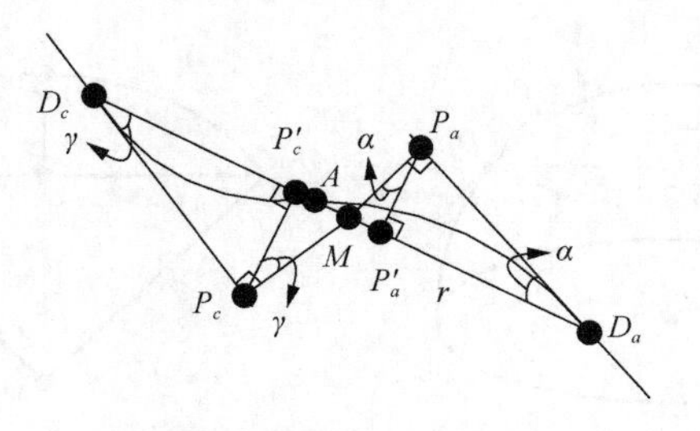

图 11-36　情况 2 的描述

沿着$\triangle D_aD_bD_c$的法向方向，分别得到其中心点M关于顶点D_a和D_b的偏移量，即$r\sin\alpha\cos\alpha$和$r\sin\beta\cos\beta$。同时，由于点D_c处于另一侧的凹曲面上，那么沿着$\triangle D_aD_bD_c$的法向方向，可得到中心点M关于顶点D_c的偏移量$-r\sin\gamma\cos\gamma$。沿着$\triangle D_aD_bD_c$的法向方向，可得到其中心点M的总偏移量，如式（11-20）所示：

$$\text{Dis}=\frac{r(\sin\alpha\cos\alpha+\sin\beta\cos\beta-\sin\gamma\cos\gamma)}{3} \tag{11-20}$$

式（11-20）的值若为正值，说明生长点最终的位置将向点D_a和D_b的切平面方向偏移；若为负值，说明生长点最终的位置将向点D_c的切平面方向偏移。偏移量根据曲面的转折特性变化，生长点将携带曲面的转折信息。在加入插值点之前只能用一个 Delaunay 三角形$\triangle D_aD_bD_c$描述原始局部曲面，而在加入一个更接近于原始曲面的生长点之后，能够通过三个 Delaunay 三角形（$\triangle LD_aD_b$、$\triangle LD_aD_c$和$\triangle LD_bD_c$）对原始局部曲面进行描述。并且，在情况 2 中，如果直接用一个 Delaunay 三角形$\triangle D_aD_bD_c$表示原始局部曲面，将完全损失掉原始曲面的转折特性。然而，加入生长点之后，可以更加准确地反映出局部曲面的真实转折特性。

情况 3：三个扫描点D_a、D_b和D_c在曲面的不同侧。假设点D_a和D_b在左侧的凹曲面上，点D_c在右侧的凹曲面上，如图 11-37 所示。分析过程与情况 1 类似，将这三个扫描点关联到一个球体，将$\triangle D_aD_bD_c$的各顶点对应的切平面与该三角形的夹角分别设为α、β和γ，那么，$\alpha=\beta\neq\gamma$。

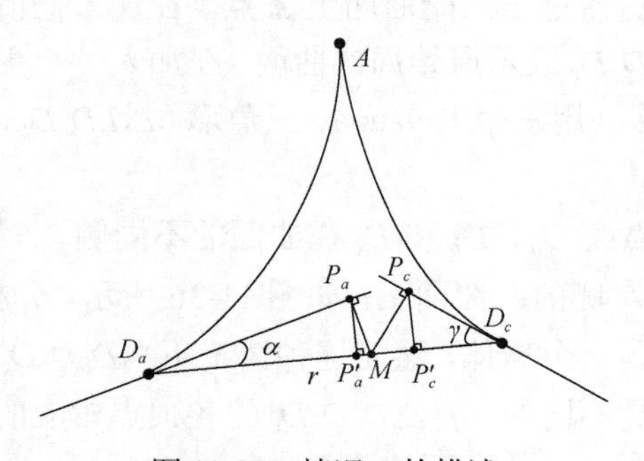

图 11-37　情况 3 的描述

分析方法如情况 2 中的描述。不同之处在于，D_a 和 D_b 两点对于三角形中心点 M 的偏移量影响方向和 D_c 点对于三角形中心点的偏移量影响是同方向的，而在情况 2 中是不同方向的。在情况 3 中 Delaunay 三角形$\triangle D_aD_bD_c$的三个顶点影响中心点 M 的偏移量方向指向左右两个凹曲面交接处的转折点 A，如图 11-37 所示。Delaunay 三角形$\triangle D_aD_bD_c$的中心点 M 在沿着该三角形的法向方向移动的总偏移量如式（11-17）所示，并且移动范围如式（11-18）所示。同样的，在加入插值点之前只能通过一个 Delaunay 三角形$\triangle D_aD_bD_c$表示原始局部曲面，而在加入一个更接近于原始曲面的生长点 L 后，可以利用三个 Delaunay 三角形（$\triangle LD_aD_b$、$\triangle LD_aD_c$和$\triangle LD_bD_c$）来表示原始局部曲面。在这种情况中，无论夹角α、β和γ的大小如何变化，偏移量的值始终为正值，这说明生长点 L 相较于局部重建三角形中心点 M 更加适合描述局部曲面的转折区域，使得在加入生长点之后的重建结果包含更多的特征信息。

通过分析不同情况下生长点的合理性可以看出，利用生长点及原始局部三角形的三点构成新的三个 Delaunay 三角形代替原始的一个 Delaunay 三角形对曲面进行重建是一个好的局部曲面表示方法。利用该方法进行重建，能够得到有效可行的重建结果，这将在 11.4.3 小节的实验部分充分地展示出来。

11.4.3　实例分析与讨论

图 11-38 中，从各个方向上展示了加入生长点后的眼睛点云数据。图 11-38（a）和（b）是从正面看到加入生长点后的眼睛点云数据，图 11-38（c）和（d）是从背面看到加入生长点后的眼睛点云数据。

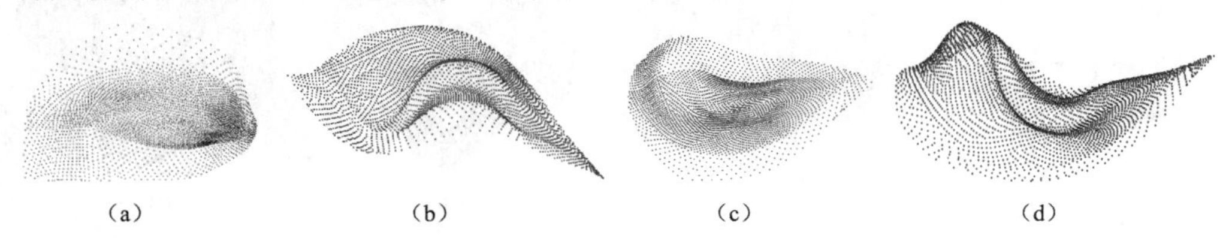

图 11-38　加入生长点后的眼睛点云数据

表 11-3 展示了本节算法通过不同点集计算生长点的时间，可以看到该算法可以在一个合理的时间内完成。

表 11-3　计算生长点的时间

点集	眼睛	树叶	环	人雕
原始点数	1208	494	12906	12494
时间/s	0.859	0.344	9.297	8.922

将本节算法与 Delaunay 三角网格进行对比，一些实验结果展示了该算法的

有效性。具体的实验结果，如眼睛、树叶、环和人雕的三角网格和曲面重建如图 11-39～图 11-42 所示。

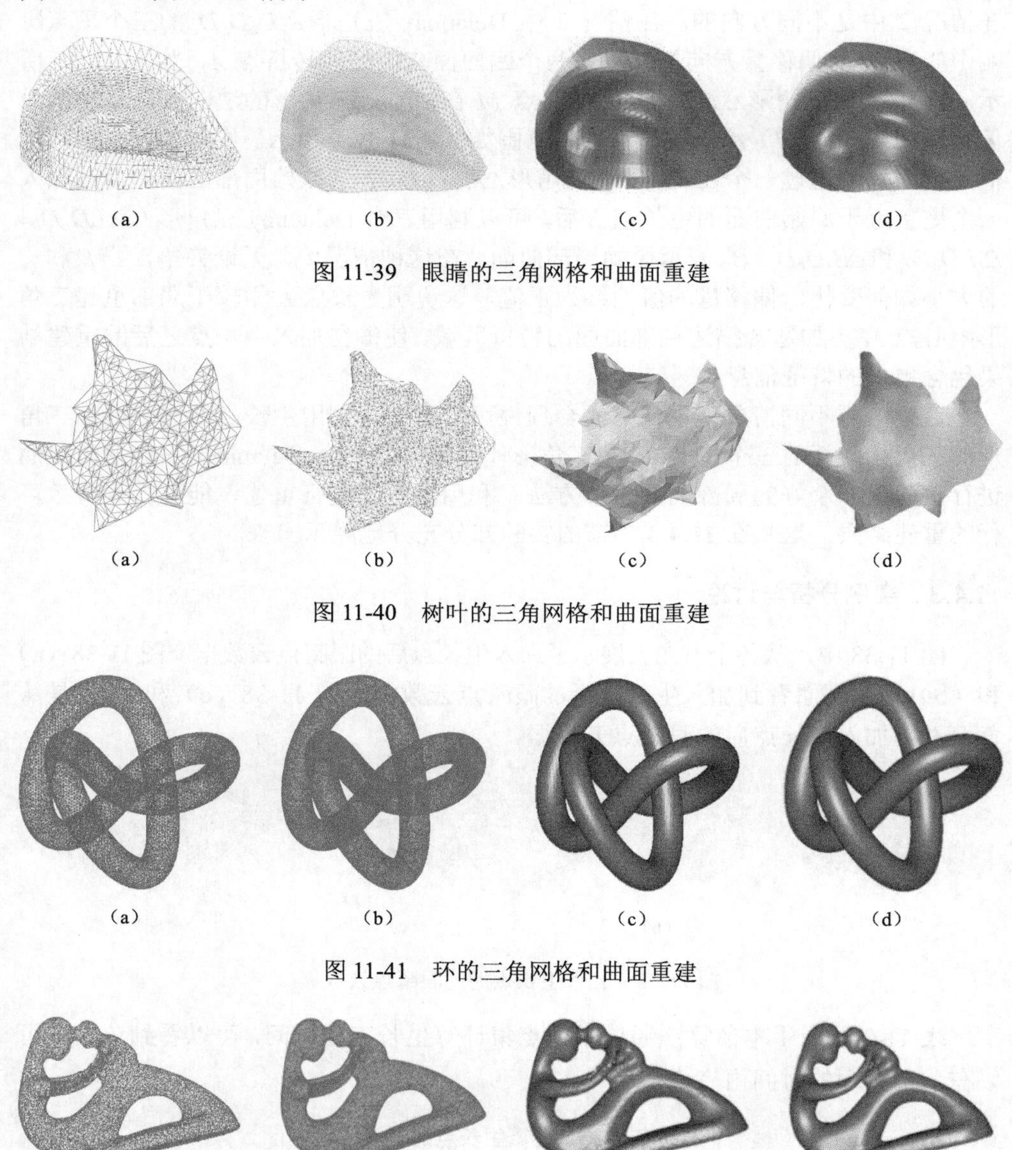

图 11-39　眼睛的三角网格和曲面重建

图 11-40　树叶的三角网格和曲面重建

图 11-41　环的三角网格和曲面重建

图 11-42　人雕的三角网格和曲面重建

从图 11-39 中可以看出，眼睛的重建结果达到了很好的效果。图 11-40 展示的是树叶的重建结果，该数据的特点是点云数据稀疏。同时，对一个具有多环特征的环型数据和具有复杂外形信息的人雕数据也进行了重建对比，分别如图 11-41 和图 11-42 所示。图 11-41（d）和图 11-42（d）所示的重建结果比图 11-41（c）和图 11-42（c）所示的重建结果更加可靠，因为本节算法使得点云数据丢失而引起的粗糙边缘变得更加平滑。

在原始点云数据上的实验表明加入生长点后可以获得更加详细的三角网格，确保三维物体曲面重建结果更为精确、真实。此外，生长点的分布比较合理、均匀，利用生长点得到重建结果中的原始物体的特征信息被充分保留和放大，进一步保证了三维物体的三角网格重建更加真实，同时也能保留更多的细节信息。

表 11-4 展示的是一个包括原始点数、生长点、总点数和加入生长点前后的三角网格个数的算法统计数据表。相比直接用原始点云数据重建，将生长点加入到眼睛、树叶、环和人雕的点云数据后，能够得到更好的重建结果。实验结果再一次证明了在加入生长点之后，重建结果将更加真实，可以展示出更多的细节信息。

表 11-4　算法统计数据

点集	原始点数	生长点	总点数	网格个数	
眼睛	1208	2342	3550	加入前	2341
				加入后	7019
树叶	494	939	1433	加入前	923
				加入后	2892
环	12906	25812	38718	加入前	25812
				加入后	77436
人雕	12494	24967	37461	加入前	24970
				加入后	74902

11.5　本章小结

本章介绍了点云曲面重建的相关知识，在此基础上介绍了基于点云的网格曲面重建方法、基于点云的隐式曲面重建方法和基于点云的参数曲面重建方法等常用的三大类基于点云的曲面重建方法。

点云曲面重建经典方法属于基于点云的网格曲面重建方法，其中详细阐述了基于 Voronoi 图的曲面重建方法和基于 Delaunay 三角剖分的曲面重建方法。

基于点云的隐式曲面重建方法获得的表达式主要通过函数插值或逼近的方法来获得，包括最小二乘法和径向基函数法。关于径向基函数法，重点阐述了两种经典的方法，即 Multiquadric 法和薄板样条法。

基于点云的参数曲面重建方法主要基于 B 样条进行曲面重建。其中重点介绍了基于多层 B 样条的概念和基于多层 B 样条的散乱数据的拟合方法。

基于可调多边形面片的重建方法能够灵活地实现对点云曲面的网格化。点云中的每一个点都被其切平面上的一个可调多边形取代，通过改变可调多边形面片的大小来控制点云中每一个点的点贡献度。此外，通过调整重建面片的大小和法矢能够实现调整重建曲面光滑度。这种可调多边形和插值点的结合能够凸显曲面细节，并降低稀疏点带来的影响。特别地，将可调多边形缩小到一定程度即可得到传统三角网格化方法。

基于插值的点云网格曲面重建方法是点云网格曲面重建的一种扩展方法，插值点可通过投影转换和映射关系获得。实验表明，利用该方法得到的重建结果更加真实，更能凸显曲面的细节信息。

参考文献

[1] 周培德, 卢开澄. 计算几何——算法分析与设计[M]. 北京: 清华大学出版社, 2000.

[2] AMENTA N, BERN M, KAMVYSSELIS M. A new Voronoi-based surface reconstruction algorithm[C]. Proceedings of the 25th Annual Conference on Computer Graphics and Interactive Techniques, Orlando, USA, 1998: 415-421.

[3] 曼克勒斯. 流形上的分析[M]. 谢孔彬, 谢云鹏, 译. 北京: 科学出版社, 2012.

[4] ABDELKADER A, BAJAJ C L, EBEIDA M S, et al. VoroCrust: Voronoi meshing without clipping[J]. ACM Transactions on Graphics, 2020, 39(3): 1-16.

[5] AMENTA N, CHOI S, KOLLURI R K. The power crust[C]. Proceedings of 6th ACM Symposium on Solid Modeling and Applications, Ann Arbor, USA, 2001: 249-266.

[6] DEY T K, GOSWAMI S. Tight cocone: A water-tight surface reconstructor[J]. Journal of Computing and Information Science in Engineering, 2003, 3(4): 302-307.

[7] BOWYER A. Computing Dirichlet tessellations[J]. Computer Journal, 1981, 24(2): 162-166.

[8] WATSON D F. Computing the *n*-dimensional delaunay tessellation with application to Voronoi polytopes[J]. Computer Journal, 1981, 24(2): 165-172.

[9] EDELSBRUNNER H, MUCKE E P. Three-dimensional alpha shapes[J]. ACM Transactions on Graphics, 1994, 13(1): 43-72.

[10] HARDY R L. Multiquadric equations of topography and other irregular surfaces[J]. Journal of Geophysical Research, 1971, 76(8): 1905-1915.

[11] HARDER R L, DESMARAIS R N. Interpolation using surface splines[J]. Journal of Aircraft, 1972, 9(2): 189-191.

[12] ECK M, HOPPE H. Automatic reconstruction of B-Spline surfaces of arbitrary topological type[C]. Proceedings of the 23rd Annual Conference on Computer Graphics and Interactive Techniques, New Orleans, USA, 1996: 325-334.

[13] LORENSEN W, CLINE H. Marching cubes: A high resolution 3D surface construction algorithm[J]. ACM Computer Graphics, 1987, 21(4): 163-169.

[14] DOI A, KOIDE A. An efficient method of triangulating equi-valued surfaces by using tetrahedral cells[J]. IEICE Transactions on Information and Systems, 1991, 74(1): 214-224.

[15] 李慧敏. 基于点云的面绘制方法及脊谷特征提取研究[D]. 西安: 西安理工大学, 2012.

[16] WANG Y H, HAO W, NING X J, et al. An adjustable polygon connecting method for 3D mesh refinement[C]. Proceedings of International Conference on Virtual Reality & Visualization(ICVRV 2014), Shenyang, China, 2014: 202-207.

[17] WANG Y H, LI H M, NING N X, et al. A new interpolation method in mesh reconstruction from 3D point cloud[C]. Proceedings of the 10th International Conference on Virtual Reality Continuum and Its Applications in Industry, Hong Kong, China, 2011: 235-242.

第 12 章　点云树重建与模拟

对于自然场景，树木是最重要的组成元素之一。在虚拟现实的相关应用中，逼真的树木模型也扮演着十分重要的角色。然而，自然场景中的树木具有高度复杂的几何形态，要准确获取其信息十分困难，且树木具备复杂的拓扑结构，导致对树木进行建模，尤其是逼真树木的建模具有很大的挑战性。尽管如此，树木的三维建模研究依然吸引了诸多学者，由于应用场景的不同，数据以及数据获取方式的不断涌现，相关技术自诞生开始经历了假想树木建模阶段以及数字化真实树木建模阶段，这两种阶段都取得了良好的建模效果。

在结构上，树由树干、树枝和树叶组成，而树干、树枝是一种多层连接结构。树干可以通过点云测量设备获得，因此可以采用基于点云的聚类分割方法进行树干的建模；而树枝特别是较细的树枝，只能采用人工建模的方式获得。树叶是树变化特别是四季变化的重要特征，树叶建模的逼真性是树建模逼真性的关键。

基于前面章节对点云场景物体的识别与提取方法，本章介绍点云树的重建与模拟，包括树干、树枝与树叶的重建，树干、树枝与树叶的融合，树四季变化模拟，以及树叶飘落模拟方法等。

12.1　点云树预处理

基于点云的树提取主要是对支撑树木整体拓扑结构的树干和树枝形状进行提取。牵引树干和树枝形状的内在根本是树的骨架，称为枝干骨架。实际上，枝干骨架可以视为一组自由曲线的集合，准确地提取组成骨架线对应的骨架点是骨架提取的关键[1-3]。此外，树叶作为树的一个重要组成部分，在一定程度上影响了树的整体结构，而对于不同的树叶，其叶片形态和纹理不同，因此提取出决定树叶形态的叶脉特征点和边界特征点也是点云树提取中不可或缺的一部分[4-6]。基于前述章节点云场景物体识别与提取的相关方法，可实现在场景中提取点云树的信息。本节基于已提取的树的点云，进一步优化树干、树叶，以建模完整树为目的，阐述相关的预处理方法。

12.1.1　枝干预处理

利用 3D 激光扫描仪得到的枝干点云数据通常是一个规模庞大的散乱点集，

若根据点的存储顺序进行检索，将会耗费大量时间，大大降低枝干骨架点提取算法的效率。因此，在提取过程之前，首先通过 kd-tree 法重新组织点集，以便更好地应用枝干骨架点提取算法[7]。其次采用 *k*-means 聚类算法获取枝干的局部最优切分点集，以保持枝干的局部弯曲特性。最后利用最小二乘法在局部最优切分点集上求取枝干骨架点及其基本的几何参数，进而为骨架线的绘制奠定基础。

1. 枝干点云数据的存储

首先，应用 kd-tree 法存储点云数据。该过程实际上是利用垂直于某个坐标轴的平面对三维空间进行划分，得到多个包围盒，每个包围盒中存储着整个目标物体的点云数据的子集。不同包围盒对应 kd-tree 中的不同结点，或者对应结点单元。根结点单元就是包含整个物体的点云数据的最小包围盒（minimum bounding box，MBB），而叶子结点单元则是包含一个点，或者包含的点的个数少于点个数阈值的包围盒（只是在划分粒度的粗细上有所不同）；若某结点内的点个数大于阈值，则该结点称为孩子结点，通过划分平面继续对其进行划分，对应得到两个子单元。对于位于划分平面上的点，可将其放置到任何一个单元中。由此可见，三维空间的 kd-tree 存储结果仍然保持着二叉树的组织结构。由于划分平面的不同，整个划分结果存在差异。通常，按照选取单元中最长边的中点进行划分。

2. 枝干的局部切分

枝干的骨架线可以视为由一组连续的自由曲线连接而成的特殊形状。在微分学中，对于无法通过数学模型描述的复杂曲线，可以将其视为由许多微元线段拼接的结果。因此，若能够确定切分自由曲线的点的位置，就可还原出完整的自由曲线。如果能够利用枝干点云数据计算出组成骨架线的切分点，即骨架点，便可以绘制出这组自由曲线，并且保持原始点云数据反映的枝干生长趋势[8]。

在三维空间坐标系中，从整体上观察树木，其枝干存在两种生长方向：沿着三个坐标轴与非坐标轴（斜着生长）。对于沿着三个坐标轴生长的枝干，可以通过垂直于坐标轴的平面进行切分，而对于斜着生长的枝干，该方法不能取得理想的效果。如图 12-1（a）描述了采用垂直于 X 轴的平面对斜着生长的枝干点云数据进行切分得到的局部点集（图中灰色部分），但是由此计算出的骨架点的位置、轴方向和横截面半径等几何参数与实际所需的参数之间存在很大的误差。因此，为了保证最后所求取的骨架点的参数能够更加逼真地描述真实枝干的几何特征，需要得到图 12-1（b）所示的最优平面切分结果。

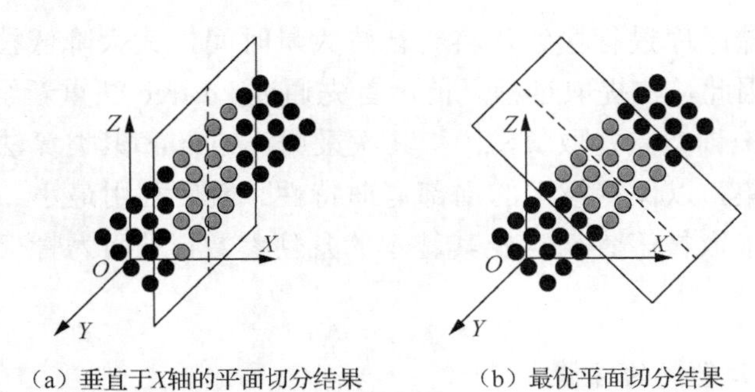

（a）垂直于X轴的平面切分结果　　（b）最优平面切分结果

图 12-1　垂直于 X 轴的平面切分结果与最优平面切分结果

沿着枝干的生长方向进行的局部切分是最优切分，垂直于枝干局部横截面的法矢的平面是对应的切分平面，如图 12-1（b）所示。然而，不同枝干的生长趋势存在很大的随机性，难以准确地从枝干点云数据中捕捉其局部横截面的法矢，导致难以构造最优切分平面，从而增加了局部最优切分点集的获取难度。众所周知，聚类算法根据邻近关系将离散点集划分到预定的 k 个类别中，而枝干点云数据的局部最优切分是为了获取与最优切分平面距离最近邻的点集，类似于聚类算法中获取距离质心点最近邻的点集，因而可以应用聚类算法来代替最优切分平面的构造，进而获取枝干的局部最优切分点集。

Lloyd 算法所实现的 k-means 聚类是目前最流行的启发式聚类算法之一，该算法随机地对一个点集进行划分，得到 k 个类，而这 k 个类中的 k 个中心点构成了一个中心点集 Z[9]。对于某一中心点 $z \in Z$，$V(z)$表示该点的一个最近邻点的集合。Lloyd 算法每一次迭代都将中心点 z 向 $V(z)$的质心点移动，接着通过计算 $V(z)$中每一个点到距离它最近的新的中心点之间的距离来更新 $V(z)$，然后进行下一次迭代，直到符合一定收敛条件算法结束。但是，在实际应用中，如果直接应用 Lloyd 算法进行聚类，特别是直接应用于点云数据的聚类，每一步迭代过程都会对每个类进行极大的更新，从而降低算法的效率。Kanungo 等[10]提出一种基于 kd-tree 的简单且高效的 Lloyd 算法，该算法通过对中心点集进行过滤，并且在每一次 Lloyd 算法迭代结束后都不需要更新 kd-tree 的结构，进而提高算法效率。

本节利用 Kanungo 等[10]提出的聚类算法来获取枝干点云的局部最优切分点集。首先通过 kd-tree 对枝干点云数据进行重组，并根据需要将其随机地分为 k 类，然后计算出包含 k 个数据点的中心点集 Z。对于 kd-tree 中的每一个结点 u，都对应一个候选中心点集，这个点集是中心点集 Z 的子集，根结点的候选中心点集就是中心点集 Z。与结点 u 对应的划分单元中所包含的点最近邻的中心点按照如下规则从候选中心点集中进行过滤。

（1）对于结点 u 所对应的单元 C，从其中心点集 Z 中查找一个最接近 C 的中心点 $z^* \in Z$。Z 中的剩余候选点 $z \in Z \setminus \{z^*\}$，如果其与 C 中的近邻点权重比 z^* 与 C 中的近邻点权重小，那么就将 z 从结点 u 的候选中心点集中过滤掉。

（2）若结点 u 的候选中心点集中仅有一个候选点 z^*，那么，该点就是与单元 C 中所有点最近邻的中心点。

（3）如果 u 是孩子结点，就将 z 迭代到它的孩子结点。如果 u 是叶子结点，就对这些中心点分配相应的点集。

根据上述过程对枝干点云数据进行最优切分，结果如图 12-2 所示。其中，图 12-2（a）是原始枝干点云数据，图 12-2（b）是应用该聚类算法获取的枝干局部最优切分点集，不同的灰度分别表示不同的最优切分点集。由图 12-2（b）的切分结果可以看出，该算法不仅对沿着三个坐标轴方向生长的枝干的切分满足了最优切分要求，而且对于非坐标轴方向（斜着生长）生长的枝干的切分也取得了较好的效果，即使枝干有细微倾斜，该算法也能够较好适应。

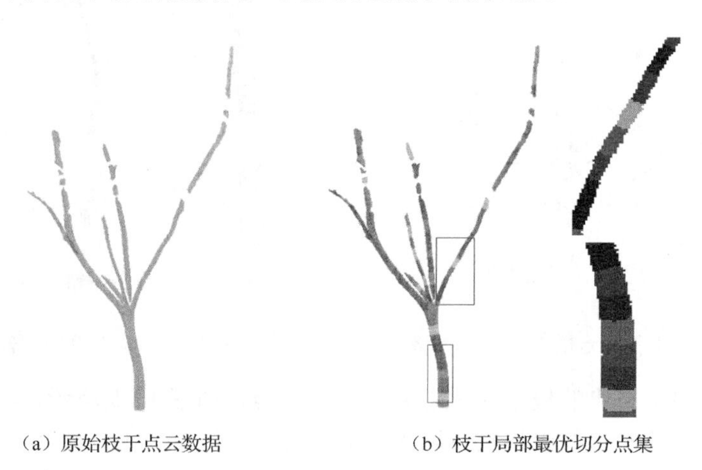

（a）原始枝干点云数据　　（b）枝干局部最优切分点集

图 12-2　枝干点云数据的最优切分结果

3. 枝干骨架点提取

枝干的骨架线是对骨架点进行有序连接而绘制出的自由曲线，这组自由曲线不仅能够描绘出枝干自然扭曲的形态，还应该满足其处于枝干的中轴线上这一基本生理特性。因此，对于枝干骨架点的提取必须能够反映真实树木的这些基本几何特征。

自然界的树木种类繁多，形状也错综复杂。观察其特点，能够发现每根枝干局部横截面都可以近似为圆形，因此，可以通过圆形来表示枝干局部横截面，如图 12-3 所示。为了使得骨架线位于枝干的中轴线上，骨架线必须穿过枝干局部横截面的圆心。那么，枝干骨架点的位置可以通过其局部横截面的圆心坐标 $p(x, y, z)$ 进行描述。但是，仅包含坐标信息的骨架点只是一组离散的点集，若不对其赋予与枝干生长相关的几何信息，就无法准确地进行枝干的骨架线绘制，能够表征这一信息的几何参数只有表征枝干生长的轴方向 a。此外，树皮模型是完整枝干模型的另一组成元素，其可以通过计算枝干局部横截面的半径 r 获得。因此，逼真的枝干骨架应该由骨架点的位置、骨架点的轴方向以及枝干局部横截面半径三个基本的几何参数来确定，并将其描述为三元组 Skeleton(p,a,r)。

利用 3D 激光扫描仪采集得到的枝干单侧点云数据只有枝干表面的部分信息，如图 12-4 所示，因而，如何从这些数据中发现枝干骨架点的几何参数信息极具挑战性。如果将最优切分点集的质心点作为骨架点，得到的骨架点的位置贴近于树皮表面，由它们所绘制的骨架线虽然能够将枝干的生长趋势描述出来，但却不能满足骨架线穿过枝干局部横截面圆心这一特征。

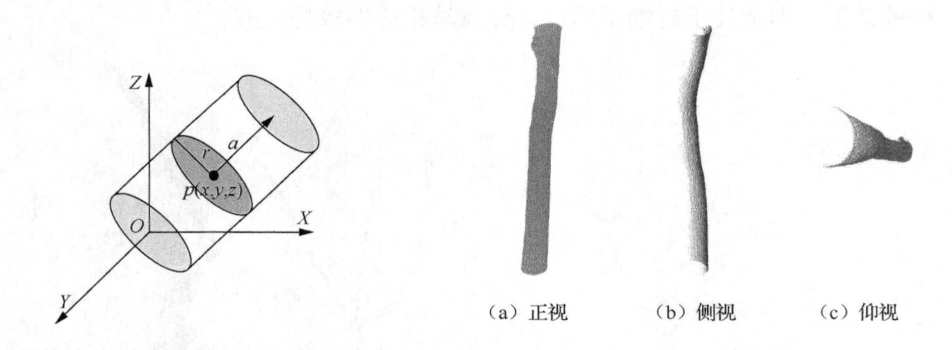

图 12-3　枝干骨架点的三个基本参数　　　　图 12-4　枝干单侧点云数据

仔细观察所采集的枝干单侧点云数据的特点，如图 12-5 所示，可以认为枝干骨架点的三个几何参数应该具有以下几何特性。

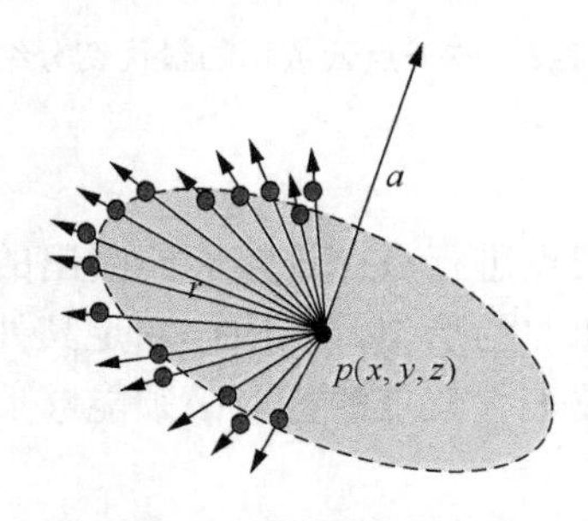

图 12-5　点云数据所蕴含的骨架点的几何特性

骨架点 $p(x, y, z)$ 是位于枝干局部横截面上的点，并且该点与枝干局部横截面边界上的点的法矢之间的距离和最小，即

$$p(x,y,z) = \operatorname{argmin} \sum_{p_i \in N} \left\| (p - p_i) \times n(p_i) \right\| \tag{12-1}$$

骨架点的轴方向 a 是与枝干局部横截面边界上的点的法矢 $n(p_i)$ 的方向夹角和最小的方向，即

$$a = \operatorname{argmin} \sum_{p_i \in N} \cos^{-1}[a \cdot n(p_i)] \tag{12-2}$$

枝干局部横截面的半径 r 是骨架点到枝干局部横截面边界上点的最小距离，即

$$r = \min\{\| p - p_i \|\}, \quad p_i \in N \tag{12-3}$$

其中，p_i 表示枝干局部横截面边界上的点；N 表示所有 p_i 组成的点集。

4. 枝干局部横截面的构造

3D 激光扫描仪所采集的枝干单侧点云数据，虽然只覆盖了很少一部分的枝干表面，但是正如本小节所提到的，枝干局部横截面可近似为圆形，因而即使仅采集到部分枝干表面的点云，数据位于树枝局部横截面上的点仍然隐含着圆形的几何特征，因为这些点覆盖了枝干局部横截面边界的部分圆弧。根据枝干骨架点位置的几何特性，枝干骨架点的位置就是枝干局部横截面圆的圆心。因此，可以通过最小二乘法进行空间圆拟合来计算骨架点的位置 $p(x,y,z)$ 和半径 r。那么，枝干骨架点提取的关键就是构造枝干局部横截面。

枝干局部横截面是垂直于枝干中轴线的平面，那么，它的方向就是表征枝干的局部生长趋势的轴方向，这恰好就是最优切分平面的几何特征，所以枝干局部横截面就隐含在最优切分点集中。对于空间平面的构造，根据它的几何定义，对它起决定作用的几何参数为表征其空间方位的点和表征其空间倾角的法矢。因而，构造枝干局部横截面的关键就是由枝干的局部最优切分点集来求解这两个几何参数。

枝干的局部最优切分点集囊括了真实枝干在该位置处的所有关于骨架点的几何信息。为了使所提取的骨架点能够逼近真实枝干的几何参数，枝干局部横截面就是过该点集的质心点的平面。表征枝干局部横截面的空间倾角的法矢即为局部最优切分点集的主方向，可以通过求解该点集所构造的协方差矩阵 C 的最大特征值所对应的特征向量来近似估计，如式（12-4）所示：

$$C = \frac{1}{n} \sum_{k=1}^{n} (p_k - \mu)(p_k - \mu)^{\mathrm{T}} \tag{12-4}$$

其中，p_k 为枝干的局部最优切分点集中的点；n 为枝干的局部最优切分点集中点的数量；$\mu = \frac{1}{n} \sum_{k=1}^{n} p_k$。

由式（12-4）可知，协方差矩阵 C 是一个 3×3 的方阵，通过 SVD 法进行求解，可得到对应的特征值。那么，存在正交矩阵 U 和 V 使得式（12-5）成立：

$$C = UWV^{\mathrm{T}} \tag{12-5}$$

其中，U 和 V 均为 3×3 的正交矩阵；W 为 3×3 的对角矩阵，其对角元素就是矩阵 C 的特征值 λ_0、λ_1 和 λ_2。假设 $\lambda_0 \leqslant \lambda_1 \leqslant \lambda_2$，$\lambda_0$ 和 λ_1 对应的特征向量 e_0 和 e_1 定义了一个平面，该平面就是枝干局部横截面，而最大的特征值 λ_2 所对应的特征向量 e_2 就是该平面的法矢，如图 12-6 所示。

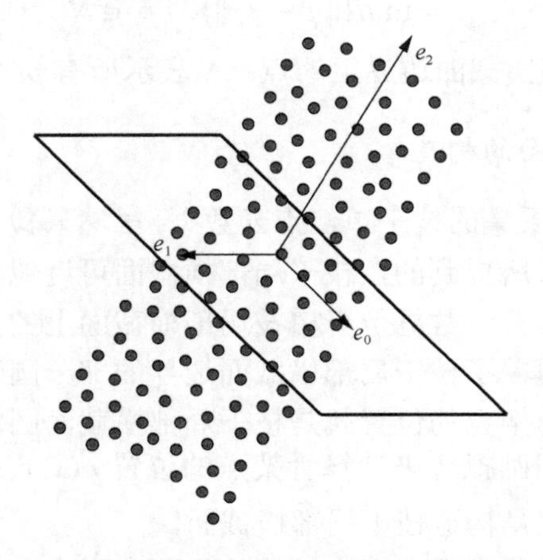

图 12-6　枝干局部横截面的构造规则

5. 骨架点几何参数的计算

骨架点位置 $p(x,y,z)$ 和半径 r 的求解问题，实质上是逼近问题。将枝干局部最优切分点集投影到对应的横截面上，然后运用最小二乘法对这些投影点进行三维空间圆拟合便可解出圆心和半径，即骨架点位置和枝干局部横截面的半径，如图 12-7 所示。

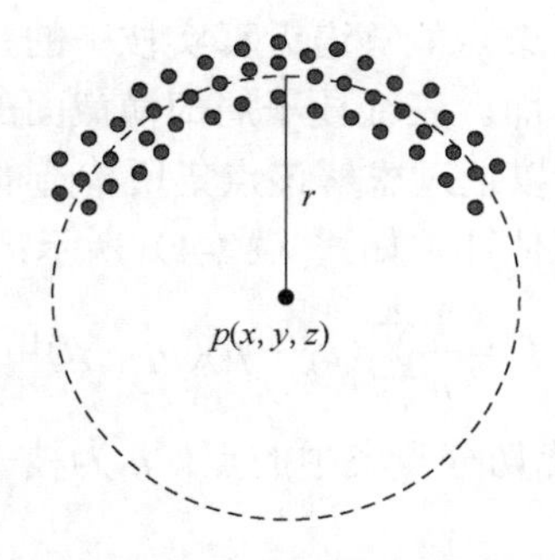

图 12-7　最小二乘法求解骨架点的几何参数

三维空间圆拟合本质上还是二维空间圆拟合，只是增加了将三维空间的拟合点投影到空间平面上的过程，该空间平面就是枝干局部横截面所在的平面。因此，骨架点位置 $p(x,y,z)$ 和半径 r 的求解过程可以按照以下步骤进行。

（1）从枝干的局部最优切分点集中构造枝干局部横截面所在的平面。

（2）将枝干局部横截面所在平面的法矢旋转到 Z 轴方向，使得该平面与 XOY 平面重合。随后，将最优切分点集投影到 XOY 平面上。

（3）在 XOY 平面上运用最小二乘法进行二维空间圆拟合，其拟合过程就是求使得距离方程 $d(x_i,y_i)$ 最小的圆心坐标(x,y)和半径 r，如式（12-6）所示：

$$d(x_i,y_i)=\sqrt{(x_i-x)^2+(y_i-y)^2}-r \tag{12-6}$$

其中，(x_i,y_i)为最优切分点集中点 p_i 的坐标。

（4）上述 3 个步骤均是在局部坐标系下进行的，因而需要通过平移变换矩阵 T 将二维空间拟合圆的坐标和半径变换到全局坐标系中，进而求出三维空间圆的坐标（x,y,z）和半径 r，即估计点的位置 $p(x,y,z)$ 和半径 r。矩阵 T 如下所示：

$$T=\begin{bmatrix}1&0&0&0\\0&1&0&0\\0&0&1&0\\x_c&y_c&z_c&1\end{bmatrix} \tag{12-7}$$

其中，(x_c,y_c,z_c) 为枝干局部横截面所在平面圆心的位置。

（5）将拟合后的三维空间圆的法矢由 Z 轴方向旋转回原始枝干局部横截面所在平面法矢的方向，从而使它与枝干的局部中轴线保持垂直。

在上述几个步骤中，步骤（2）的变换过程按照以下 4 个过程进行（均在局部坐标系下进行讨论）。

（1）将枝干局部横截面所在平面的法矢 a 绕 X 轴旋转 α 角到 XOZ 平面，如图 12-8（a）所示，α 是 a 在 YOZ 平面上的投影 a' 与 Z 轴的夹角，故有旋转矩阵 R_x，如式（12-8）所示：

$$R_x=\begin{bmatrix}1&0&0\\0&\cos\alpha&\sin\alpha\\0&-\sin\alpha&\cos\alpha\end{bmatrix} \tag{12-8}$$

（2）在步骤（1）的旋转结果上，将法矢 a 绕 Y 轴旋转 β 角与 Z 轴重合，如图 12-8（b）所示，故有旋转矩阵 R_y，如式（12-9）所示：

$$R_y=\begin{bmatrix}\cos\beta&0&-\sin\beta\\0&1&0\\\sin\beta&0&\cos\beta\end{bmatrix} \tag{12-9}$$

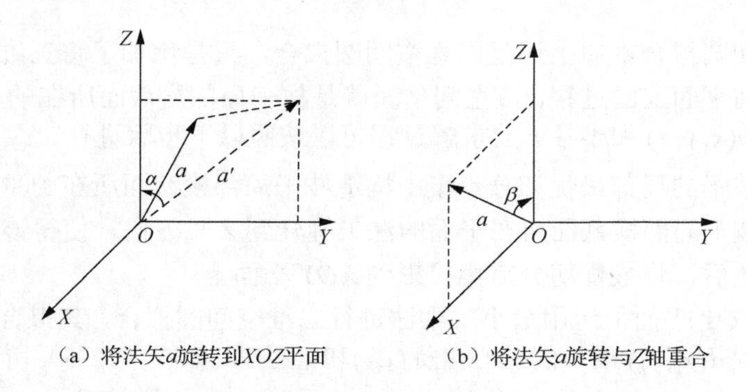

图 12-8　枝干局部横截面所在平面的法矢 a 旋转示例

（3）结合步骤（1）与步骤（2）的结果，能够得到将法矢旋转到 Z 方向的旋转矩阵，记为 R_{xy}，则有

$$R_{xy} = R_x R_y \tag{12-10}$$

（4）利用旋转矩阵 R_{xy} 可以将局部最优切分点集投影到枝干局部横截面所在平面（即 XOY 平面），计算过程如式（12-11）所示：

$$P' = PR_{xy} \tag{12-11}$$

其中，P 为最优切分点集所构造的矩阵；P' 为投影后的点集矩阵。

通常，上述过程就可以拟合出三维空间圆的位置、半径和法矢。然而，在实际应用中，求解几何参数是一个非线性最小二乘问题，仅仅通过上述方法得到的结果产生的误差较大，因而将这个过程的结果作为高斯-牛顿（Gauss-Newton）迭代优化算法的初始值，通过迭代来逼近真实的三维空间圆的几何参数，从而使最终所得到的骨架点的几何参数更加逼近真实枝干的局部几何特性。首先，对枝干点云数据进行重组和局部最优切分，接着详细分析能够描述真实枝干骨架点几何特性的三个几何参数，从而得到相应的数学模型；其次，求取枝干局部最优切分点集的主方向，并用其描述骨架点的轴方向；最后，利用最小二乘法来拟合逼近枝干骨架点的位置和半径两个几何参数，进而从枝干点云中准确地提取出枝干骨架点的位置、半径和轴方向三个几何参数。

12.1.2　树叶预处理

叶脉是叶子的重要组成部分之一，利用叶脉可以实现植物物种的识别、探索植物间的遗传关系、重建出精确的叶子模型等。本节将详细介绍如何准确地提取出点云数据中的叶脉点和边界点。

尽管点云数据包含了物体的三维空间信息，但是它缺少物体的纹理等信息。因此，从点云数据中提取特征需要较大的计算量。二维图像虽然没有物体的空间信息，但是它包含了物体的纹理等信息，并且对图像进行特征识别和提取相对容易，相关的算法也比较成熟。为此，结合点云数据和图像的各自特点，利用图像特征提取技术辅助完成点云数据的边界点和叶脉点的提取。

接下来，先介绍与树叶脉点提取相关的图像处理方法。

1. 中值滤波

中值滤波（median filter）是一种基于排序统计理论的、能够有效抑制噪声的非线性图像处理技术，它能够在去除噪声的同时保留图像中的边缘信息[11]。中值滤波的基本思想是将图像中的每一个像素的灰度值用该像素某邻域窗口内的所有像素灰度值的中值来代替，可用式（12-12）表示：

$$f(x,y)=\underset{(x,y)\in S_{xy}}{\operatorname{median}}\{g(x,y)\} \tag{12-12}$$

其中，$f(x,y)$ 表示中值滤波的输出值；S_{xy} 表示所有落在以 (x,y) 为中心的模板内的像素；$g(x,y)$ 表示图像中 (x,y) 处的灰度值；$\operatorname{median}(\cdot)$ 表示中值滤波。

中值滤波的详细实现步骤如下：

（1）将模板在图像中按照从上到下、从左到右的顺序遍历，遍历的过程中使模板中心和图像中的某个像素相对应。

（2）取出模板内各个像素的灰度值，并将这些灰度值按照从小到大的顺序排列。

（3）将模板中心位置的像素灰度值替换为步骤（2）所生成序列的中值。

（4）算法结束。

2. 双边滤波

双边滤波（bilateral filter）是一种非线性滤波方法，该方法同时考虑图像的空间邻近度和像素值的相似度，因此能够在平滑图像的同时有效地保留图像的边缘信息[12]。在图像灰度变化平缓的区域，双边滤波器退化为标准的低通空域滤波器；在图像灰度变换明显的区域，双边滤波器用边缘点邻域内灰度近似的像素点的灰度平均值取代原来的灰度。

设 s 为图像中的任意像素点，则双边滤波器在像素 s 处的输出为

$$J_s=\frac{1}{k(s)}\sum_{p\in\Omega}f(p,s)g(I_p,I_s)I_p \tag{12-13}$$

其中，p、s 为像素的位置；Ω 为像素 s 的邻域；f 为空域影响函数；g 为灰度域影响函数；I_s 为图像在 s 处的灰度值；k 为正则化项，如式（12-14）所示：

$$k(s)=\sum_{p\in\Omega}f(p,s)g(I_p,I_s) \tag{12-14}$$

空域影响函数 f 和灰度域影响函数 g 都采用高斯形式表示，分别如式（12-15）、式（12-16）所示：

$$f(p,s)=F\cdot\exp\left(-\frac{(p_x-s_x)^2+(p_y-s_y)^2}{\delta_s^2}\right) \tag{12-15}$$

其中，F 为正则化项，使得 $\iint f(x,y)\mathrm{d}x\mathrm{d}y=1$；$p_x$ 为 p 点在图像中的高度；p_y 为 p 点在图像中的宽度；s_x 为 s 点在图像中的高度；s_y 为 s 点在图像中的宽度；δ_s 为函数 f 的参数。

$$g(I_p,I_s)=G\cdot\exp(-(I_p-I_s)^2/\delta_r^2) \tag{12-16}$$

其中，G 为正则化项，使得 $\iint g(x,y)\mathrm{d}x\mathrm{d}y=1$；$\delta_r$ 为函数 g 的参数。

3. 边缘检测算子

经典的边缘检测算子包括 Roberts 算子、Sobel 算子、Prewitt 算子和 Krisch 算子等，在本节中，利用 Sobel 算子提取树叶的边界点和叶脉点。

方法思路如下：首先，将点云数据映射到二值图像（binary image）；然后，使用数字图像处理的相关算法从二维图像中提取出感兴趣的特征，根据对应关系得到图像中的特征在点云中的对应点集。对应的算法的过程如下。

（1）图像特征提取。使用中值滤波和双边滤波去除扫描仪所拍摄的树叶图像噪声并增强树叶边缘信息，然后使用 Sobel 算子提取树叶的边界和叶脉，最后二值化图像。

（2）将点云数据映射到二值图像。假设点云数据中有 N 个点，将点云数据映射到位于 XOZ 平面高度为 height、宽度为 width 的二值图像。设 max_x 为 $\{x_i \mid 0\leqslant i<N\}$ 中的最大值，min_x 为 $\{x_i \mid 0\leqslant i<N\}$ 中的最小值；同理 max_z 为 $\{z_i \mid 0\leqslant i<N\}$ 中的最大值，min_z 为 $\{z_i \mid 0\leqslant i<N\}$ 中的最小值。利用式（12-17）、式（12-18），计算点云数据 (x_i,y_i,z_i) 映射到二值图像之后的坐标 (h,w)：

$$h=\frac{(x_i-\text{min\_x})\cdot\text{width}}{\text{max\_x}-\text{min\_x}} \tag{12-17}$$

$$w=\frac{(z_i-\text{min\_z})\cdot\text{height}}{\text{max\_z}-\text{min\_z}} \tag{12-18}$$

（3）利用图像特征求出点云数据中的特征点集。初始化 X 轴方向的允许误差为 horizon_delta、Z 轴方向的允许误差为 vertical_delta。图像在 (h,w) 处的灰度值表示为 grey[h][w]，其中 $0 \leqslant h < \text{height}$ ，$0 \leqslant w < \text{width}$ 。从左至右、从上到下遍历二值图像，若图像当前位置(h,w)的灰度值 grey[h][w]=255，则计算映射到(h,w)处的点云数据的映射误差，即

$$\text{vertical\_differ} = \frac{h}{\text{height}} - \frac{x_i - \text{min\_x}}{\text{max\_x} - \text{min\_x}} \tag{12-19}$$

$$\text{horizon\_differ} = \frac{w}{\text{height}} - \frac{z_i - \text{min\_z}}{\text{max\_z} - \text{min\_z}} \tag{12-20}$$

若这两个允许误差满足式（12-21）所示条件，则点 (x_i, y_i, z_i) 为边界点或者叶脉点；否则，该点不是特征点：

$$\begin{cases} \text{abs(vertical\_differ)} \leqslant \text{vertical\_delta} \\ \text{abs(horizon\_differ)} \leqslant \text{horizon\_delta} \end{cases} \tag{12-21}$$

该算法采用梧桐树叶的叶脉点和边界点进行实验，结果如图 12-9 所示。实验结果表明，本节算法能够准确地提取出点云数据中的叶脉点和边界点，且具有计算量小、速度快等特点。最终实验结果受二值图像的分割结果和两个允许误差的影响。二值图像的分割结果越准确，则提取的边界点和叶脉点越准确，反之亦然；两个允许误差的值较大时，求出边界点和叶脉点较多，反之亦然。

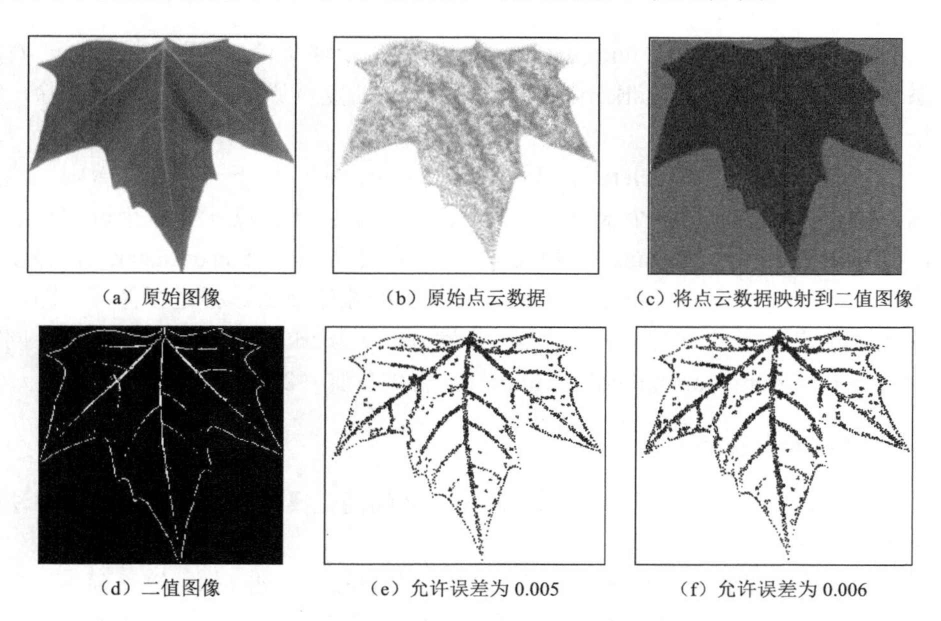

（a）原始图像　（b）原始点云数据　（c）将点云数据映射到二值图像

（d）二值图像　（e）允许误差为 0.005　（f）允许误差为 0.006

图 12-9　提取梧桐树叶的叶脉点和边界点

12.2 点云树叶重建

点云树叶重建包括树叶的纹理映射和弯曲变形。

12.2.1 纹理映射

3D 激光扫描仪采集得到的点云数据十分密集，直接进行重建会消耗大量的计算资源。此外，过于密集的点云数据对重建后曲面的几何结构有很大的影响。因此，保留原始点云数据中的关键点，去除冗余点，是建模过程中必不可少的步骤。

常用的散乱点云精简算法有点个数精简法、点间距精简法、法向精度精简法等[13]。

1．点个数精简法

点个数精简法的核心思想是按照具有严格顺序的索引对点云数据进行精简，直至点云数据的点个数等于预先设定的点个数。算法的详细步骤如下：

（1）初始化。给定原始点云数据的个数 N，预先设定的点个数 target_num，变量 min_distance $=+\infty$，current_points_num 为 N，令辅助数组 delete_marker[i]= false，其中 $0 \leqslant i < N$。

（2）若 current_points_num>target_num，转至步骤（3）；否则，根据一一对应关系将辅助数组 delete_marker[i]中标记为 true 的点从原始点云数据中删除，算法结束。

（3）对于点 p_i，若 delete_marker[i]等于 true，则分析下一个点；否则，找到点 p_i 的 k 个近邻点中第一个未被标记为 true 的点，并计算点 p_i 和这个近邻点的距离，记为 distance；若 distance<min_distance，则令 min_distance=distance，并使用变量 temp_index 记录该近邻点的索引。对所有的原始点云数据进行循环，即可找到未被删除的近邻点中距离最近的点。设置 delete_marker[temp_index]=true，同时 current_points_num=current_points_num−1，转到步骤（2）。

2．点间距精简法

点间距精简法的核心思想是利用两个点之间的距离来判定是否精简，算法的详细步骤如下：

（1）初始化原始点云数据的个数为 N，变量 simplify_distance 等于预先设定的精简后点云数据点和点之间的最小距离，令辅助数组 delete_marker[i]=false，其中 $0 \leqslant i < N$。

（2）对于点 p_i，若 delete_marker[i]=true，则分析下一个点；否则，找出点 p_i 的 k 个近邻点中第一个未被标记为 true 的点，若 p_i 和该近邻点之间的距离 distance 满足 distance<simplify_distance，则设置 delete_marker[index]=false，其中 index 为该近邻点的索引。对剩余的点进行同样的操作，就可以将整个原始点云数据中距离小于 simplify_distance 的点精简完毕。

（3）在数组 delete_marker 中，把标记为 true 的点从原始点云数据中删除，算法结束。

3. 法向精度精简法

法向精度精简法的核心思想是利用某点被删除后其引起曲面法向的误差作为删除依据。算法的详细步骤如下：

（1）初始化原始点云数据个数为 N，变量 normal_delta 等于预先设定的一个误差，delete_marker[i]=false，其中 $0 \leqslant i < N$。

（2）判断是否所有的点都经过同样的处理。若经过处理，则转到步骤（4）；否则，转到步骤（3）。

（3）对于原始点云数据中的每个点 p_i，计算删除它后，其所在曲面在法向方向引起的误差 $d_i = |(x_i - o_i) \cdot n_i|$。若 $d_i < \text{normal\_delta}$，则设置 delete_marker[$i$]=true。

（4）将数组 delete_marker 中标记为 true 的点从原始点云数据中删除，算法结束。

如果在精简过程中直接使用这些精简算法，会损失叶脉点和边界点这些关键点。为了在重建后得到边缘平滑且细节丰富的树叶模型，精简后的点云数据应尽可能地保留这些特殊点。因此，本章对点个数精简法进行改进，改进的核心思想是先按照优先序列对数据进行简化，直到剩余点数达到预先指定的点个数；最后将精简的结果和 12.1 节求取的叶脉点和边界点进行合并。算法的处理过程如下：

（1）初始化，设原始点云数据有 N 个点。分别设置初始变量 $\text{min\_distance} = \infty$，current_points_num 为 N，target_num 等于预先设定的点个数；令辅助数组 $\text{delete\_marker}[i] = \text{false}$，其中 $0 \leqslant i < N$。

（2）若 current_points_num>target_num，转至步骤（3）；否则根据一一对应关系将辅助数组 delete_marker 中标记为 true 的点从原始点云数据中删除，转至步骤（4）。

（3）对于点 p_i，若 delete_marker[i]=true，则查看下一个点；否则查找点 p_i 的 k 个近邻点中第一个未被标记为 true 的点，并计算点 p_i 和这个近邻点的距离，设其为 distance；若 distance<min_distance，并且这个点不是叶脉点或者边界点，则 min_distance=distance，并使用变量 temp_index 记录该近邻点的索引。对所有的原

始点云数据进行循环，即可找到未被删除的近邻点中距离最近的点。设置 delete_marker[temp_index]=true，同时 current_points_num--，转到步骤（2）。

（4）将利用点个数精简法后得到的点集和叶脉点及边界点进行合并。

（5）算法结束。

通过改进的算法进行实验，结果如图 12-10 所示。图 12-10（a）是原始树叶点云，图 12-10（b）是采用点个数精简法精简掉 3/4 的点后的实验结果，图 12-10（c）是采用本节算法精简掉 3/4 的点后的实验结果。从中可以看出，改进的算法能更好地保留梧桐树叶的边界点和叶脉点。

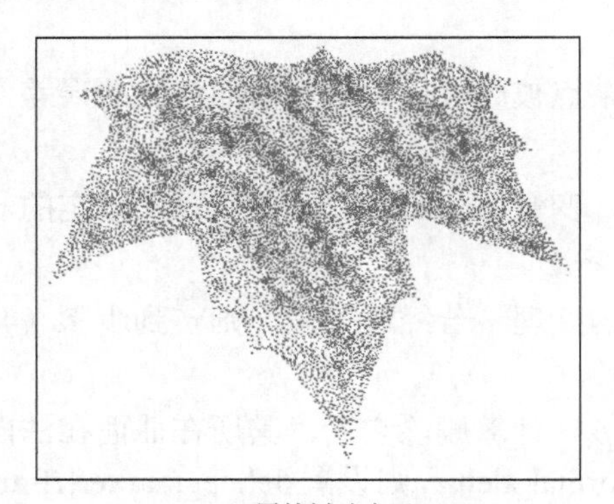

（a）原始树叶点云

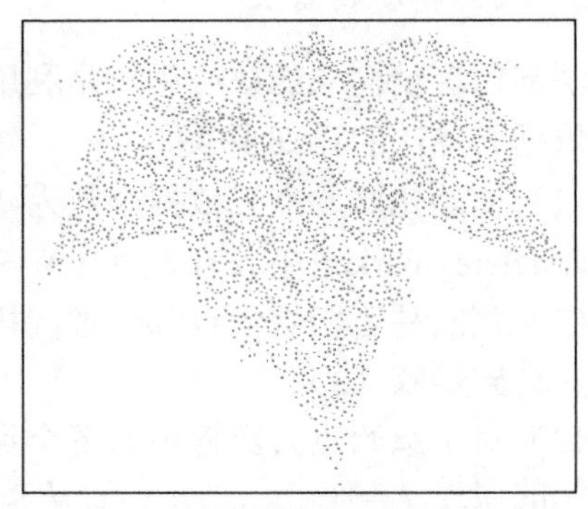

（b）点个数精简法（剩 1/4 的点）

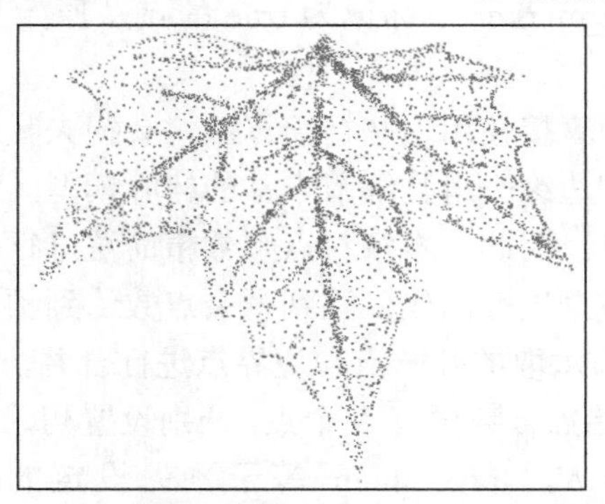

（c）改进的点个数精简法（剩 1/4 的点）

图 12-10　点个数精简法改进前后梧桐树叶对比图

为了绘制出逼真的树叶，不仅需要精确的叶面模型，还需要精确的光照计算。光照计算一直是计算机图形学领域中的一大挑战，尤其在实时性要求较高的情况下，该问题十分棘手[14,15]。当前常用的渲染技术有纹理映射（texture mapping）、凹凸映射（bump mapping）、光线跟踪（ray tracing）以及双向反射分布函数（bidirectional reflection distribution function，BRDF）和双向传递分布函数（bidirectional transmittance distribution function，BTDF）等。

纹理映射分为颜色纹理映射和几何纹理映射两大类，是真实感图形绘制的一个非常行之有效的方法，通过纹理映射可以方便地生成极具真实感的物体，而不需要过多地考虑物体的细节。本节采用颜色纹理映射来实现树叶的真实感绘制。

1）Delaunay 三角剖分

利用三角网格能够描述具有复杂拓扑结构的形体，而且可以根据实际需要实现对物体表面任意精度的逼近。此外，三角网格模型形状简单，在计算机上存储、分析和绘制较为简单，甚至可以实现硬件加速，因此其已成为曲面重建中的物体重要描述方式。目前，使用最多的三角剖分方法是 Delaunay 三角剖分。理论上可以严格证明，如果给定的点集分布中不存在四点或者四点以上的共圆时，Delaunay 三角剖分存在唯一的最优解。换言之，在网格化的过程中如果能让所有的三角形单元中的最小内角值之和最大，则最终划分出的三角网格会尽可能地均匀规范。本节采用 Bowyer-Watson 法[16]实现树叶点云数据的三角剖分，必要时可手动删除网格化后的冗余边。Bowyer-Watson 法的详细步骤，可参阅第 11 章的相关内容。

采用 Bowyer-Watson 法三角剖分精简后的点云数据，实验结果如图 12-11 所示。图 12-11（a）为三角剖分精简后的梧桐树叶，图 12-11（b）为三角剖分精简后的杨树叶。

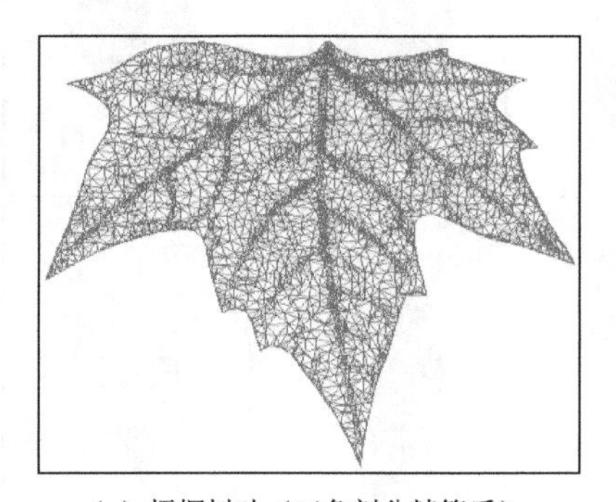

（a）梧桐树叶（三角剖分精简后）

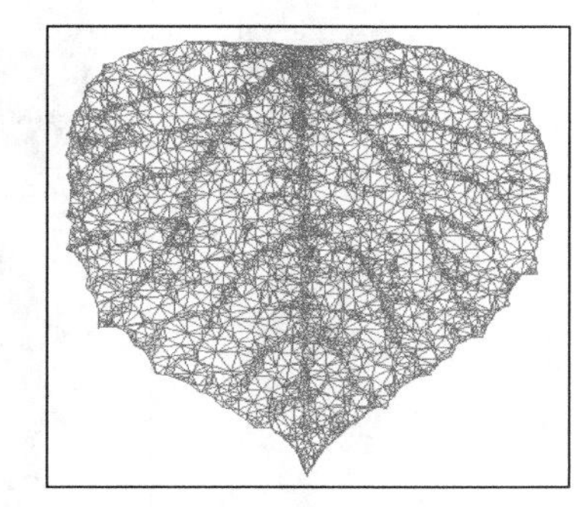

（b）杨树叶（三角剖分精简后）

图 12-11　Bowyer-Watson 法三角剖分的实验结果

2）映射关系建立

纹理映射本质上是对纹理图像的坐标和三角网格的坐标建立一种对应关系，这种对应关系可以用纹理坐标来表示。换言之，逼真纹理映射的难点在于网格模型中每个顶点的纹理坐标的计算。本节首先将点云数据映射到扫描仪所拍摄的树叶图像上，即将扫描仪所拍摄的树叶图像作为纹理图像，然后通过对应关系求出点云中各个点的纹理坐标，完成映射关系的建立。

3）映射实现实验

纹理映射后的树叶如图 12-12 所示，可以看出映射结果非常逼真。由于在数据精简的过程中很好地保留了边界点和叶脉点，因此重建后的模型边缘平滑且细节信息丰富。图 12-12 的最后一行为重建后的爬山虎叶片，表明了该方法对树叶建模的普适性。

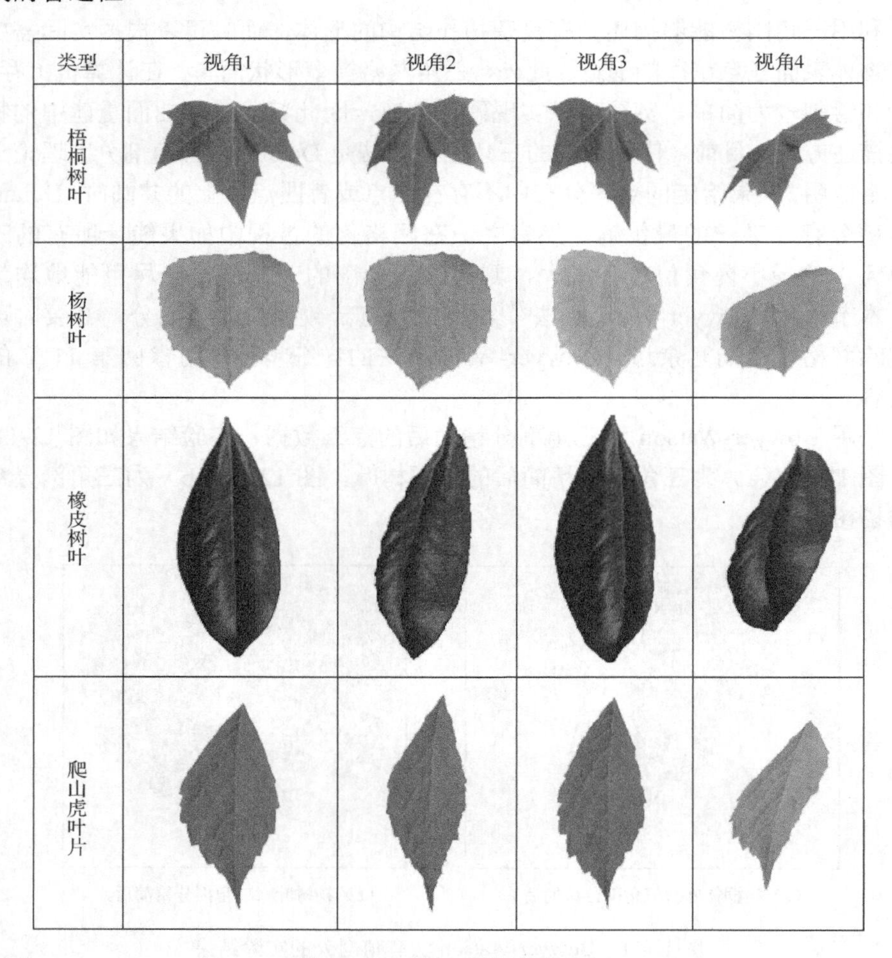

图 12-12　纹理映射后的树叶

为了衡量该算法重建出的叶片精度，对原始点云与网格模型之间的误差进行分析。误差分析过程如下：

（1）初始化。假设点云数据中点的个数为 N，任意三角面片的平面方程为 $Ax + By + Cz + D = 0$。

（2）求出各项误差。对于点云数据中的任意一点 (x_i, y_i, z_i)，求出该点和其所对

应的三角面片之间的距离：$\mathrm{dist}_i = |Ax_i + By_i + Cz_i + D| / \sqrt{A^2 + B^2 + C^2}$ 。此外，求出最大正距离 $\mathrm{max\_posi\_dist} = \max\{\mathrm{dist}_i \geqslant 0 \mid 0 \leqslant i < N\}$ ，最大负距离 $\mathrm{max\_nega\_dist} = \max\{\mathrm{dist}_i \leqslant 0 \mid 0 \leqslant i < N\}$ ，平均距离 $\mathrm{aver\_dist} = \frac{1}{N}\sum_{i=0}^{N-1}\mathrm{dist}_i$ 。最后，求出网格模型的标准差 $\sigma = \sqrt{\frac{1}{N}\sum_{i=0}^{N-1}(\mathrm{dist}_i - \mathrm{aver\_dist})^2}$ 。

（3）算法结束。

原始点云与网格模型之间的误差分析如表 12-1 所示，实验数据表明重建后的叶片模型是非常精确的。

表 12-1　原始点云与网格模型之间的误差分析

名称	max_distance/mm		aver_dist/mm	σ/mm
	max_posi_dist	max_nega_dist		
梧桐树叶	0.005529	−0.006057	0.000095	0.000568
杨树叶	0.004026	−0.004713	−0.000002	0.000393
橡皮树叶	0.006259	−0.005666	0.000108	0.000544
爬山虎叶片	0.004022	−0.003493	0.000007	0.000373

此外，对基于点云的叶片建模方法中 Loch 法[17]、Oqielat 法[18]进行了重建后模型的误差分析，有关实验对比细节参阅参考文献[5]。

12.2.2　树叶弯曲变形

树叶的弯曲变形模拟是虚拟植物研究中的一个挑战，因为它涉及树叶与环境的交互和树叶的受力分析。植物学家研究发现树叶的弯曲变形是由叶脉正反面细胞的不同生长率造成的，由此可见叶脉对树叶的弯曲变形起着重要作用。

此外，一棵树通常拥有几百甚至成千上万片树叶，每片树叶的形状、颜色都不尽相同。在实际应用中，难以做到精确地重建出整棵树上所有的树叶。因此，本节根据重建的单片树叶模型，使用 Laplacian 网格变形算法生成不同形态的树叶，并将其“生长”到树干模型，以增强整棵树的真实感。

1. Laplacian 网格变形技术

Laplacian 网格变形技术是将 Laplacian 能量添加到网格模型的表面，通过 Laplacian 算子来描述物体网格模型中顶点与顶点之间的拓扑关系，随后在网格模型上选取 1 个或多个控制顶点作为约束条件，操纵模型进行相应的变形。变形间题最终转化为求解一个线性方程组，而这个方程组的解就是变形后的网格模型新顶点的三维坐标。

Laplacian 坐标又称微分坐标，Alexa[19]将其应用到三角网格模型编辑领域，描述网格模型每个顶点和其相邻顶点之间的相对关系。

设 $M=(V,E,F)$ 为具有 n 个顶点的三角网格模型，其中 V 表示网格模型的顶点集合，E 表示网格模型的边集合，F 表示网格模型的面集合。对于网格模型的每个顶点 $v_i \in M$，使用笛卡儿坐标 (x_i, y_i, z_i) 表示其在三维空间中的位置。因此，Laplacian 坐标（δ 坐标）可以使用顶点 v_i 的绝对坐标和其相邻顶点的中心之差表示，即

$$\delta_i = (\delta_i^{(x)}, \delta_i^{(y)}, \delta_i^{(z)}) = v_i - \frac{1}{d_i} \sum_{j \in N(i)} v_j \tag{12-22}$$

其中，$N(i) = \{j \mid (i,j) \in E\}$；$d_i = |N(i)|$ 为 v_i 的度，即顶点 v_i 的所有邻接点个数。分析式（12-22）可知 Laplacian 坐标的几何意义，即 Laplacian 坐标本质上表示的是顶点 v_i 和其所有邻接点组成的多边形之间的拓扑关系。换言之，Laplacian 坐标表示的是顶点 v_i 和该多边形质心的差。

对于笛卡儿坐标系和 δ 坐标系之间的向量变换，可以使用矩阵进行表述。为此，使用到网格模型的邻接矩阵 A 来表示顶点和顶点之间的连通关系，网格模型的邻接矩阵定义如式（12-23）所示：

$$A_{ij} = \begin{cases} 1, & (i,j) \in E \\ 0, & \text{其他} \end{cases} \tag{12-23}$$

设 D 为对角矩阵，其定义如式（12-24）所示：

$$D_{ij} = \begin{cases} d_i, & i = j \\ 0, & i \neq j \end{cases} \tag{12-24}$$

本节使用 $\delta_i = L(v_i)$ 表示顶点 v_i 的 Laplacian 坐标，并将其所表示的向量称为 Laplacian 向量，其中 L 表示一个二阶的微分算子。此外，用 $\Delta(M) = \delta_i$ 表示三角网格模型的微分属性，用矩阵形式可以表示为 $\Delta = LV$。其中，$L = I - D^{-1}A$，为三角网格模型 M 的 Laplacian 矩阵，I 为 n 阶单位方阵，D^{-1} 为对角矩阵 D 的逆。L 的数学定义如式（12-25）所示：

$$L_{ij} = \begin{cases} 1, & i = j \\ -\dfrac{1}{d_{ij}}, & (i,j) \in E \\ 0, & \text{其他} \end{cases} \tag{12-25}$$

根据差分几何的相关知识，Laplacian 坐标可以认为是 Laplacian-Beltrami 的离散化表示方法[20]。因此，可以将 Laplacian 坐标表述为

$$\delta_i = \frac{1}{d_i} \sum_{j \in N(i)} (v_i - v_j) \tag{12-26}$$

通过式（12-26）求出的 Laplacian 坐标，其实质就是拓扑微分坐标，大多数文献将权值 $1/d_i$ 称为均匀权值。

2. Laplacian 网格变形

对于三角网格模型 M，理论上能够找到一种几何量 Φ，使得网格模型在变形之前和变形之后，该几何量保持不变，设变形后该几何量为 Φ'，则 $\Phi' = \Phi$。此外，为了节省计算空间，要求 Φ 和网格模型的顶点坐标 V 具有线性关系，即 $\Phi = LV$。如果能够找到这样的几何量 Φ，就可以建立如下方程组求解出变形后网格模型各顶点的新坐标，即

$$LV' = LV \tag{12-27}$$

网格模型可以视为一幅无向图，若该网格模型包含 k 个连通分量，那么矩阵 L 的秩为 $n-k$。显然秩小于等于 n，根据线性代数的知识可知，此时方程组具有无穷组解。假设模型 M 是连通的，即模型只有 1（$k=1$）个连通分量，为了使方程组可以求解，则必须引入至少一个固定顶点或者已知顶点作为方程组的约束条件。换言之，这些固定顶点或者已知顶点作为控制点，控制着整个网格模型的变形。设这些固定顶点或者已知顶点的索引集合为 C，附加约束表述如式（12-28）所示：

$$v_j = c_j,\ j \in C \tag{12-28}$$

其中，$C = \{1, 2, \cdots, m\}$。在当前网格模型中选取 m 个控制点，可以得到如下的线性方程组：

$$\left(\frac{L}{\omega I_{m \times n} \mid 0} \right) V' = \begin{pmatrix} \Phi \\ \omega c_{1:m} \end{pmatrix} \tag{12-29}$$

式中，ω 为每个控制点对网格模型变形的贡献度，也称为权值。

得到添加完约束条件后的 Laplacian 矩阵后，只需根据这些控制点的索引值，在等式右边的相应位置添对应控制点的新坐标值和该控制点的权值的乘积。此时，整个线性方程组列满秩，可以根据最小二乘法求解这个方程组。

根据最小二乘法，上述线性方程组可以转化式（12-30）所示的形式：

$$\widetilde{V}' = \underset{V'}{\operatorname{argmin}}(\| LV' - \delta \|^2 + \sum_{j \in C} \omega^2 | v'_j - c_j |^2) \tag{12-30}$$

将添加了m个控制点信息后的Laplacian矩阵记为L'，添加完附加信息的Φ记为Φ'，则有

$$L'V' = \Phi' \tag{12-31}$$

其中，L'为$(m+n)\times n$的矩阵；V'为$n\times 3$的矩阵；Φ'为$(m+n)\times 3$的矩阵。根据最小二乘法的思想，方程两边同时左乘L'的转置矩阵$(L')^{\mathrm{T}}$，则有

$$[(L')^{\mathrm{T}} L']V' = (L')^{\mathrm{T}} \Phi' \tag{12-32}$$

不难证明矩阵$(L')^{\mathrm{T}} L'$对称正定。因此，使用Umfpack[21]数学库进行求解即可。

12.3　点云树重建

12.3.1　枝干重建

基于提取的枝干骨架点，结合枝干旋转对称的生理特性和旋转对称轴的相关理论[22]，对枝干点云模型进行重建，具体过程如图 12-13 所示。

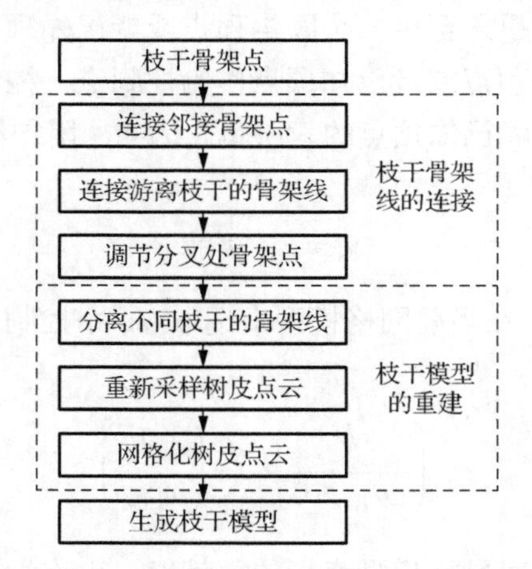

图 12-13　枝干点云模型重建过程

1. 枝干骨架线的连接

枝干骨架点虽然是一组离散点集，但是其几何参数描述了潜在骨架线的形状，那么可以通过连接这组离散点集中的点绘制出枝干骨架线。然而，枝干的点云在

采集过程中无法避免地会受到遮挡，导致同一枝干的点云不连续，骨架线在相应的位置也会断开。因此，断开处骨架线的连接是骨架线绘制过程中要解决的首要问题。其次，如何找到分叉处的枝干骨架点对应的父亲骨架点，则是另一个要解决的关键问题。

1）同一枝干的骨架线连接

在采集枝干的点云的过程中，通常会受到周围物体或者自身枝干或树叶的遮挡，从而导致同一枝干的点云不连续。在骨架提取过程中，由于无遮挡的枝干的点云比较连续，从其中提取出来的骨架点之间的距离也相对较均匀，而在断开处骨架点之间的距离较大，如图 12-14 所示。

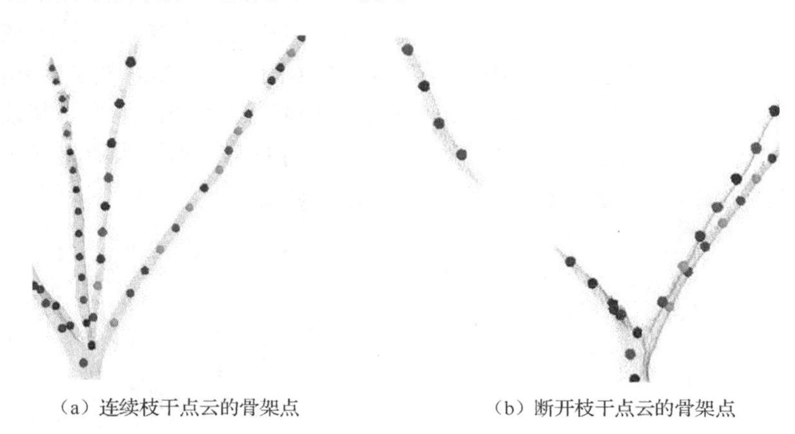

（a）连续枝干点云的骨架点　　（b）断开枝干点云的骨架点

图 12-14　同一枝干点云的骨架点

对于连续枝干点云的骨架线，可以根据其骨架点之间的邻近关系比较突出这一特性进行绘制。首先，将枝干的骨架点集存储到 kd-tree 中，然后在 kd-tree 中查找每个骨架点的相邻骨架点，并将该骨架点与它的相邻骨架点进行连接构成骨架邻接图。图 12-15（a）为骨架邻接图的构造示例（虚线是公共边），它由三个邻近点相互顺次连接而形成。这样的处理可以避免近似平行的枝干骨架点之间的错连，并且不会破坏枝干的生长趋势。对于不同枝干，它们之间的邻近距离通常远大于骨架点之间的邻近距离，只有当这些枝干是从同一父亲枝干生长出来时，才有可能在分叉处出现小于邻近距离的情况，从而导致在分叉处的骨架点之间的连接出现环路。图的最小生成树（minimum spanning tree，MST）是消除其存储结构中存在环路的一种有效方法，它使图中的结点在环路处按照最小邻近权值连接在一起。因此，借助骨架点之间的欧氏距离来生成骨架邻接图的 MST，进而消除分叉处骨架点之间的环路，如图 12-15（b）所示。

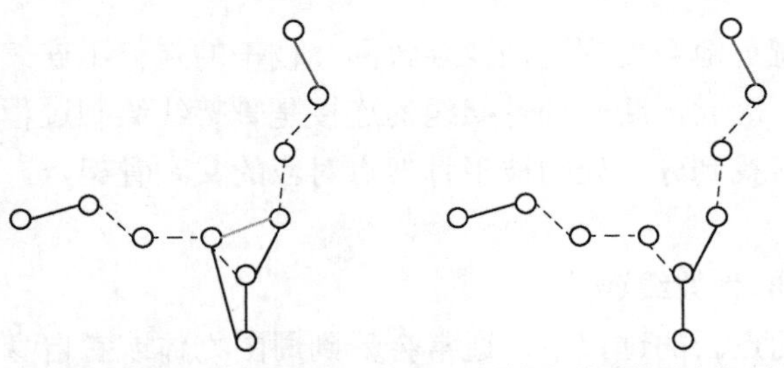

（a）骨架邻接图的构造示例　（b）骨架邻接图的最小生成树

图 12-15　连续枝干点云的骨架点连接规则

图 12-16 是通过构造骨架邻接图，并生成其 MST 的方法对连续枝干点云的骨架点进行连接的结果。图 12-16（a）是枝干骨架点构造的邻接图，其中在枝干分叉处和枝干弯曲处，骨架邻接图中出现环路。图 12-16（b）是骨架邻接图的 MST 的构造结果，图中的环路完全被消除，但是，在枝干分叉处，由于有些孩子枝干的骨架点之间的距离比它与父亲枝干的骨架点之间的距离小，因而出现了骨架点错连的现象，对这个问题的解决，后文将会详细阐述。

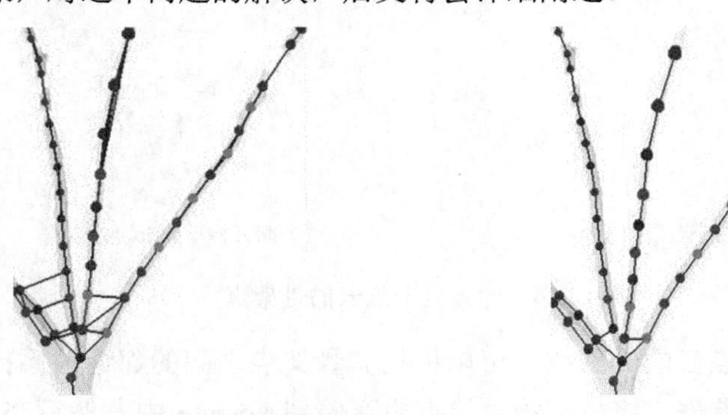

（a）枝干骨架点构造的邻接图　（b）骨架邻接图的MST构造结果

图 12-16　连续枝干点云的骨架线绘制

对于断开枝干点云的骨架线，采用上述方法进行绘制不可避免地会导致被遮挡的同一枝干的骨架线与枝干主骨架线分离，成为游离骨架线，这种类型的枝干在断开处的相邻骨架点之间的距离通常较大，如图 12-17 所示。

树木的同一枝干上，各个局部的生长趋势近似相同，这是枝干的基本生理特性。因此，它的各个局部对应的骨架点的轴方向也近似相同。断开枝干的骨架点的轴方向同样也满足枝干的这一生理特性。那么，将游离骨架线连接到枝干主骨架线的过程关键在于寻找主骨架线上游离骨架线的父亲骨架点，该点必须位于游离骨架线的首端骨架点（靠近树木主骨架线的骨架点）的邻近区域内，并且它们之间的轴方向也相似。

图 12-17　断开枝干点云的骨架线

如图 12-18 所示，对于游离骨架线的首端骨架点 B，若在其邻近区域内存在枝干主骨架线上的骨架点 A，并且 A 的轴方向 a 与 B 的轴方向 a' 之间的夹角 θ 小于一定的阈值，则将 A 与 B 用线段连接起来（如图中深灰色虚线所示），从而实现将游离骨架线连接到主骨架线上。

依据骨架点轴方向相似的特性对游离骨架点进行连接，结果如图 12-19 所示。由图可知，图 12-18 中的游离骨架线准确地在主骨架线上找到了其父亲骨架点，而且连接结果基本上与原始枝干的中轴线的延伸趋势相同。

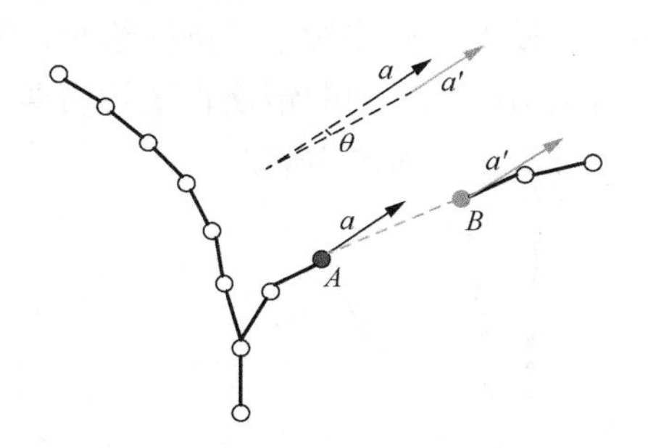

图 12-18　游离骨架点连接规则

图 12-19　断开枝干点云的骨架线绘制实例

2）分叉枝干的骨架线连接

通过骨架邻接图及其 MST，并借助骨架点轴方向的约束可以逼真地绘制同一枝干的骨架线。在枝干的分叉处，有些孩子枝干骨架点之间的距离小于它与其父亲骨架点之间的距离，因而在生成枝干骨架邻接图的 MST 时，会出现误将孩子枝干的骨架点连接起来的现象。因此，分叉枝干骨架线的绘制关键是为孩子枝干的错连骨架点找寻其真正的父亲骨架点。

通常，对于一棵树木的所有分叉枝干，父亲枝干与孩子枝干之间轴方向的夹角不会大于 45°，利用这个角度来实现分叉枝干骨架线的绘制。如图 12-20 所示，对于分叉处的孩子枝干的骨架点 C，由于它与其兄弟枝干的骨架点 B 之间的距离小于它与其父亲枝干的骨架点 A 之间的距离，采用同一枝干的骨架线绘制方法将会认为骨架点 B 是其父亲骨架点，但是它们的轴方向 a_C 与 a_B 之间的夹角大于 45°。因此，通过向上搜索的方法找寻骨架点 C 的父亲骨架点，即从它的错连父亲骨架点 B 开始向 B 的父亲骨架点开始搜索，如果 B 的父亲骨架点 A 的轴方向 a_A 与它的轴方向 a_C 之间的夹角小于 45°，那么就认为骨架点 A 是其父亲骨架点，然后将它与骨架点 B 之间的骨架线断开，并将它与骨架点 A 连接；否则，继续向骨架点 A 的父亲骨架点搜索，直到找到满足条件的骨架点为止。

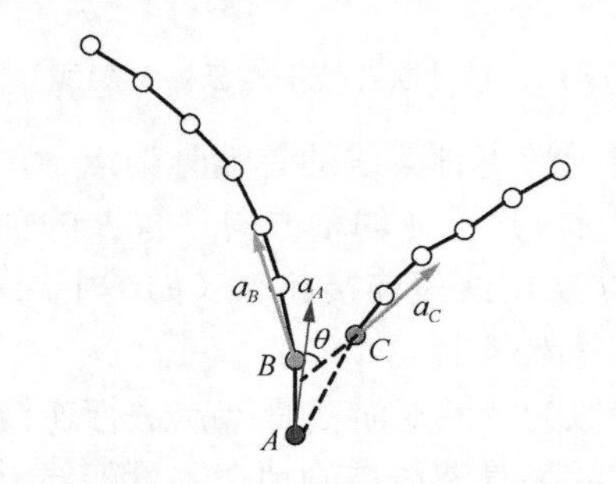

图 12-20　分叉枝干的骨架点的连接规则

采用向上搜索的方法对图 12-16（b）中分叉枝干的错连骨架线进行绘制，结果如图 12-21 所示。由图 12-21（b）可知，图 12-16（a）中的错连骨架线均得到了较好的调节，并且处理结果能够较好地维持树木结构的自相似性。

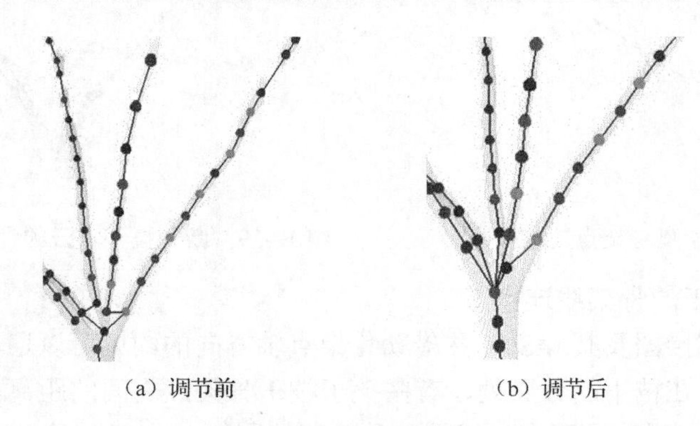

（a）调节前　　　　（b）调节后

图 12-21　分叉枝干的错连骨架线的绘制实例

2. 枝干模型的重建

树皮是完整的枝干模型不可缺少的组成部分，而不同枝干的树皮是沿枝干的骨架线包络而成的，这个包络面可以采用表达复杂几何物体表面的三角网格面来加以描述。那么，不同枝干骨架线的分离则是重建枝干模型所要解决的首要问题。

此外，单侧扫描的枝干点云数据只包含树皮的部分信息，需要通过重采样生成树皮点云来代替原始的树皮点云，并且要保留原始枝干的局部粗细特性。

1）不同枝干骨架线的分离

自然界中的树木无论生长形态多么复杂，在每一次的枝干分叉过程中都预示着旧的父亲枝干的生长结束，新的孩子枝干开始生长。根据树木的这一生长特性，在枝干骨架线的树型存储结构中，分叉骨架点可以作为分辨不同枝干骨架线的标志，如图 12-22 中的黑色骨架点。然而，仅仅依靠分叉骨架点只能从骨架的树型存储结构中将枝干的内部树枝分离出来，对于树根段的骨架线，它只能表征其末端骨架点，而对于树梢段的骨架线，只能表征其起始端骨架点。事实上，仔细观察枝干骨架线的树型存储结构，会发现树根段骨架线的起始端骨架点不存在父亲骨架点，而树梢段骨架线的末端骨架点不存在孩子骨架点，如图 12-22 中的深灰色骨架点。

通过采用查找标志骨架点的方法从枝干主骨架线中分离每段枝干的骨架线，结果如图 12-23 所示。其中，图 12-23（a）是分离前的枝干骨架线，图 12-23（b）是分离后的枝干骨架线，不同的灰度表示不同的枝干骨架线。可见，这些标志骨架点可以很好地表征不同枝干的骨架线。因为枝干的骨架邻接图采用有向图进行构造，导致它的 MST 中有些枝干的某些内部骨架点被认为是分叉骨架点，所以在图 12-23（b）中会出现同一枝干的骨架线被分离成好几段的现象，但并不影响最终的建模结果。

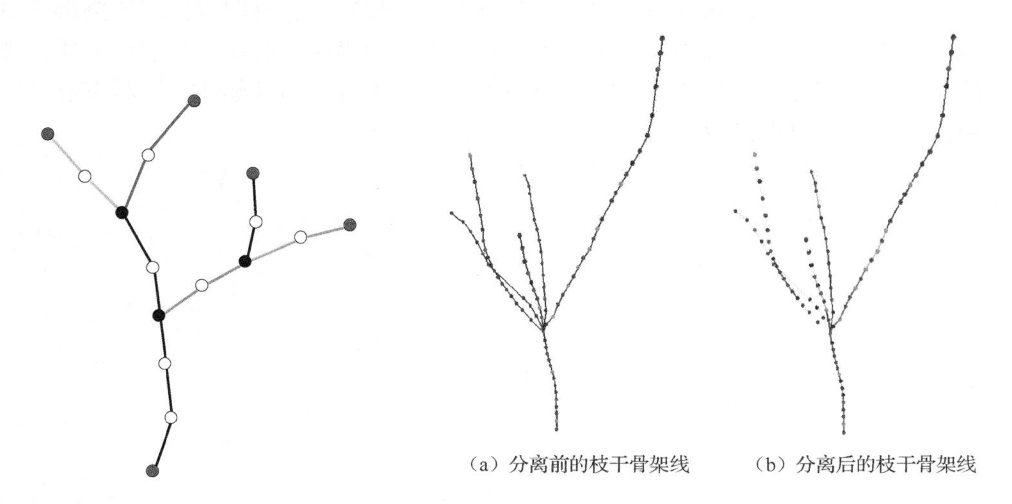

（a）分离前的枝干骨架线　（b）分离后的枝干骨架线

图 12-22　枝干骨架线的分离规则　　图 12-23　枝干骨架线的分离实例

2）树皮的几何形状复原

在树木建模过程中，对于树皮包络面的表达主要有圆柱面和网格面两种形式。

在复杂几何物体表面的表达方法中，网格面具有难以替代的优势。因此，通常采用三角网格面绘制树皮包络面。

首先，对树皮点云进行重采样。采用 3D 激光扫描仪采集的树木点云进行树皮包络面的构造，可以很好地逼近真实枝干的几何形状。然而，在扫描过程中，由于遮挡、视角等因素，往往只采集到单侧的树木点云，因此需要在分离出来的每段枝干骨架线的骨架点位置处重新采样局部横截面圆边界上的采样点，并用其来代替原始的枝干外围形状，进而构造三角网格面来表达每段枝干的树皮包络面。

顾名思义，用于构造树皮包络面的采样点一定位于枝干骨架点处的局部横截面上，即这些点围绕骨架点的轴方向来生成。其次，为了使重采样点能够准确地描述出真实枝干在该骨架点处的粗细程度，还需要借助骨架点的半径。如图 12-24 所示，依据骨架点的半径，在骨架点处的局部横截面上，围绕骨架点的轴方向以逆时针的方向重新采样构成局部横截面圆的边界点。

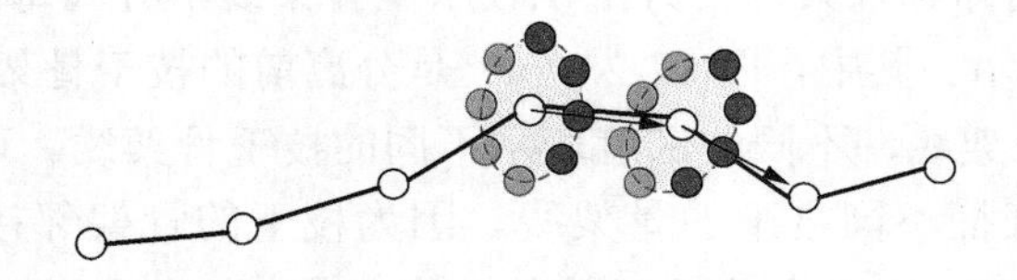

图 12-24　枝干局部横截面圆边界点的重新采样规则

基于骨架点的三个几何参数，重新采样生成枝干局部横截面圆的边界点，结果如图 12-25 所示。图中黑色的曲线是枝干的骨架线，灰色的点围成的圆形是生成的采样点。可见，这些采样点围成的圆形能够准确地描述原始树皮点云所蕴含的枝干的粗细程度。此外，这些圆形基本上垂直于枝干的骨架线，这将有利于绘制自然逼真的树皮模型。

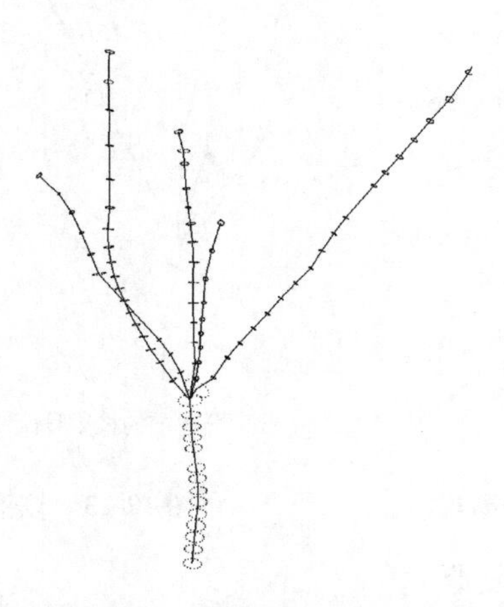

图 12-25　枝干局部横截面圆边界点的重新采样实例

其次，绘制树皮包络面。树皮包络面用枝干局部横截面圆形边界点所构成的三角网格面来表达。很显然，这个三角网格面由相邻的两个横截面圆的边界点连接起来构成。然而，连接相邻两个横截面圆的边界各点可以构成许多种基本三角面片，需要从中选择最逼近枝干表面点云的三角面片集合作为可接受的树皮包络面。三角面片的选择需要满足下述四个条件：

（1）每个三角面片的三个顶点不能同时处于同一个横截面圆的边界上；

（2）连接所构成的相邻三角面片之间不能相交；

（3）相邻的两个三角面片所形成的空间四边形为凸四边形；

（4）连接所构成的三角面片的面积尽可能小。

事实上，每段枝干的重采样点集是一组有序的点集，这是因为构成每个骨架点处的横截面圆的边界点集是有序的（由采样点的生成过程可知），并且对于每段枝干，它是从该段枝干的起始端骨架点向末端骨架点顺次生成。因此，在每段枝干的横截面圆的有序边界点集中检索满足树皮包络面的可接受三角面片的顶点是构造树皮的关键。

树皮三角网格面的顶点的检索过程，实际上就是选择两个相邻横截面圆的边界上的一对对应点的第三个点，从而构成可接受的三角网格面的过程。如图 12-26 所示，对于某段枝干局部横截面圆边界的采样点集中的第 n 个点，令其在相邻横截面的采样点集中的对应点为第 m 个点，顶点检索就是在这两个采样点的相邻两个采样点 $n+1$ 和 $m+1$ 中选择一个点构成可接受的三角面片的过程，即确定由这四个点形成的空间四边形的对角线的过程。对于每个骨架点处的横截面圆，假设对应边界点集中包含的点的数目是相同的，采样点之间的距离随着横截面半径的变小而变小，并且相邻的两个横截面圆之间的距离大于圆上的采样点之间的距离，那么，当相邻两个横截面圆的半径相等或不等时，这四个相邻采样点形成的空间四边形为长方形或等腰梯形两种形状。

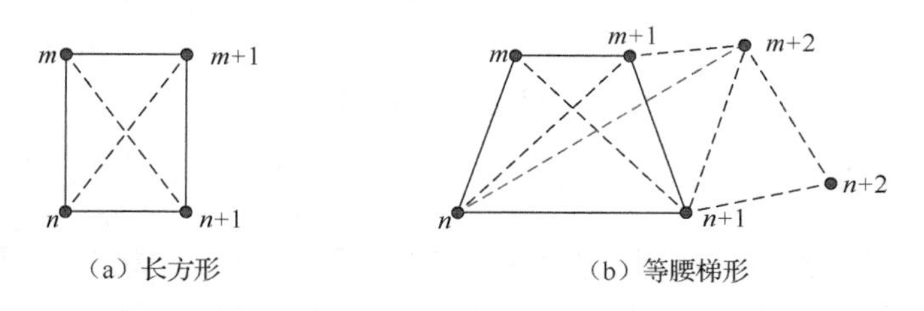

图 12-26　树皮包络面的顶点检索方法

如图 12-26（a）所示，当相邻的两个横截面圆的边界上的四个相邻采样点构成长方形时，无论选取第 $m+1$ 个点还是第 $n+1$ 个点，所构成三角面片的面积相同，都是可接受的结果。当这四个相邻采样点构成等腰梯形时，如图 12-26（b）所示，显然选取第 $m+1$ 个点构成的三角面片的面积要比选取第 $n+1$ 个点所构成的三角面片的面积要小。然而，它的相邻三角面片的第三个点则需要在第 $m+2$ 个点和第 $n+1$ 个点中选取。如果选取第 $m+2$ 个点，它们所构成的三角面片的面积较小，但是，由第 $m+1$ 个点、第 n 个点和第 $m+2$ 个点所构成的三角形，以及由第 $m+2$ 个点、第 n 个点和第 $n+1$ 个点构成的相邻三角形，它们所形成的空间四边形为凹四边形。因此，选取第 $n+1$ 个点效果更好。此时，对于这四个相邻采样点形成的这两种空间四边形具有相同的可接受三角面片的构造规律。因此，为了方便绘制，选取枝干局部横截面采样点集中的第 n 个点、第 $n+1$ 个点和第 m 个点构成一个三角网格面，而选取第 m 个点、第 $n+1$ 个点和第 $m+1$ 个点构成其相邻的三角网格面。图 12-27 为采用图 12-26 中介绍的顶点检索方法绘制的树皮的三角网格包络面。其中，黑色曲线是枝干的骨架线，灰色的线段围成的三角网格面是树皮包络面。

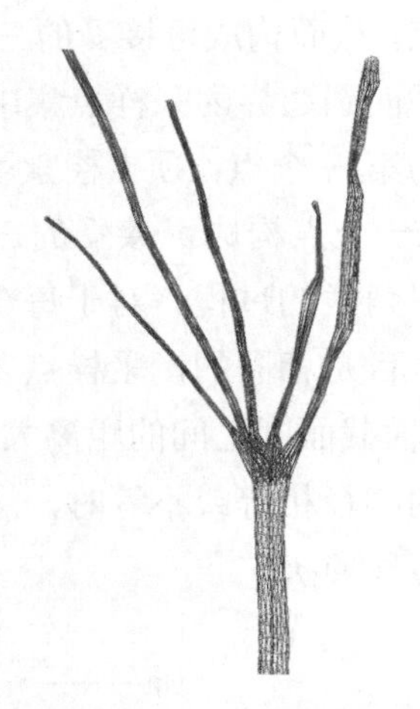

图 12-27　树皮的三角网格包络面

12.3.2　树枝重建

由于枝干的三级、四级或更低级的树枝多用于“生长”树叶，而当前主流的 3D 激光扫描仪由于精度和遮挡不能获得这类树枝较多的信息，几乎不可能直接通过点云数据重建出这类树枝。但是，通过人机交互的方式基于 3ds Max 可以将树枝模型进行较好地建模，再“生长”到枝干模型上。“生长”树枝的过程中需要使用三维几何变换，如平移变换、比例变换和绕坐标轴的旋转变换等[23,24]。

树枝“生长”过程的思路：首先，利用平移变换将树枝模型平移到指定的位置；其次，利用比例变换生成大小不一的树枝；最后，利用绕坐标轴的旋转变换调整树枝和枝干的夹角。算法步骤描述如下。

1. 初始化

对于每个树枝模型，使用六个参数来控制树枝和枝干的夹角和大小，它们分别为树枝绕 X、Y、Z 轴的旋转角度 angle_x、angle_y、angle_z，树枝沿 X、Y、Z 轴的放缩因子 factor_x、factor_y、factor_z。初始时，六个参数均设置为 0.0。

2. 平移变换

平移变换指将物体的每点向同一方向移动相同距离，可视为将同一向量加到每点，或移动坐标系统的中心。平移变换是等距同构的，可看作是仿射空间中的仿射变换。

设 $p(x,y,z)$ 为任意一点的初始位置，$t(t_x,t_y,t_z)$ 为空间的平移向量，$p'(x',y',z')$ 为点 p 按照平移向量 t 平移后的新位置。平移后的坐标可以使用式（12-33）求解，即

$$\begin{cases} x' = x + t_x \\ y' = y + t_y \\ z' = z + t_z \end{cases} \tag{12-33}$$

因此，平移之前首先要计算出平移向量 translate_vector。记树枝模型尾部的某一点为 original_position，用户选取的“生长点”为 target_position。那么，可以利用式（12-34）求出平移向量，随后计算平移后模型的新坐标：

$$\text{translate\_vector} = \text{target\_position} - \text{original\_position} \tag{12-34}$$

3. 比例变换

相对于坐标原点，对点 $p(x,y,z)$ 进行沿 X 轴方向放缩 S_x 倍、沿 Y 轴方向放缩 S_y 倍、沿 Z 轴方向放缩 S_z 倍的变换，称为比例变换。其中，S_x、S_y 和 S_z 称为比例系数，且全为正数。显然，比例变换可改变物体的大小。

比例变换后的坐标 $p'(x',y',z')$ 可以使用式（12-35）求解：

$$\begin{cases} x' = x \cdot S_x \\ y' = y \cdot S_y \\ z' = z \cdot S_z \end{cases} \tag{12-35}$$

自然场景中的树，底部的树枝大于顶部。因此，可以通过比例变换来生成大小不同的树枝。比例变换中使用的三个变量 factor_x、factor_y、factor_z 的实际取值，一般通过人机交互界面获得。

4. 绕坐标轴的旋转变换

相比二维空间中的旋转变换，三维空间中的旋转变换更加复杂。除了需要指定旋转角外，还需指定旋转轴。若以坐标系的三个坐标轴 X、Y、Z 分别作为旋转轴，则点实际上只在垂直坐标轴的平面上作二维旋转。此时，用二维旋转公式就可以直接推出三维旋转变换矩阵。在右手坐标系中，规定物体旋转的正方向是右手螺旋方向，即从该轴正半轴向原点看是逆时针方向。

绕 Z 轴旋转：绕 Z 轴旋转时 Z 轴坐标不变，设点 p 绕 Z 轴旋转的角度为 γ，则旋转后的新坐标可以使用式（12-36）求解：

$$\begin{cases} x' = x\cos\gamma - y\sin\gamma \\ y' = x\sin\gamma + y\cos\gamma \\ z' = z \end{cases} \tag{12-36}$$

绕 X 轴旋转：绕 X 轴旋转时 X 轴坐标不变，设点 p 绕 X 轴旋转的角度为 α，则旋转后的新坐标可以使用式（12-37）求解：

$$\begin{cases} y' = y\cos\alpha - z\sin\alpha \\ z' = y\sin\alpha + z\cos\alpha \\ x' = x \end{cases} \tag{12-37}$$

绕 Y 轴旋转：绕 Y 轴旋转时 Y 轴坐标不变，设点 p 绕 Y 轴旋转的角度为 β，则旋转后的新坐标可以使用式（12-38）求解：

$$\begin{cases} z' = z\cos\beta - x\sin\beta \\ x' = z\sin\beta + x\cos\beta \\ y' = y \end{cases} \tag{12-38}$$

通过设置 factor_x、factor_y、factor_z 这三个参数即可实现调整树枝和枝干的夹角，一般通过人机交互界面获得。树枝最终的建模结果如图 12-28 所示。

图 12-28　树枝最终的建模结果

12.3.3　树叶与树枝、树干融合

树叶是植物最重要的特征之一，建立生动逼真的树叶模型对于点云树木重建不可或缺。基于提取的点云树叶特征点，能够对其进行建模，过程如图 12-29 所示。

1. 单片树叶建模

为了绘制出逼真的树叶，不仅需要精确的叶面模型，还需要逼真的纹理，利用 12.2 节中的方法能够生成叶面模型并进行纹理映射。

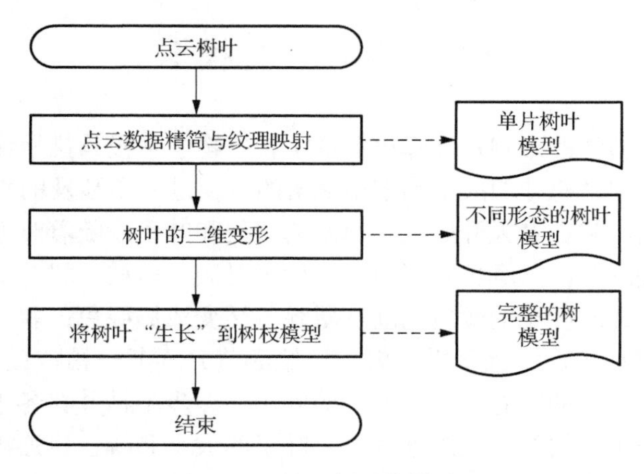

图 12-29　点云树叶建模过程

2. 树叶的三维变形

树往往拥有几百甚至成千上万片形态各异的树叶，在实际应用中要精确地重

建出所有的树叶是难以做到的。因此，可以简单地使用 Laplacian 网格变形算法对重建出的单片树叶模型进行变形生成树模型上不同形态的树叶。

3. 树叶“生长”

树叶与树枝、树干融合就是将树叶“生长”在树枝、树干上，并形成完整的树，该过程同样需要采用平移变换、比例变换和绕坐标轴的旋转变换来实现。算法思想是首先利用平移变换将树叶模型平移到指定的位置，其次利用比例变换生成大小不一的树叶，最后利用绕坐标轴的旋转变换调整树叶和树枝之间的夹角，最终获得的完整树模型如图 12-30 所示。

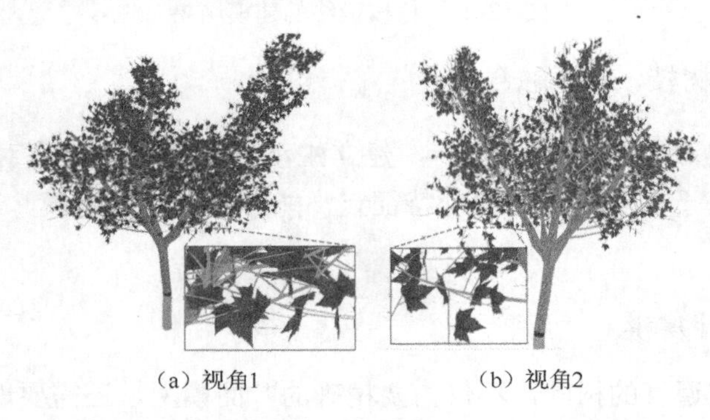

（a）视角1　　（b）视角2

图 12-30　树叶与树枝、树干融合后的完整树模型

12.4　树的变化模拟

模拟环境对植物的影响是计算机图形学和生物学中极具挑战性的课题[24]。本节主要介绍四季中从树叶的成型到干枯飘落的变换过程中涉及的相关方法。

对于落叶树，它在春天开始生长出新的树枝和叶子，随着时间的增长，叶子逐渐长大并慢慢展开，其颜色是翠绿色；到了夏天，树枝、树叶继续生长，树木变得枝繁叶茂，此时叶子的颜色逐渐从翠绿色转变成墨绿色；秋天由于日照时间大量缩短、雨水稀少、空气干燥，树叶开始泛黄并逐渐干枯，最后会随风飘落，形成“黄叶舞秋风”的特有景象；冬天的叶子进一步干枯并在冬末的时候全部飘落。在整个过程中，树的形状连续变化，叶子的大小和颜色也连续变化，叶子的凋零是一个连续动态的变化过程[5,20,25]。事实上，树在不同季节的变化，是通过树叶随着季节变化来体现的。

在模拟树的变化中，首先要获得树叶随着不同季节变化的模拟结果。为了模拟四季中的树叶变化，包括形状（通过使用 Laplacian 网格变形技术对梧桐树叶网格模型进行变形，以实现模拟不同季节的树叶形态）和颜色两个方面。采用前述方法，可得到不同季节的树叶颜色，如图 12-31～图 12-34 所示[5]。

类型	视角1	视角2	视角3	视角4
初春				
春末				

图 12-31　春季树叶颜色的灰度变化

类型	视角1	视角2	视角3	视角4
初夏				
夏末				

图 12-32　夏季树叶颜色的灰度变化

类型	视角1	视角2	视角3	视角4
初秋				
秋末				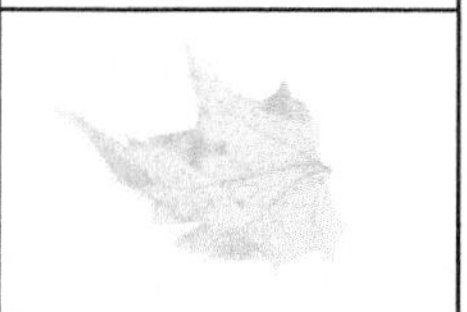

图 12-33　秋季树叶颜色的灰度变化

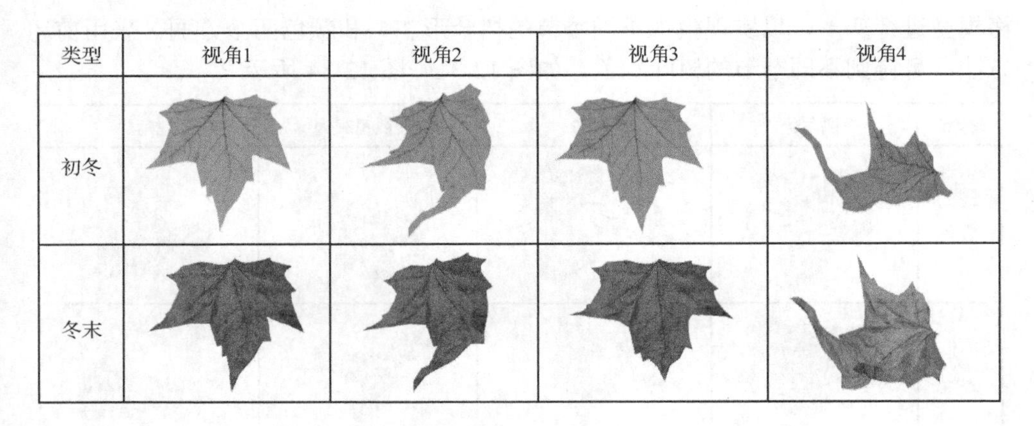

图 12-34　冬季树叶颜色的灰度变化

12.4.1　树四季变化模拟

1．春天树的模拟

春天气候温暖适中，树叶开始发芽并逐渐长大。初春的时候，树叶刚冒出嫩芽；春末随着气温的升高，树叶逐渐舒展。整个春天，树叶的颜色主要以翠绿色为主。利用树叶与树枝、树干融合算法将图 12-31 的树叶“生长”到树枝模型上来实现春末树的模拟，如图 12-35 所示。

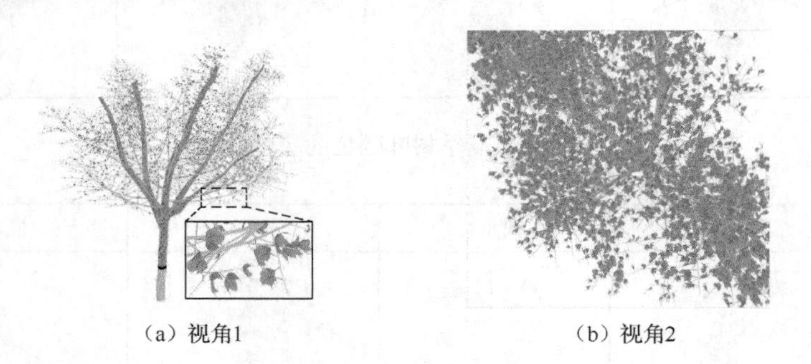

（a）视角1　　（b）视角2

图 12-35　模拟春末的树

2．夏天树的模拟

夏天气温升高，树叶继续生长直到夏末。此阶段的树叶较平坦且颜色不再像春天那样翠绿，逐渐向墨绿色转变。因此，将图 12-32 的树叶“生长”到树枝模型上来实现夏末树的模拟，如图 12-36 所示。

（a）视角1

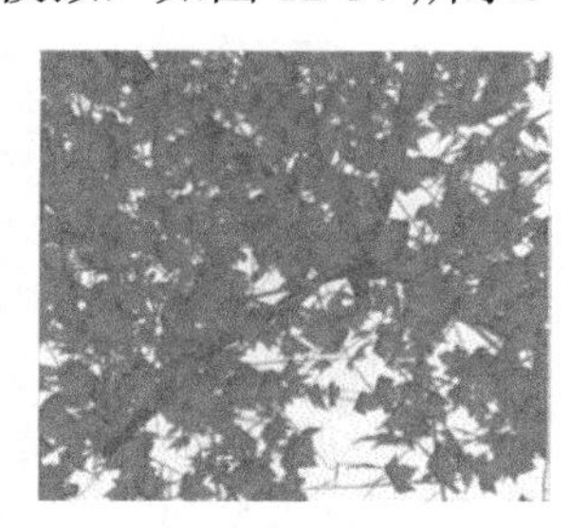
（b）视角2

图 12-36　模拟夏末的树

3. 秋天树的模拟

秋天由于得不到充足的水分，叶子逐渐变黄、干枯，稍加一些外力（如风力等）作用，树叶就会飘落，形成“黄叶舞秋风”的特有景象[9]。因此，将图 12-33 的树叶“生长”到树枝模型上来实现初秋树的模拟，如图 12-37 所示。

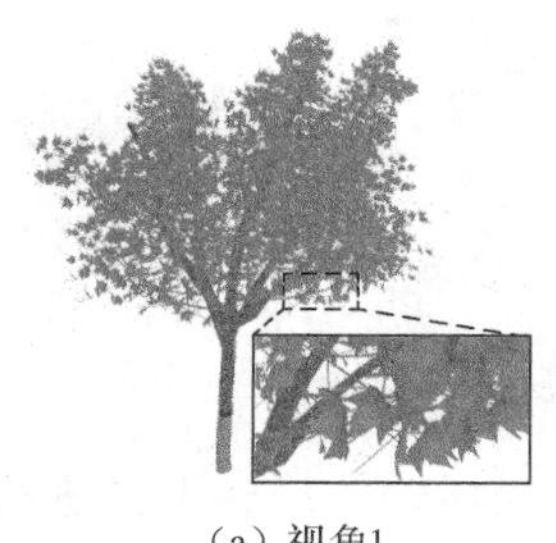
（a）视角1

（b）视角2

图 12-37　模拟初秋的树

4. 冬天树的模拟

冬季气温降低，空气干燥，树叶继续干枯。将图 12-34 的树叶“生长”到树枝模型上来实现初冬树的模拟，相对于秋天的树，冬天树叶稀少，如图 12-38 所示。

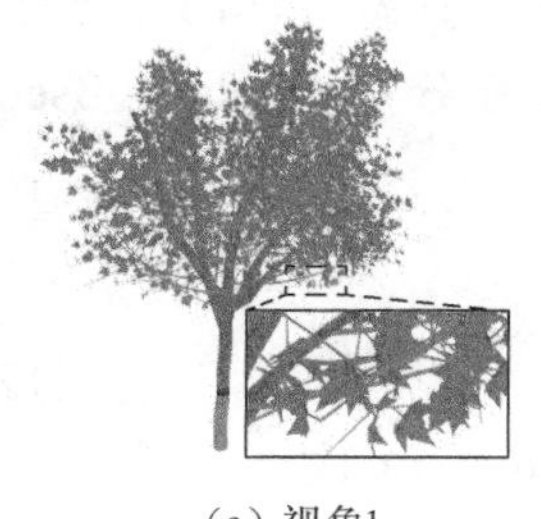
（a）视角1

（b）视角2

（c）视角3

图 12-38　模拟初冬的树

12.4.2 树叶飘落模拟

由于树叶在飘落过程中会产生碰撞，加上空气流动的复杂性，使得模拟树叶随风飘落和树叶在地面上翻滚是一项很有挑战性的工作，相关学者做了不少研究[10,11]。一种较简单的方式是直接定义三种树叶飘落轨迹模板，如图 12-39 所示。对于树叶的飘落，根据不同的风速选择不同的飘落轨迹模板。微风中，树叶近似直线地旋转或翻转飘落到地面，如图 12-39（a）和（b）所示；随着风速增大，树叶可能会在漩涡气流的驱动下飞几秒钟后才能螺旋飘落到地面，如图 12-39（c）所示。

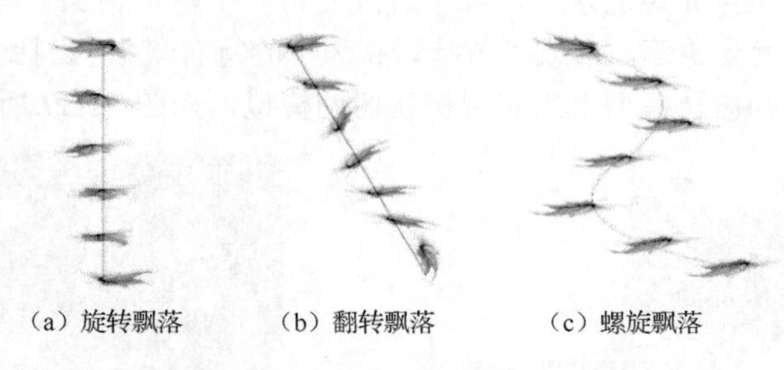

（a）旋转飘落　　（b）翻转飘落　　（c）螺旋飘落

图 12-39　树叶飘落轨迹模板

树叶的三种飘落方式可以使用平移变换和绕坐标轴的旋转变换进行模拟。设树叶绕 X、Y、Z 轴的旋转角度分别为 angle_x、angle_y、angle_z，树叶沿 X、Y、Z 轴的放缩因子分别为 factor_x、factor_y、factor_z；绕 X、Y、Z 轴旋转的角度增量分别为 angle_x_offset、angle_y_offset、angle_z_offset。树叶模型上的任意一点坐标为 point[k]，它的三个坐标值分别为 point[k].x、point[k].y 和 point[k].z；地平面上任意一点为 ground_point，它的三个坐标值分别为 ground_point.x、ground_point.y 和 ground_point.z（假设地平面平行于 XOY 平面）；树叶从树枝飘落到地面的采样次数 sampling_times 等于预先设定的值，根据采样次数计算出当前时刻树叶的位置和上一时刻树叶位置的偏移量，这三个偏移量分别为 posi_offset_x、posi_offset_y 和 posi_offset_z，即

$$\begin{cases} \text{posi\_offset\_x} = 0.0 \\ \text{posi\_offset\_y} = 0.0 \\ \text{posi\_offset\_z} = \text{ground\_point.z}/\text{sampling\_times} \end{cases} \tag{12-39}$$

1. 树叶运动轨迹

1）近似直线的旋转飘落

在微风中，树叶会以近似直线的旋转方式缓缓飘落，其飘落模型如图 12-39（a）所示。旋转飘落算法的详细步骤如下：

（1）初始化参数值。$\text{angle\_x} = 0.0$、$\text{angle\_y} = 0.0$、$\text{angle\_z} = 0.0$；$\text{factor\_x} = 0.5$、$\text{factor\_y} = 0.5$、$\text{factor\_z} = 0.5$；$\text{angle\_x\_offset} = 0.00$、$\text{angle\_y\_offset} = 0.01$、$\text{angle\_z\_offset} = 0.50$。

（2）从树上随机选择一片树叶作为飘落对象进行模拟，并使用 angle_x_offset、angle_y_offset、angle_z_offset、factor_x、factor_y、factor_z 这六个参数计算树叶绕坐标轴的旋转变换和比例变换后的新坐标。

（3）设变换后的树叶模型中任意一点为 $\text{point}'[k]$，利用式（12-40）计算出平移向量 translate_vector，然后利用平移向量计算出平移变换后的新坐标，并对参数值进行更新：$\text{angle\_x} = \text{angle\_x} + \text{angle\_x\_offset}$、$\text{angle\_y} = \text{angle\_y} + \text{angle\_y\_offset}$、$\text{angle\_z} = \text{angle\_z} + \text{angle\_z\_offset}$、$\text{posi\_offset\_y} = \text{posi\_offset\_y} + 0.01$、$\text{posi\_offset\_z} = \text{posi\_offset\_z} + \text{ground\_point\_z}/\text{sampling\_times}$。

$$\begin{cases} \text{translate\_vector.x} = \text{point}'[k].\text{x} - \text{posi\_offset\_x} - \text{point}[k].\text{x} \\ \text{translate\_vector.y} = \text{point}'[k].\text{y} - \text{posi\_offset\_y} - \text{point}[k].\text{y} \\ \text{translate\_vector.z} = \text{point}'[k].\text{z} - \text{posi\_offset\_z} - \text{point}[k].\text{z} \end{cases} \tag{12-40}$$

（4）重复步骤（2）和（3），直到飘落树叶的个数为 sampling_times，或者树上的树叶均已飘落为止，模拟树叶近似直线的旋转飘落如图 12-40 所示。

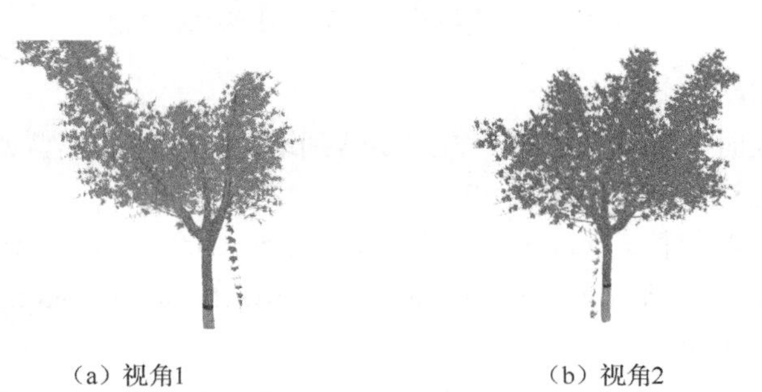

（a）视角1　　（b）视角2

图 12-40　模拟树叶近似直线的旋转飘落

2）近似直线的翻转飘落

在微风中，树叶会以近似直线的翻转方式缓缓飘落，其飘落模型如图 12-39（b）所示。翻转飘落算法的详细步骤如下：

（1）初始化参数值。$\text{angle\_x} = 0.0$、$\text{angle\_y} = 0.0$、$\text{angle\_z} = 0.0$；$\text{factor\_x} =$

0.5 、factor_y = 0.5 、factor_z = 0.5；angle_x_offset = 0.00 、angle_y_offset = 0.01 、angle_z_offset = 0.50 。

（2）从树上随机挑选一片树叶作为飘落对象进行模拟，并使用 angle_x_offset、angle_y_offset、angle_z_offset、factor_x、factor_y、factor_z 这六个参数计算树叶绕坐标轴的旋转变换和比例变换后的新坐标。

（3）设变换后的树叶模型中任意一点为point′[k]，利用式（12-40）计算出平移向量 translate_vector 的值，并利用平移向量计算出平移变换后的新坐标，然后更新参数值：angle_x = angle_x + angle_x_offset 、angle_y = angle_y + angle_y_ offset 、angle_z = angle_z + angle_z_offset 、posi_offset_y = posi_offset_y + 0.01 、posi_offset_z = ground_point_z/sampling_times 。

（4）重复步骤（2）和（3），直到飘落树叶的个数为 sampling_times，或者树上的树叶均已飘落为止，模拟树叶近似直线的翻转飘落如图 12-41 所示。

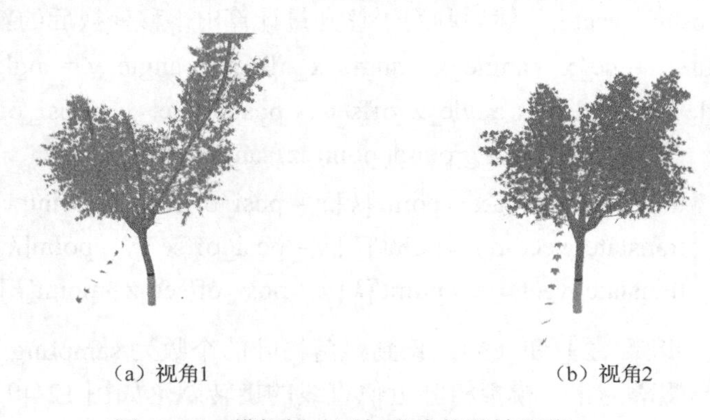

（a）视角1　　（b）视角2

图 12-41　模拟树叶近似直线的翻转飘落

3）螺旋飘落

当风速较大时，树叶会以螺旋方式飘落到地面，其飘落模型如图 12-39（c）所示。螺旋飘落算法的详细步骤如下：

（1）初始化参数值。angle_x = 0.0 、angle_y = 0.0 、angle_z = 0.0；factor_x = 0.5 、factor_y = 0.5 、factor_z = 0.5；angle_x_offset = 0.25 、angle_y_offset = 0.01 、angle_z_offset = 0.50 。

（2）从树上随机选择一个树叶作为飘落对象进行模拟，并使用 angle_x_offset、angle_y_offset、angle_z_offset、factor_x、factor_y、factor_z 这六个参数计算树叶绕坐标轴的旋转变换和比例变换后的新坐标。

（3）设变换后的树叶模型中任意一点为point′[k]，利用式（12-40）计算出平移向量 translate_vector 的值，并利用平移向量计算出平移变换后的新坐标，然后更新参数值：angle_x = angle_x + angle_x_offset 、angle_y = angle_y + angle_y_offset 、 angle_z+ = angle_z_offset 、 posi_offset_z+ = ground_point_z/sampling_times 。

（4）重复步骤（2）和（3），直到飘落树叶的个数为 sampling_times，或者树上的树叶均已飘落为止，模拟树叶螺旋飘落如图 12-42 所示。

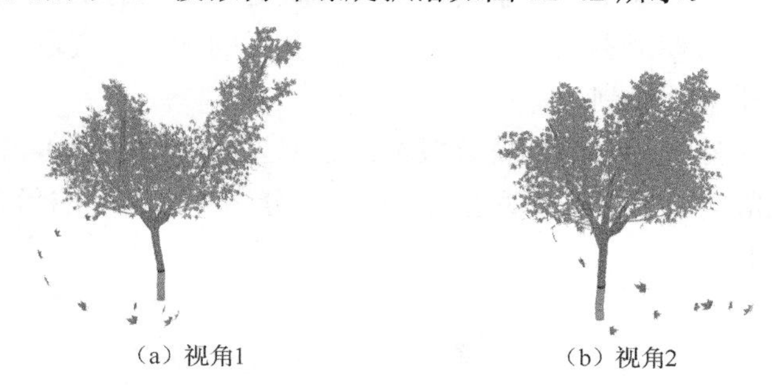

图 12-42　模拟树叶螺旋飘落

2. 树叶飘落实现

以近似直线的旋转飘落为例，模拟树叶的连续飘落，其核心思想是让树叶按照一定的次序陆续飘落。具体过程如下：在 t_0 时刻只有编号为 1 的树叶开始飘落，飘落到位置 p_1^1（上标表示飘落位置编号，下标表示其为 1 号树叶）；t_1 时刻编号为 1、2 的树叶处于飘落状态，其中 1 号树叶飘落到位置 p_1^2，2 号树叶飘落到位置 p_2^1；t_2 时刻编号为 1、2、3 的树叶处于飘落状态，其中 1 号树叶飘落到位置 p_1^3，2 号树叶飘落到位置 p_2^2，3 号树叶飘落到位置 p_3^1……以此类推，直到所有的树叶都飘落到地面为止。

树叶飘落模拟的计算量较大，特别是多片树叶同时落下时，依次计算各个落叶的飘落计算量大，因此可以使用 OpenMP 对其进行并行加速。

12.5　本 章 小 结

本章介绍了点云树的提取与重建、树木四季变化模拟和树叶飘落模拟方法。

一棵完整的树模型由三部分组成：枝干模型、树枝模型和树叶模型。基于骨架点建立枝干模型，采用人工建模的方法获得树枝的模型。在树叶的建模中，首先采用中值滤波算法和双边滤波算法去除树叶图像中存在的噪声和增强树叶图像的边缘信息，并使用 Sobel 边缘检测算子提取边界和叶脉信息；其次，通过数字图像辅助提取点云特征，准确地获得点云树叶中的叶脉点和边界点；最后通过纹理映射形成逼真的树叶。然后，利用曲面 Laplacian 算子和 Laplacian 网格变形方法，基于精简后的梧桐树叶点云，给出了 7 个叶脉点作为控制点，实现了对不同形状树叶的变形控制，进而基于变形和三维变换，将树枝、树干与树叶进行了融合，从而形成一颗完整的树模型。

结合已模拟出的树模型，基于树叶上纹理映射中颜色的不同，给出了树四季变化的模拟方法，即模拟春天、夏天、秋天、冬天的树木，实现了树木在空间和时间上的真实感季节性绘制。

最后，定义了三种树叶飘落轨迹模板：近似直线的旋转飘落、近似直线的翻转飘落、螺旋飘落。基于这三种飘落轨迹模板，分别考虑树叶的形态和风速因素，近似模拟树的变化。

参考文献

[1] NING X J, ZHANG X P, WANG Y H. Tree segmentation from scanned scene data[C]. Proceedings of 3rd International Symposium on Plant Growth Modeling, Simulation, Visualization &Applications(PMA 2009), Beijing, China, 2009: 360-367.

[2] 常鑫. 基于点云的树杆逼真建模关键技术研究[D]. 西安: 西安理工大学, 2011.

[3] WANG Y H, CHANG X, NING X J, et al. Tree branching reconstruction from unilateral point clouds[J]. Lecture Notes in Computer Science, 2012, 7220(1): 250-263.

[4] ZHU C, ZHANG X P, JAEGER M, et al. Cluster-based construction of tree crown from scanned Data[C]. Proceedings of 3rd International Symposium on Plant Growth Modeling, Simulation, Visualization &Applications (PMA 2009), Beijing, China, 2009: 352-359.

[5] 王刚. 基于点云的树叶真实感绘制方法研究[D]. 西安: 西安理工大学, 2013.

[6] WANG Y H, WEN H, WANG G, et al. A method of realistic leaves modeling based on point cloud[C]. Proceedings of the 12th ACM SIGGRAPH International Conference on Virtual-Reality Continuum and Its Applications in Industry, Hong Kong, China, 2013: 123-130.

[7] BENTLEY J L. Multidimensional binary search trees used for associative searching[J]. Communications of the ACM, 1975, 18(9): 509-517.

[8] YAN D M, WINTZ J L, MOURRAIN B, et al. Efficient and robust reconstruction of botanical branching structure from laser scanned points[C]. Proceedings of 11th IEEE International conference on Computer-Aided Design and Computer Graphics(CAD/Graphics 2009), Huangshan, China, 2009: 572-575.

[9] LLOYD S P. Least square quantization in PCM[J]. IEEE Transactions on Information Theory, 1982, 28: 129-137.

[10] KANUNGO T, MOUNT D M, NETANYAHU N S, et al. An efficient *k*-means clustering algorithm: Analysis and implementation[J]. IEEE Transactions on Pattern Analysis & Machine Intelligence, 2002, 24(7): 881-892.

[11] JUSTUSSON B I. Median Filtering: Statistical Properties[M]. Berlin: Springer Verlag, 1981.

[12] TOMASI C, MANDUCHI R. Bilateral filtering for gray and color images[C]. Proceedings of 6th International Conference on Computer Vision(ICCV 1998), Bombay, India, 1998: 839-846.

[13] CHU C C, AGGARWAL J K. The integration of region and edge-based segmentation[C]. Proceedings of 3rd International Conference on Computer Vision(ICCV 1990), Osaka, Japan, 1990: 117-120.

[14] HAO W, WANG Y H. Saliency-guided luminance enhancement for 3D shape depiction[C]. Proceedings of 2013 International Conference on Virtual Reality & Visualization(ICVRV 2013), Xi'an, China, 2013: 9-14.

[15] WANG Y H, NING X J, YANG C, et al. A method of illumination compensation for human face image based on quotient image[J]. Information Sciences, 2008, 178(12): 2705-2721.

[16] REBAY S. Efficient unstructured mesh generation by means of Delaunay triangulation and Bowyer-Watson algorithm[J]. Journal of Computational Physics, 1993, 106(1): 125-138.

[17] LOCH B. Surface fitting for the modeling of plant leaves[D]. Brisbane: University of Queensland, 2004.

[18] OQIELAT M N, TURNER I W, BELWARD J A, et al. Modelling water droplet movement on a leaf surface[J]. Mathematics and Computers in Simulation, 2011, 81(8): 1553-1571.

[19] ALEXA M. Differential coordinates for local mesh morphing and deformation[J]. The Visual Computer, 2003, 19(2): 105-114.

[20] ZHOU N, DONG W, MEI X. Realistic simulation of seasonal variant maples[C]. Proceedings of the 2nd International Symposium on Plant Growth Modeling and Applications, Beijing, China, 2006: 295-301.

[21] DAVIS T. Algorithm 832: UMFPACK V4.3—an unsymmetric-pattern multifrontal method[J]. ACM Transactions on Mathematical Software, 2004, 30(2): 196-199.

[22] CHENG Z L, ZHANG X P, CHEN B Q. Simple reconstruction of tree branches from a single range image[J]. Journal of Computer Science and Technology, 2007, 22(6): 846-858.

[23] ULAM S. On some mathematical properties connected with patterns of growth of figures[C]. Proceedings of Symposia on Applied Mathematics. American Mathematical Society, New York, USA, 1962: 215-224.

[24] COHEN D. Computer simulation of biological pattern generation processes[J]. Nature, 1967, 216: 246-248.

[25] ZHU C, MENG W L, WANG Y H, et al. Cage-based tree deformation[J]. Lecture Notes in Computer Science, 2011, 6872(1): 409-413.

第13章　风吹树模拟运动

在计算机图形学和虚拟现实领域，对自然场景进行仿真至关重要。传统的自然场景模拟方法，如粒子系统和纹理映射方法，能够实现对风、河流、雨、雪等自然现象的简单模拟。此类方法较为简单，但得到的模拟效果不太理想，人工痕迹非常明显。与真实的自然场景相比，利用传统方法模拟出来的效果在真实性和复杂性方面还有很大的提升空间。

在自然场景中，树作为重要的组成元素之一，其模拟结果的逼真程度对场景的真实感有很大的影响，而风吹树运动也是场景模拟逼真性的重要组成部分。风作为无形的流体，具有复杂多变的形态，会不断影响周围的环境，对于树的摇曳运动影响更大。此外，由于生长环境、品种、人为因素等，不同的树具有不同的物理特性和生理形态，具体的结构非常复杂，在一定程度上加大了研究树摇曳运动的难度。在场景模拟中，森林的摇曳运动模拟涉及风场与多棵树的交互问题，极具挑战性。此外，森林场景中的树种类繁多，难以分析森林的受风运动情况，进而增加了森林摇曳运动模拟的难度。

近年来，随着计算机图形学的不断发展，国内外学者对树动态模拟的研究工作越来越多，得到的模拟效果也越来越逼真。现有的模拟方法可以分为基于运动过程的模拟、基于数据驱动的模拟和基于物理的模拟。基于运动过程的模拟利用噪声函数的随机性来逼近树的动态运动，这种方法实现简单，不需要大量的物理计算，因而能快速地模拟树摇曳运动。然而，由于缺乏必要的物理数据以及分析，模拟出的动态树与真实场景中的树摇曳差距较大。基于数据驱动的模拟是以图像、视频等实际数据为依据，对树的运动进行模拟。这种方法只能生成给定数据所对应的运动，无法适应于复杂多变的三维环境。基于物理的模拟通过分析树的物理特性以及树与风的交互作用，建立描述动态树的物理方程。这种方法因基于树的生物特性生成自然的动态运动，与真实场景中的摇曳树更加相符。

本章详细介绍一种基于物理的风吹单棵树的摇曳运动模拟方法。同时，介绍一种森林建模方法，进而在分析树与风的相互作用下，实现模拟不同类型风作用下森林的运动；最后，介绍利用网络多节点技术实现对森林建模及其受风摇曳运动的加速方法。

13.1　单棵树摇曳运动

本节介绍一种基于切片划分的树摇曳运动的模拟方法[1,2]。主要包括风场模型设计，树干、树枝的联动作用，以及无叶树和有叶树的摇曳运动模拟。

13.1.1　风场模型设计

风是一种非常复杂的自然现象。在当前的研究中，通常利用线性风场数学模型与随机风场数学模型建立风场。

1. 线性风场数学模型

在线性风场数学模型中，风的速度是固定不变的，不受时间影响，因而模拟出来的效果具有周期性的稳定不变性。

Wejchert 等[3]利用空气动力学的相关知识，模拟树叶在风中的飞舞运动。基于流体力学势流叠加原理，构造了相应的风场。这一原理可简单表述为复杂流场的运动都可以通过叠加简单的势流来解决。因此，定义了四种基本流元：平流（uniform）、汇（sink）、源（source）和涡（vortex）。其中，平流的速度大小和方向是不变的；汇指流体从各个方向流向某一点；与之相反，源是指流体从某一点流向任意方向；涡是流体绕着同心圆流动的，如图 13-1 所示。通过对上述基本流元的叠加可以较逼真地模拟出任意复杂的物理流场。

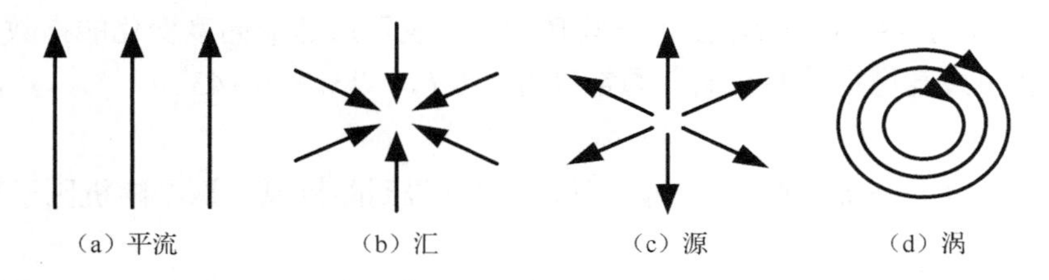

图 13-1　基本流元图

冯金辉等[4]通过一种线性数学模型来表示风场，并构造了阵风与稳定风这两类风力模型。阵风指风力从零开始逐渐加大，然后逐渐减弱至零。稳定风是指风力增加到一定程度后保持该强度并存在微小的摆动，最后风力逐渐减弱至零。对应的风力模型表示如下：

$$F_1 = \begin{cases} at + b, & 0 \leqslant t \leqslant t_c \\ c - d(t_c - t)/t_c, & t_c < t \leqslant \text{max\_time} \end{cases} \tag{13-1}$$

$$F_2 = \begin{cases} at + b, & 0 \leqslant t \leqslant t_c \\ c + d\sin t & t_c < t \leqslant \text{min\_time} \\ e - f(t_c - t)/t_c & \text{min\_time} < t \leqslant \text{max\_time} \end{cases} \tag{13-2}$$

其中，t_c表示时间常量。一般地，对常量 a、b、c、d、e、f 的大小进行调整，能够得到不同类型的风。

2. 随机风场数学模型

对风速的大小和方向进行剖析，可以将风速的大小分为可变的和不可变的。同样地，风的方向也可以分为可变的和不可变的。对风速的大小和方向进行随机组合，可将其分为四种情况：大小和方向均不变的风速，即平均风；另外的三种可以概括为大小或方向均可变的风速，即随机风。因此，建立两个基本风场模型：平均风和随机风。其他复杂的风场模型，均可视为这两个基本风场模型的叠加。

1）平均风

平均风指一定时间段内风向和风速的平均值，随时间和空间的变化而变化。在风场模拟中，通常不考虑平均风随时间的变化。对于平均风随空间的变化，通常指平均风随高度的变化，可以用指数律分布来描述，那么，高度 H 处的风速 u_W 可表示为

$$u_W = u_{WR}\left(\frac{H}{H_R}\right)^m \tag{13-3}$$

其中，u_{WR} 表示参考高度 H_R 上的平均风速；m 表示风速随高度变化的指数，受地面粗糙度和大气稳定性的影响，通常设置为$1/7$，即 $m \approx 0.143$。

2）随机风

在平均风的基础上加上一个随机因子即可得到随机风，这个随机因子可以由噪声函数生成。

柏林（Perlin）噪声最初是由 Perlin 提出的一种自然噪声生成算法，可以用来模拟自然界中复杂的噪声现象[5]。通常定义为$\text{persistence} = \text{amplitude}/\text{frequency}$，为了更直观的表示，对 persistence 进行如下修改，即

$$\begin{cases} \text{frequency} = 2^i \\ \text{amplitude} = \text{persistence}^i \end{cases} \tag{13-4}$$

其中，i 表示第 i 个噪声函数。i 值越大，要叠加的噪声函数就越多，Perlin 噪声就越光滑，但是计算耗费也会相应增大。

通过对参数 amplitude、frequency 和 persistence 的值进行调整，可以得到不同

的噪声数据。由此生成的噪声函数时大时小，恰好可以满足风速忽大忽小的现象。因此，在平均风场的基础上添加 Perlin 噪声，能够很好地模拟随机风场。将随机风的数学模型定义为

$$V = V_0 \cdot \sin(\omega t + \beta) + \alpha \cdot \mathrm{PerlinNoise}(t) \tag{13-5}$$

其中，V_0 是初始平均风速；PerlinNoise(t)是以时间 t 为变量的 Perlin 噪声函数。通过调整参数 V_0、ω、α、β，能够得到不同需求的风场。

结合式（13-4）和式（13-5），高度 H 处的风速大小随时间 t 变化，即

$$V = [V_{\mathrm{R}} \cdot \sin(\omega t + \beta) + \alpha \cdot \mathrm{PerlinNoise}(t)](H/H_{\mathrm{R}})^m \tag{13-6}$$

空气具有很多特性，如密度、压力、温度、弹性、黏性和可压缩性等。空气动力取决于空气密度、运动速度、物体的形状和接触面积。基于空气动力学中对飞机飞行时的受力分析[6,7]，物体在流场中会受到两种力的作用：升力 F_{l} 和压力所产生的阻力 F_{d}。对树的动态研究也就是研究树在风场中的运动，可借用空气动力学中的公式来计算作用在树干、树枝和树叶上的风力：

$$F_{\mathrm{l}} = \frac{1}{2} C_{\mathrm{l}} \rho V^2 S_{\text{面}} \tag{13-7}$$

$$F_{\mathrm{d}} = \frac{1}{2} C_{\mathrm{d}} \rho V^2 S_{\text{面}} \tag{13-8}$$

其中，C_{l}、C_{d} 分别表示升力系数与阻力系数；$S_{\text{面}}$ 表示物体与风的接触面积；ρ 表示空气密度；V 表示风速。一般情况下，可将上述参数设置为 $C_{\mathrm{l}} = 0.013$，$C_{\mathrm{d}} = 0.75$，$\rho = 2.37 \times 10^{-3}\,\mathrm{g/m^3}$。

风吹树动时，树也会对风产生影响，这是很常见的一个自然现象。近年来，人们将树对风的遮挡作用应用到防风林中，以防风固沙、降低风速，减少自然灾害。树对风产生遮挡的现象也被国内外学者应用到动态模拟中[8-10]。

13.1.2　树干、树枝的联动作用

树是一种分支结构，树在风力的作用下，顺着风向依次运动[11,12]。为了体现这一特点，首先，将树在空间上划分为 $N(N>0)$ 等份；然后，结合树干、树枝和树叶联合起来会对风速产生遮挡的事实，分析在风力下每一等份之间的联动作用，即风吹树的作用模型。在此将树的空间划分模型，简称“树切分模型”[1,12]。

假设 z_{Wind} 表示风向与 Z 轴正向的夹角，沿 Z 轴反向观察，可得风与 X 轴正向的逆时针夹角 x_{Wind}，依据球坐标系建立风的单位方向向量，则有

$$n_F = (\sin(z_{\mathrm{Wind}})\cos(x_{\mathrm{Wind}}), \sin(z_{\mathrm{Wind}})\sin(x_{\mathrm{Wind}}), \cos(z_{\mathrm{Wind}})) \tag{13-9}$$

那么，风向在 XOY 面上的投影向量可表示为 $m=(\cos(x_{\text{Wind}}),\sin(z_{\text{Wind}}),0)$ 。利用式（13-10），可以计算树干骨架点或树枝结点 (x_0,y_0,z_0) 到以 m 为法矢的平面的距离 d：

$$d=\left|\cos(x_{\text{Wind}})\cdot x_0+\sin(x_{\text{Wind}})\cdot y_0+C\right| \tag{13-10}$$

其中，常数 C 的取值要确保树干与树枝位于平面的同一侧。d 越小，说明该树干段或树枝离风源的距离越近，即越早受到风力的影响；反之，会越晚受到风力的影响。

接下来，介绍无叶树的切分模型，以及无叶树与风的相互作用过程。假设切分等份 $N=13$，即将无叶树沿着垂直于风向划分为 13 等份，给出树的切分模型，如图 13-2 所示。具体的切分步骤如下：

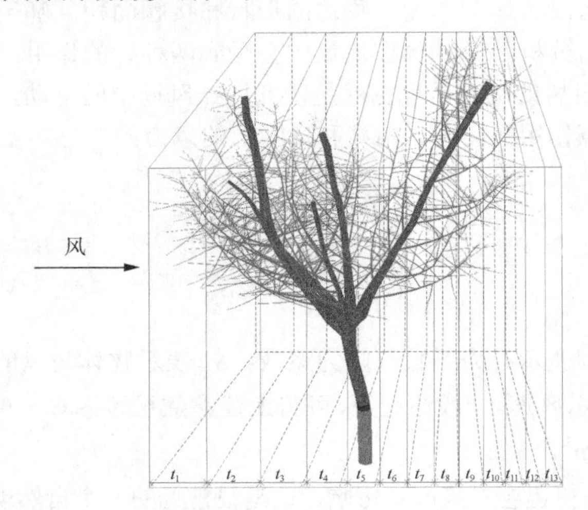

图 13-2　无叶树的切分模型

（1）初始化。设置状态位 $\text{sum}=1$，划分次数状态位 $j=1$，阈值 $\text{sheld}_1=\text{sheld}_2=\text{pre\_sheld}_j=0$，每一等份当前状态下受到的风速为 $\text{speed}_i=0(i=1,2,\cdots,N)$ ，上一状态下受到的风速为 $\text{pre\_speed}_i=0(i=1,2,\cdots,N)$ 。其中，第一等份受到的风速为初始风速，即 $\text{speed}_1=V$ 。

（2）令当前划分等份的标志位 $i=1$ ，根据风速 speed_1 计算风在给定时间 t 内吹过的部分，作为第一等份，记为 unit_1。阈值 $\text{pre\_sheld}_j=\text{speed}_1\cdot t$ ， $\text{sum}=j$ 。

（3）计算风经过第 i 等份后的速度。无叶树对风力的衰减作用很微小，因此可以认为风经过每一等份后的速度没有变化；对于有叶树，其衰减作用较明显，风经过每一个等份后的速度都有所减少，并作为下一次划分时第 $i+1$ 等份的风速 speed_{i+1} 。如果 $\text{pre\_speed}_{i+1}=0$ ，表示划分结束，显示前 i 个等份在风力作用下的运动结果，令 $\text{pre\_speed}_{i+1} = \text{speed}_{i+1}$，$j = j+1$，并转到（2）；如果第 $i+1$ 等份受到的风速 $\text{pre\_speed}_{i+1} \neq 0$，则转入（4），做进一步判断。

（4）若 $i < N-1$，则表示需要继续进行划分，令 $i = i+1$，转到（5）；若 $i = N-1$，将剩余未划分的部分归为最后一等份，记为 unit_N；若 $i = N$，则划分结束，转入步骤（2），循环这一划分过程，直至风停为止。

（5）令阈值 $\text{sheld}_1 = \text{pre\_sheld}_{\text{sum}-1}$，$\text{sheld}_2 = \text{sheld}_1 + \text{speed}_i \cdot t$，将所有到风源的距离介于 sheld_1 和 sheld_2 之间的部分归为第 i 等份，记为 unit_i。令 $\text{pre\_sheld}_{\text{sum}-1} = \text{sheld}_2$，$\text{sum} = \text{sum} - 1$，转到（3）。

可以看出，以上介绍的基于无叶树的切分模型中，除了体现对树的空间划分之外，还蕴含着风与树之间的相互作用过程。

除了以上介绍的无叶树之外，树的另一种形式就是有叶树，可以在无叶树的基础上通过生长树叶获得。下面介绍基于无叶树切分模型的有叶树分析，如图 13-3 为有叶树的切分模型[1,13]。

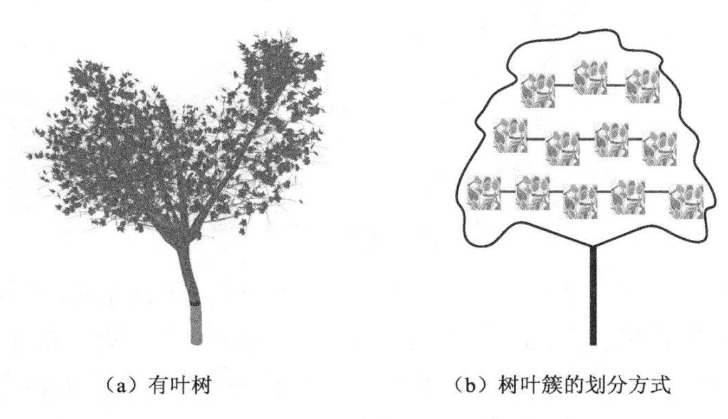

（a）有叶树　　（b）树叶簇的划分方式

图 13-3　有叶树的切分模型

由于树叶叶片面积较大，对风力的影响主要来源于叶片的作用。类似于无叶树，首先将有叶树划分成 N 等份，然后以给定的分界点（以树高的 1/7 处的点为例），将有叶树分成两个部分：分界点以下的为非树梢部分，分界点以上的为树梢部分。此外，有叶树也只有部分区域受到风力的影响。在模拟树干和树枝运动时，要考虑树叶对风速的遮挡现象以及树叶运动对树枝形变的影响。但在具体实现中，为了提升计算效率，采用树叶簇的划分方式，如图 13-3（b）所示。

对于树叶，其运动状态与相应树枝类似。当未受风力影响区域的树枝开始运动时，会带动树叶做抖动运动。在基本风场下，有叶树的树干和树枝的运动过程与无叶树类似，由于树一直在运动，树叶保持自身的抖动运动直到树静止在原始位置时，其慢慢地减小抖动频率和振幅，并逐渐趋向于静止状态。

13.1.3 无叶树的摇曳运动

树在风中的动态模拟是一个非常复杂的过程，涉及空气动力学、材料力学、计算机图形学等多个研究领域，其研究的关键是分析树在力的作用下发生的形变。风吹过后，当风力为零时，树恢复到原始状态，树叶摇曳运动也逐渐停止。本小节主要介绍无叶树的摇曳运动，无叶树是指由树干和树枝组成的树。

树的形态能够通过其骨架结构进行描述，如图 13-4 所示，图 13-4（a）为树干模型，图 13-4（b）为树干骨架点。那么，树干在风中的运动可以通过模拟树干骨架点在风作用下的运动来表示。

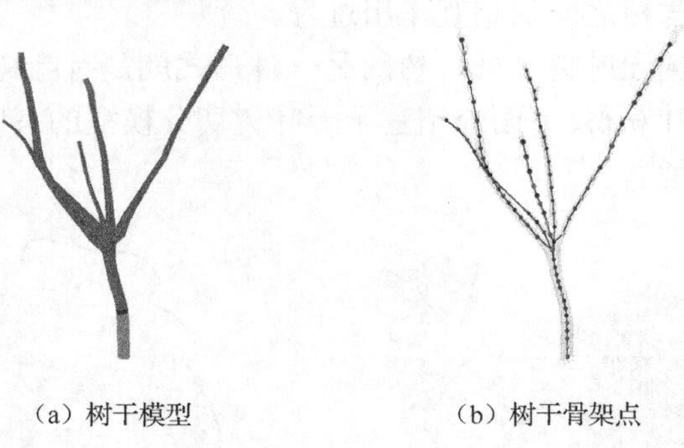

（a）树干模型　（b）树干骨架点

图 13-4　树骨架结构示例

类似于树干，树枝在风中的运动也可以通过模拟树枝结点的运动进行表示。这里的结点是指将树枝分为多个给定长度的树枝段的点，两个相邻的结点共同确定了一个树枝段。图 13-5（a）所示是单个树枝模型，较粗的中心部分定义为母杆，长在母杆上的多个较细的树枝定义为子杆。图 13-5（b）是单个树枝模型的点云数据。将每层的点云数据围成的图形近似视为一个圆环，根据它们的坐标求取该圆环的圆心，即树枝结点。基于以上定义，树枝在风中的运动可近似表示成树枝结点的运动。

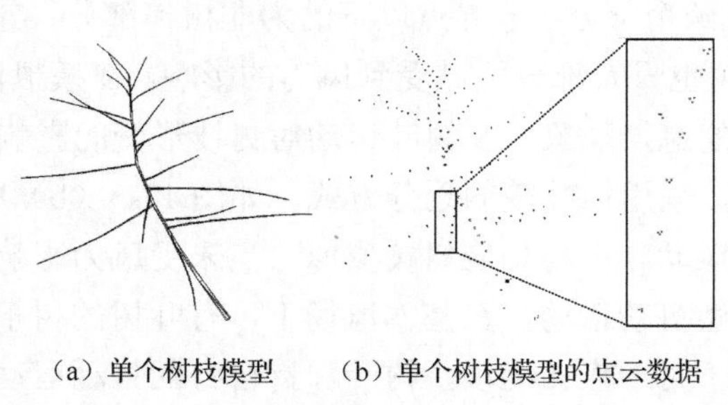

（a）单个树枝模型　（b）单个树枝模型的点云数据

图 13-5　单个树枝模型及其点云示例

至此，能够将无叶树划分成若干等份，随后模拟每一等份在风力作用下的运动，形成一系列运动帧，进而实现模拟无叶树在风力作用下的动态运动。

分析整个无叶树模型，发现无论是树干还是树枝，都具有一端固定，另一端自由运动的特点。那么，两个相邻骨架点间的树干和相邻结点间的树枝均可以视为一个树杆件，结合材料力学中的悬臂梁模型模拟树杆在风力作用下的运动。其中，未长树枝的树干作为树最结实的部分，其受风力影响产生的形变较小，上下形变差异不大。因此，若风只作用在树干部分，则不考虑树的运动。给定一个分界点（以树高的1/7处的点为例），可以将无叶树分成两个部分，约定在分界点以下的为非树梢部分，而在分界点以上的为树梢部分。

对树运动进行动态分析，其重点在于对力的分析，这必然涉及牛顿运动定律。当风力与无叶树的某一局部区域发生相互作用时，该局部区域的树杆将会在风力作用下开始运动。根据牛顿第一定律，其他未受风力影响的树杆部分，先保持原始静止的状态，由于受到运动部分的拉力，其随后也会开始运动。

如图 13-6（a）是风力作用在非末梢部分的运动示例，图 13-6（b）是风力作用在末梢部分的运动示例。图中白色的点表示树杆的中心点（树干骨架点或树枝所在圆环的圆心），树杆在风力 F 的作用下运动 S_τ 后速度不为 0，未受风力作用的树杆为了保持原有的相对结构开始运动。

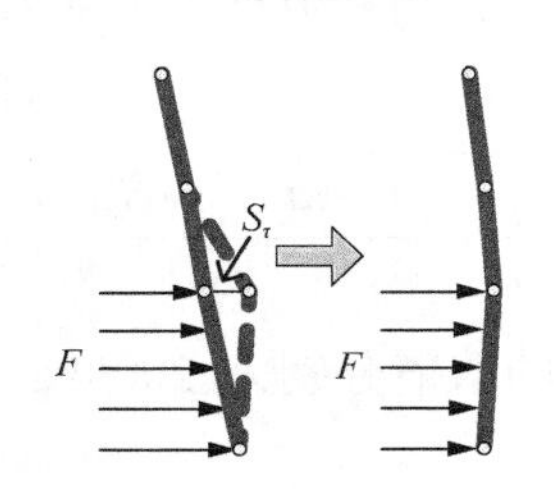

（a）风力作用在非末梢部分的运动示例

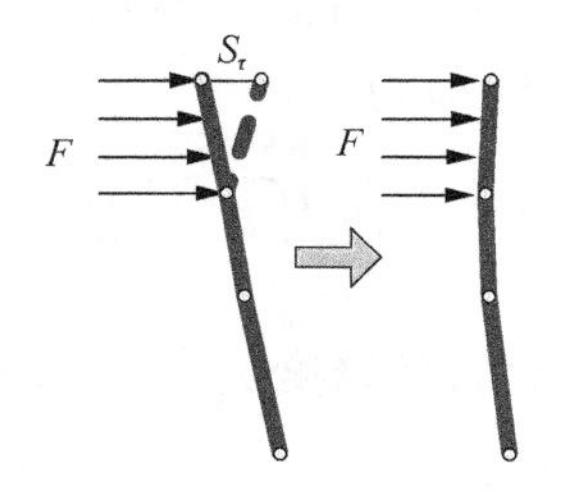

（b）风力作用在末梢部分的运动示例

图 13-6　树杆在风力作用下的运动示例

因此可以认为，当未受风力影响的树杆的前一个中心点的运动速度不为 0 时，该部分树杆才开始运动，且运动距离为 $S = \lambda \cdot S_\tau$ 。其中， $\lambda \in (0,1)$ 。

结合牛顿运动定律、材料力学、运动学进行分析，每个悬臂梁模型在风力作用下均满足以下方程：

$$F - kS = ma \tag{13-11}$$

$$v = v_0 + at_j \tag{13-12}$$

$$S = v_0 t_j + at_j^2 / 2 \tag{13-13}$$

其中，k 表示树杆的弹性系数；m 表示树杆的质量；a 表示树杆运动的加速度；

v_0 表示树杆在 t_j 时刻前运动的速度；v 表示树杆当前时刻的速度；S 表示树杆当前时刻运动的位移；F 表示树杆受到的合外力，且有

$$\begin{cases} k = EL \\ m = \rho_{\mathrm{m}} \pi r^2 L \end{cases} \tag{13-14}$$

其中，E 表示树杆的杨氏模量；L 表示树杆的长度；ρ_{m} 表示树杆的密度；r 表示树杆的半径。

风是大规模的气体流动现象，其大小和方向会发生随机性变化。因此，完全有可能出现风与树杆成夹角式地发生相互作用。假定风与树杆之间的夹角为 θ，则三维风场 F 作用在树干段上的有效力为 $F|\sin\theta|$，且存在如式（13-15）所示关系：

$$\cos\theta = \frac{F \cdot L}{|F| \cdot |L|} \tag{13-15}$$

其中，$L/|L|$ 表示树杆的单位方向向量，记作 n_L，可通过树杆两端的点云坐标求得；$F/|F|$ 表示式（13-9）所示风向的单位方向向量 n_F。那么基于三角函数的性质可以得到 $\sin\theta$ 的值，即

$$\sin\theta = \sqrt{1 - (n_F \cdot n_L)^2} \tag{13-16}$$

风力可分为升力 F_{l} 和阻力 F_{d}，则有 $F = F_{\mathrm{l}} + F_{\mathrm{d}}$。结合式（13-7）和式（13-8），式（13-11）可改写为

$$a = \frac{(C_{\mathrm{l}} + C_{\mathrm{d}}) \cdot \rho V^2 \cdot \sqrt{1 - (n_F \cdot n_L)^2} \cdot \pi r - E \cdot S_{\text{面}}}{\rho_{\mathrm{m}} \cdot \pi r^2} \tag{13-17}$$

其中，树干、树枝的密度 ρ_{m} 和杨氏模量 E 的取值分别为 2000kg/m^3、1000kg/m^3 和 10GPa、2GPa[7]。

结合式（13-12）、式（13-13）和式（13-17）能够得到树杆在风力作用下运动的角位移。然后，将所有的角位移进行组合，形成最终的树形变效果。图 13-7 为树模型上某一段树干的形变合成过程，图 13-7（a）是树干骨架模型，图 13-7（b）是某一段树干模型，图 13-7（c）是每个树干段的形变，图 13-7（d）是最终形变结果。

图 13-8（a）为整个无叶树模型受风力作用时树干的形变结果，显然，黑色圈内的树干形变不理想。这是因为该处树干相邻骨架点间距较长或环半径较小。也就是说，当出现细长型树干时，如果按照正常树干计算旋转角度的方法计算形变，就会出现该细长型树干形变特别大的情况，导致模拟失真。那么，有必要对失真的细长型树干的形变进行调整，以达到理想的形变效果，如图 13-8（b）所示。

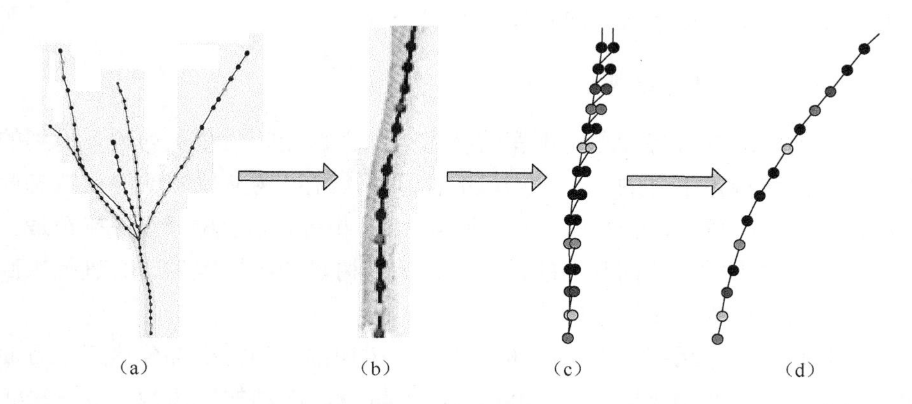

图 13-7　树干的形变合成过程示意图

图 13-8　调整前后的树干形变结果对比

当风力消失，即式（13-11）中的 $F=0$ 时，树在回复力的作用下开始摆动，最终在回复到初始位置后静止。

对细长型树干的形变进行调整，使该类树干的形变与其前一个树干的形变能够光滑连接。以前一个树干的形变量 S_{pre} 为基数，计算该类树干的形变量 S_{cur}：

$$S_{\text{cur}}=1.02\cdot n\cdot S_{\text{pre}} \tag{13-18}$$

其中，$n=L/2r+1$。

如图 13-8（a）为调整前的树干形变结果，图 13-8（b）为调整后的树干形变结果。结果表明，通过这种方法进行调整不仅较为简单，而且能够得到理想的形变效果。

基于以上讨论，接下来给出具体的实例分析。

1. 平均风下无叶树摇曳

平均风的风速具有持续稳定不变的特点，那么，无叶树在平均风下受到的风力大小也是持续稳定不变的。在平均风的作用下，无叶树从原始的静止状态朝着风向运动到最大距离后，由于风力F与回复力$F_{回}$相等，无叶树一直保持在最大距离处。当风力消失时，在回复力的作用下，无叶树以初始位置为中心进行来回摆动运动，直到最终静止在初始位置。

本节分别从风作用在整个无叶树、树的非树梢部分和树梢部分这三个方面给出实验结果。假设初始风速$V_0 = 10.0\text{m/s}$，风与X、Z轴的夹角为$x_{\text{Wind}} = 144°$，$z_{\text{Wind}} = 108°$。结合平均风风速模型式（13-3）和计算树杆的形变方法，能够模拟出无叶树在平均风下的运动效果。

图 13-9 为平均风作用在整个无叶树的形变效果，其中，图 13-9（a）为原始无叶树，图 13-9（b）为无叶树在 0.172s 时的形变，图 13-9（c）为无叶树在最大形变处（0.546s 时的形变），图 13-9（d）为无叶树在图 13-9（c）下一时刻的形变，图 13-9（e）～图 13-9（h）为无叶树在回复力作用下的形变，图 13-9（i）为无叶树回复到初始位置。

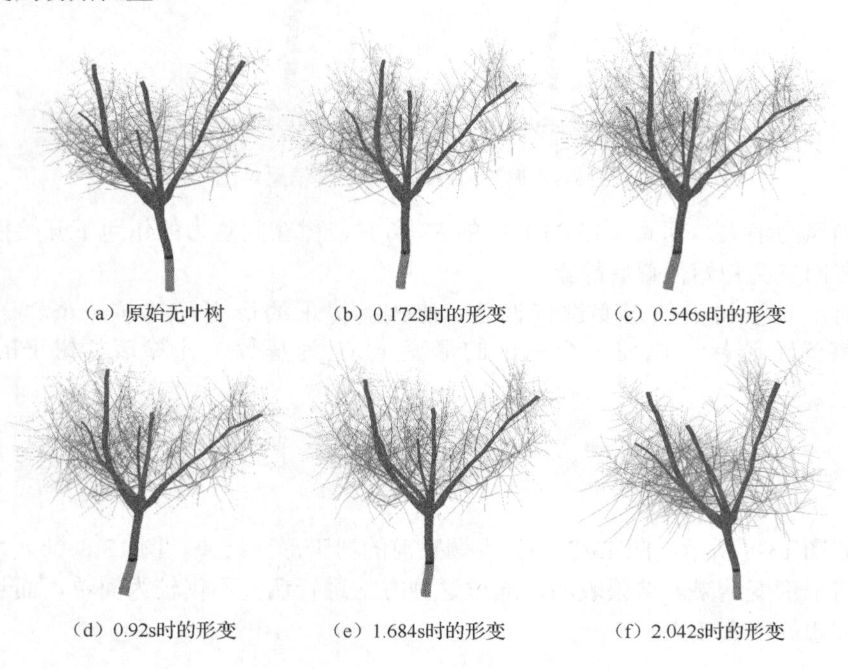

（a）原始无叶树　（b）0.172s时的形变　（c）0.546s时的形变

（d）0.92s时的形变　（e）1.684s时的形变　（f）2.042s时的形变

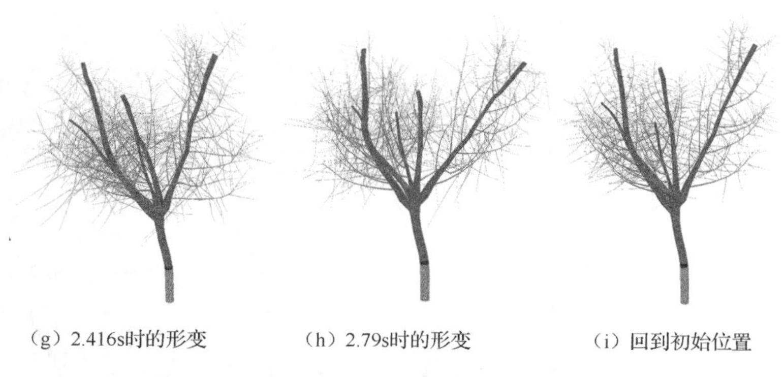

（g）2.416s时的形变　　（h）2.79s时的形变　　（i）回到初始位置

图 13-9　平均风作用在整个无叶树的形变效果

2. 随机风下无叶树摇曳

随机风风速的大小和方向都具有随机性，导致树在随机风作用下的运动过程十分复杂，无法用言语将其表达清楚。可以简单的认为，树在随机风的作用下做无规则的运动，其运动方向和大小都随机可变。但当随机风消失时，树将会在回复力的作用下做来回摆动运动，直到最终静止在初始位置。

本节分别从风作用在整个无叶树、树的非树梢部分和树梢部分这三个方面给出实验结果。同样的，假设初始风速 $V_0 = 10.0\mathrm{m/s}$，风与 X、Z 轴的夹角分别为 $x_{\mathrm{Wind}} = 144°$，$z_{\mathrm{Wind}} = 108°$。结合随机风风速模型式（13-6）和计算树杆的形变方法，能够模拟出无叶树在随机风下的运动效果。

图 13-10 为随机风作用在整个无叶树上的形变效果，其中，图 13-10（a）为原始无叶树，图 13-10（b）为无叶树在 0.172s 时的形变，图 13-10（c）为无叶树在最大形变处（0.546s 时的形变），图 13-10（d）为无叶树在图 13-10（c）下一时刻的形变，图 13-10（e）～图 13-10（h）为无叶树在回复力作用下的形变，图 13-10（i）为无叶树回复到初始位置。

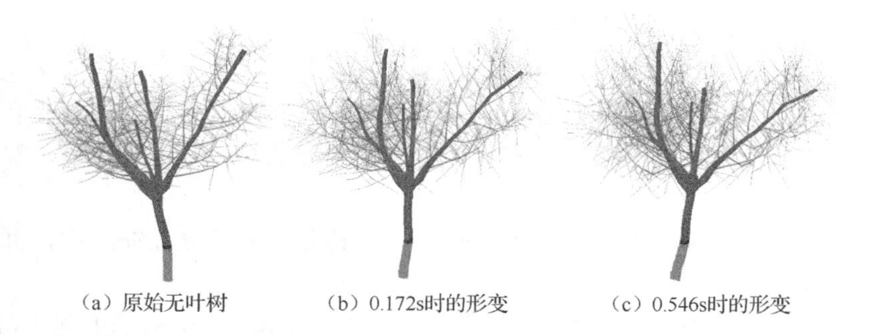

（a）原始无叶树　　（b）0.172s时的形变　　（c）0.546s时的形变

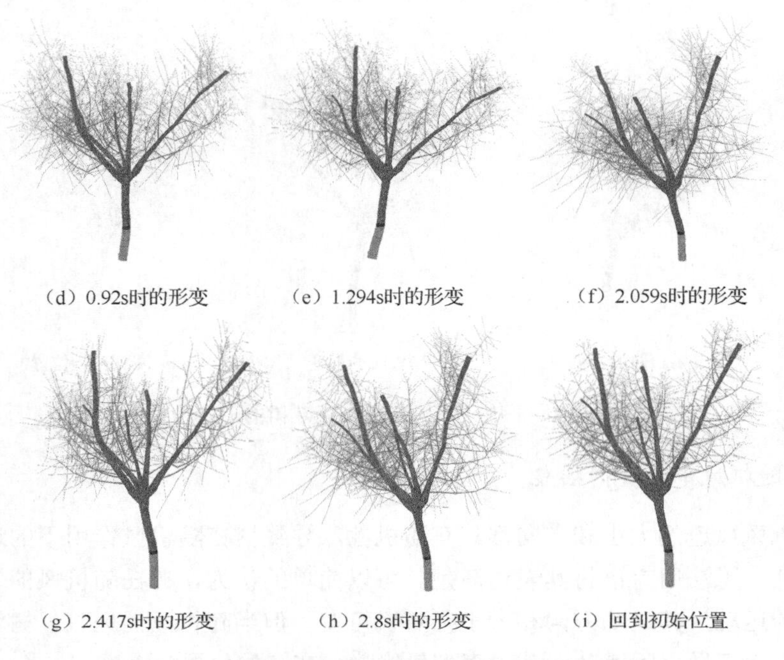

（d）0.92s时的形变　（e）1.294s时的形变　（f）2.059s时的形变

（g）2.417s时的形变　（h）2.8s时的形变　（i）回到初始位置

图 13-10　随机风作用在整个无叶树上的形变效果

13.1.4　有叶树的摇曳运动

相比模拟无叶树的摇曳运动，因为增加了树叶对风的阻碍作用，所以有叶树的摇曳运动要复杂得多。

1. 树叶簇聚类

首先，对树叶进行密度聚类，生成多个叶簇。然后，根据这些叶簇受风力作用的先后顺序建立如图 13-3（b）所示的叶簇拓扑结构，形成多个并行的叶簇串。这些叶簇串之间互不影响，且叶簇串内的叶簇存在这样的一个关系：前一个叶簇影响着后一个叶簇受到的风力。最后，计算每个叶簇所在树枝及相应树干受到的风力大小，并结合悬臂梁模型模拟其运动。

1）树叶聚类

植物的向阳性使得树叶在生长时偏向阳光的方向，这就出现了向光和背光的区域树叶生长疏密程度的不同。本节基于密度的方法对树叶进行聚类。算法描述如下：

（1）取叶柄的第一个点代表整个叶子，将其存入数组 dataSets 中，并设其访问状态为 false。

（2）查找数组 dataSets 中的每一个访问状态为 false 的点 p_0 的近邻点域。如果

两点 p_0、p_i 的距离不大于设定的阈值 τ，则将点 p_i 加入点 p_0 的邻域 p_i.FieldID 中；如果两点的距离介于 τ 与 2τ 之间，则将点 p_i 插入容器 VectPt，并记录插入元素个数 VectNum。

（3）如果点 p_0 的近邻点域中的点个数大于阈值 k，则设置该点 p_0 为核心点，设置点 p_0 和近邻点 p_i 的访问状态为 true，此时以 p_0 为核心点的近邻点域为同一个类簇；如果点 p_0 不是核心点，则从容器 VectPt 中删除 VectNum 个元素。

（4）按步骤（2）的方法依次查找容器 VectPt 中的点 p_i 的邻域。如果 p_i 为核心点，则置点 p_i 和近邻点 q 的访问状态为 true，并将它们加入到 p_0 所在类，然后从 VectPt 中删除点 p_i；如果点 p_i 不是核心点，则直接将点 p_i 从容器 VectPt 中删除。

（5）重复步骤（2），直到遍历完所有点。

（6）修改阈值，重复步骤（2），即采用不同的密度值查找近邻点。最终，得到树叶按不同密度聚类的结果。

该算法可以形成不同形态、密度不一的类簇。不足之处在于其聚类效果受参数影响较大，需要选取合适的参数，才能形成效果很好的聚类。

2）建立叶簇拓扑结构

风吹过树叶时，枝叶的遮挡问题会引起风速的衰减。先受到风力作用的叶簇会影响后受到风力作用的叶簇的运动。因此，有必要确定哪些叶簇先运动，哪些叶簇后运动，即叶簇拓扑结构。

首先，根据接触风的先后顺序对这些叶簇进行排序。利用树杆到风源的距离计算公式（13-10）计算树叶 (x_0, y_0, z_0) 到风源的距离。同样，距离 d 越小，说明树叶离风源越近，即该树叶所在叶簇越早受到风力的影响。反之，受到风力影响的时间越晚，受到的风力大小也较前一个叶簇要小。

计算完所有树叶与风源的距离之后，根据距离的大小，对这些叶簇进行快速排序，并将排序后的结果更新到叶子数组 dataSets 中。然后，判断各叶簇之间是否产生影响，即前一个叶簇是否对风力产生遮挡，进而影响下一个叶簇的运动。根据叶簇之间的相互影响建立其拓扑结构，形成多个并行的叶簇串。

叶簇之间的影响只有两种：有遮挡和无遮挡。因此，可以采用二叉树的结构建立叶簇拓扑结构关系。第一个树叶所在的叶簇为根结点。对于每一个结点，其左子树表示被该结点所遮挡的叶簇，右子树表示不被该结点遮挡的叶簇。

判断前一个叶簇是否对后一个叶簇产生了遮挡，是在建立树形结构之前的必要步骤。如图 13-11 所示，x_{Wind} 表示风与 X 轴正向的夹角，z_{Wind} 表示风与 Z 轴正向的夹角，平面 α 表示以 $m=(\cos(x_{\text{Wind}}),\sin(x_{\text{Wind}}),0)$ 为法矢的平面。每个叶簇簇类在平面 α 上都有一个投影曲线，点 p 到平面 α 的投影为点 p'。如果 p' 在投影曲线内部，说明簇类对点 p 产生了遮挡；反之，未产生遮挡。

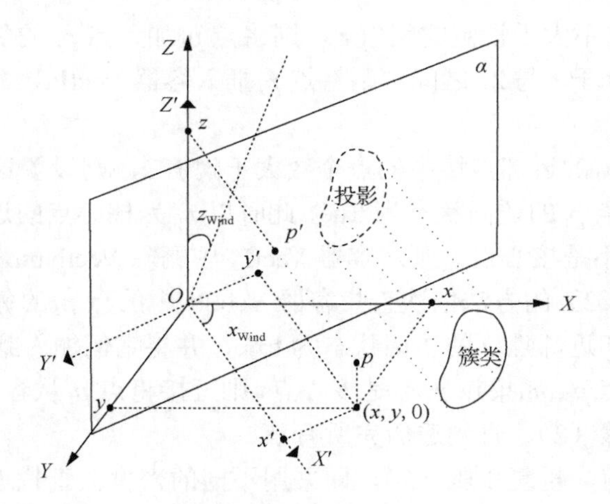

图 13-11　叶子点局部坐标系

针对叶簇建立一个局部坐标系，该坐标系由原始坐标系顺着 Z 轴负向，按右手螺旋定则旋转 x_{Wind} 角。这样就将判断簇类对点 p 是否产生遮挡的问题转换成局部坐标系中点 p 与簇类的 x 和 z 值的比较问题。如果点 p 的 x 和 z 均大于簇类的最小 x、z，且小于最大 x、z，那么该簇类对点 p 产生遮挡，否则不产生遮挡。

将点 p 的坐标转换成局部坐标系，即

$$\begin{cases} x' = x \cdot \cos(x_{\text{Wind}}) - y \cdot \sin(x_{\text{Wind}}) \\ y' = x \cdot \sin(x_{\text{Wind}}) + y \cdot \cos(x_{\text{Wind}}) \\ z' = z \end{cases} \tag{13-19}$$

建立叶簇树形结构的具体步骤如下：

（1）建立叶簇树形结构 treenode，并初始化。读取数组 dataSets 中的第一个点 $p_0(x_0, y_0, z_0)$，记为根结点 root。将点 p_0 所在的聚类存入 treenode.clusterId 中，p_0 的坐标值 (x_0, y_0, z_0) 分别存入 treenode.Min 和 treenode.Max 中。令结点中叶子个数 treenode.num = 1。

（2）令 treenode = root，访问数组 dataSets 中的点 $p_i(x_i, y_i, z_i)$。

（3）判断点 $p_i(x_i, y_i, z_i)$ 与结点 treenode 是否为同一类簇。若二者属于同一类簇，则转到（4）；若二者不属于同一类簇，则转到（5）。

（4）分别比较 x_i、y_i、z_i 与 treenode.Min.x、treenode.Min.y、treenode.Min.z 的值，并将较小的值分别存入 treenode.Min.x、treenode.Min.y、treenode.Min.z 中；同理，与 treenode.Max.x、treenode.Max.y、treenode.Max.z 的值进行比较，将较大的值分别存入 treenode.Max.x、treenode.Max.y、treenode.Max.z 中。令 treenode.num++，重复（2），直到数组 dataSets 为空。

（5）判断结点 treenode 是否对点 p_i 产生遮挡效应。如果 p_i 在 treenode.Min 与

treenode.Max 形成的包围盒内部，说明结点 treenode 对点 p_i 产生了遮挡效应，转到（6）；如果 p_i 在 treenode.Min 与 treenode.Max 形成的包围盒外部，说明结点 treenode 对点 p_i 没有遮挡效应，转到（7）。

（6）查找 treenode 的左孩子结点 treenode.leftchild。若为空，则将点 p_i 记为其左孩子结点，并令 treenode=treenode.leftchild，点 p_i 所在聚类存入 treenode.clusterId 中，p_i 的坐标值均存入 treenode.Min 和 treenode.Max 中，重复(2)，直到数组 dataSets 为空；若不为空，转到（3）。

（7）查找 treenode 的右孩子结点 treenode.rightchild。若为空，则将点 p_i 记为其右孩子结点，令 treenode=treenode.rightchild，点 p_i 所在聚类存入 treenode.clusterId 中，p_i 的坐标值均存入 treenode.Min 和 treenode.Max 中，重复(2)，直到数组 dataSets 为空；若不为空，转到（3）。

通过以上步骤，能够得到叶簇拓扑结构。其中，每个结点与其右子树之间不存在遮挡效应，也就是说，该结点的运动不会对其右子树受到的风力作用产生影响。每个结点与其左子树在空间上是前后关系，那么，当风吹过一个结点到达其左子树时，由于存在遮挡效应，风速会减小。

2. 摇曳运动计算

叶子对风力产生的遮挡，必将造成相应树枝所受的风力不同，其大小取决于每个叶簇所受到的遮挡情况。叶簇拓扑结构中的根结点受到的风力即为某一时刻的初始风力。假定该时刻某一结点 treenode 的风速为 V_t，则该结点及其右孩子结点受到的风速均为 V_t，该结点的左孩子结点受到的风速为

$$V_{t_i} = [1-(1-D_{\text{leaf}})^{\text{num}}]\cdot V_t \tag{13-20}$$

其中，num 为结点 treenode 中叶子的个数；D_{leaf} 为给定的树叶遮挡因子，其取值由树叶密度决定，通常为 0～1 的一个常数。

根据式(13-20)可求出每个叶簇结点及其相连的树枝和树干受到的风力大小。结合本章前面介绍的树杆运动得到各个树杆在风中的形变，通过对相对位置进行整合形成最终的树运动。

1）平均风下有叶树摇曳

在平均风作用下，有叶树从原始静止状态朝着风向运动到最大位置。当风力消失时，在回复力的作用下，有叶树以初始位置为中心做来回摆动运动，最终，有叶树在初始位置静止。

图 13-12 为平均风作用在有叶树上的形变效果，其中，图 13-12（a）为原始有叶树，图 13-12（b）为有叶树在 10.01s 时的形变，图 13-12（c）为有叶树在最大形变处（20.305s 时的形变），图 13-12（d）为有叶树在图 13-12（c）下一时刻的

形变，图 13-12（e）～图 13-12（h）为有叶树在回复力作用下的形变，图 13-12（i）为有叶树回复到初始位置。

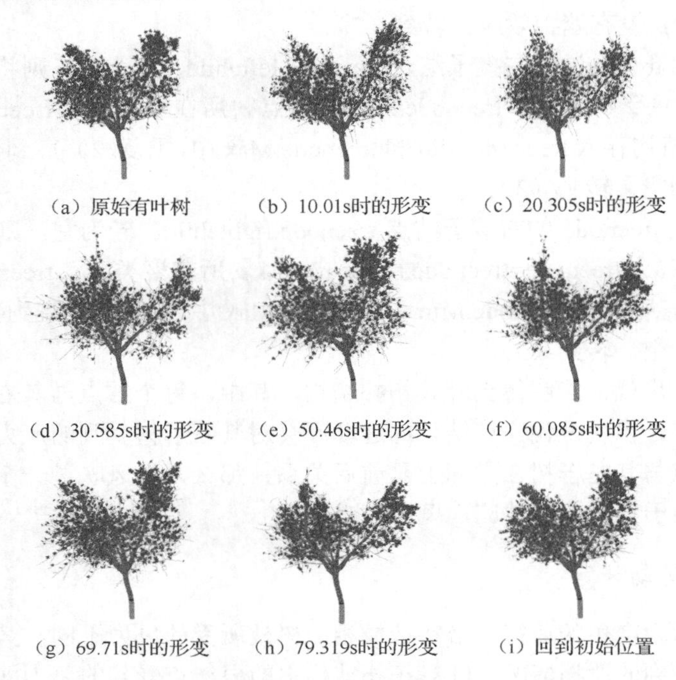

（a）原始有叶树　（b）10.01s时的形变　（c）20.305s时的形变

（d）30.585s时的形变　（e）50.46s时的形变　（f）60.085s时的形变

（g）69.71s时的形变　（h）79.319s时的形变　（i）回到初始位置

图 13-12　平均风作用在有叶树上的形变效果

此外，平均风作用在非树梢部分的摇曳运动、平均风作用在树梢部分的摇曳运动同理可以模拟，故不再列出实验结果。

2）随机风下有叶树摇曳

在随机风下，有叶树的运动方向和大小随着风速的变化而变化。当随机风消失时，在回复力的作用下，有叶树又以初始位置为中心做来回摆动运动，直到最终静止在初始位置。

本节分别从风作用在整个有叶树、树的非树梢部分和树梢部分这三个方面给出实验结果。假设初始风速 $V_0 = 10.0\mathrm{m/s}$，风与 X、Z 轴正向的夹角分别为 $x_{\mathrm{Wind}} = 144°$、$z_{\mathrm{Wind}} = 108°$。利用随机风风速模型式（13-6）和孩子结点受风模型式（13-20），通过前面介绍的计算树杆的形变方法进行计算，模拟有叶树在随机风下的运动。

图 13-13 为随机风作用在有叶树上的形变效果，其中，图 13-13（a）为原始有叶树，图 13-13（b）为有叶树在 10.01s 时的形变，图 13-13（c）～图 13-13（e）为有叶树在风力作用下的形变，图 13-13（f）～图 13-13（h）为有叶树在回复力作用下的形变，图 13-13（i）为有叶树回复到初始位置。

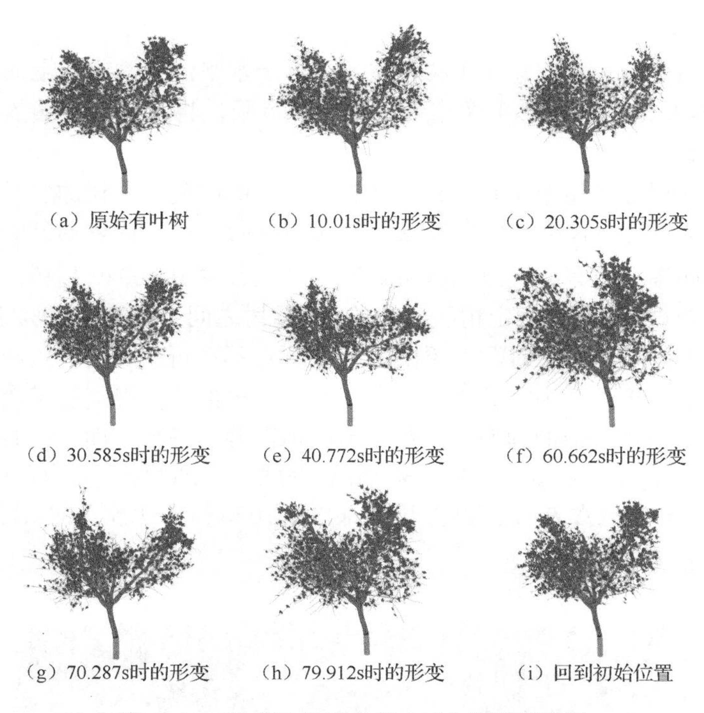

（a）原始有叶树　（b）10.01s时的形变　（c）20.305s时的形变

（d）30.585s时的形变　（e）40.772s时的形变　（f）60.662s时的形变

（g）70.287s时的形变　（h）79.912s时的形变　（i）回到初始位置

图 13-13　随机风作用在有叶树上的形变效果

此外，随机风作用在非树梢部分的摇曳运动、随机风作用在树梢部分的摇曳运动模拟同理可得，不再赘述。

13.2　森林摇曳模拟

13.2.1　森林建模

1. 地理环境建模

树依附地势生长，地势高低不同，树的生长情况也不一样。风力作用在森林的过程中，树的受风情况也会受到影响。通过分析可知，树之间的位置关系是影响树受风情况的重要因素之一。例如，在沿风向方向，近风处的树必然会对远风处的树造成遮挡，而树在受风过程中，其对风会产生反射作用，从而影响周围其他树的受风情况。为体现不同树的生长情况以及树之间的位置关系，并使得森林的表现形式逼近真实情况，需要对地理环境进行建模。

地形的走势千变万化，但总体上可以分为平地和山地两种地形，下面分别介绍其建模过程[14]。

1）平地建模

13.1 节通过点云数据建立了树模型，平行于水平面任意方向上的跨度 d 均在 0.3 左右。本节以一个方形平面作为地理环境范围，将此方形平面的边长设定为 $d/2$ 的 256 倍。

森林中的树在平地上生长，树之间存在一定的间隔，将树的生长间隔设定为 $d/2$，并以 $d/2$ 为步长将方形平地进行横向和纵向划分，假设划分的交点为树的生长位置。如果在所有的交点上都生长树，则能够生长 66049 棵树，可以满足数万棵树规模的森林建模。假定树随机生长，并且树之间不应产生 50% 以上的重合。那么，树在地面随机生长时，其周围的 8 个顶点不可再生长树。这样的设定满足了树随机生长时错综复杂的效果，不会让人产生树生长很规整的感觉。

通常，平地指平坦的地面，但是平坦的地面并不是指平面，会有较小程度的起伏。为对平地真实建模，在设定水平面高度为 0 的基础上，对每个顶点产生 −1000～1000 的随机数 $R_{平}$，用此随机数乘以 $d/1000$ 作为此顶点的实际高度。平地建模的效果如图 13-14 所示。

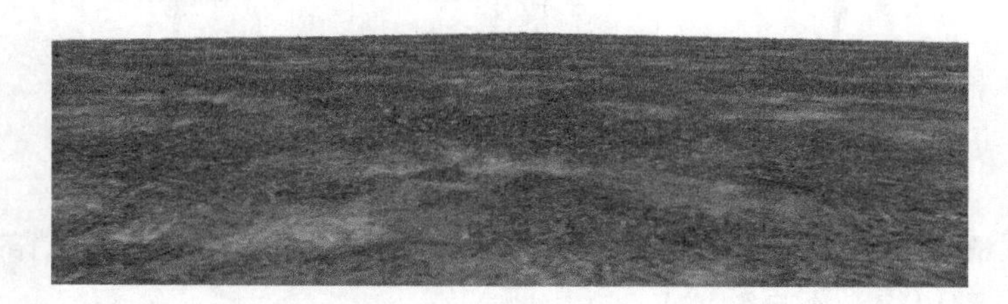

图 13-14　平地建模的效果图

2）山地建模

山可以视作中间高四周低的结构，根据这一原理能够形成简单的山体。以地形上的某点作为山顶，假设其高度为 top，并以该点为中心向外进行扩展，如图 13-15 为山体平面图。在图 13-15 中，三角星为山顶顶点，四角星和五角星分别是其向外扩展的两圈顶点，规定三角星的高度大于四角星，四角星的高度大于五角星。通过设定山顶的高度以及山体向外扩展的圈数 $\mathrm{num}_{\mathrm{layer}}$，能够形成不同陡峭程度的山。

假设山顶距离地形平面的高度为 top，那么，每层山体间的平均高度差为 $\mathrm{top}/\mathrm{num}_{\mathrm{layer}}$。以此平均高度差生成山时，第 i 层的顶点高度设为 h_i，则在实际建立山体时，生成 0～800 的随机数 R，按照比例进行顶点高度的设定即可形成高低起伏的山体。从而，山体第 i 层的顶点的高度 realh_i 可以表示为

$$\mathrm{realh}_i = h_i + \frac{R-400}{1200} \cdot \frac{\mathrm{top}}{\mathrm{num}_{\mathrm{layer}}} \tag{13-21}$$

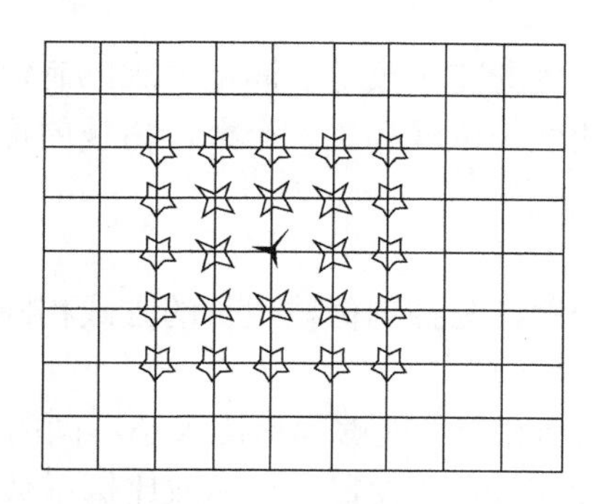

图 13-15　山体平面图

当设定 $num_{layer}=10$， $top=2.5$ 时，生成的山体效果如图 13-16 所示。通过相同的方法能够生成多座山，形成更复杂的地势，如图 13-17 所示。从图中可以看到两座山连接在一起，形成了简单的山连山的效果。因此，基于本节的山体形成方式，通过设定不同的山体参数可以创建出不同形式的山地，为创建效果逼真的森林及其摇曳运动奠定基础。

图 13-16　山体效果图

图 13-17　多座山效果图

通过对平地和山地进行建模，最终得到地理环境全局，如图 13-18 所示。

图 13-18　地理环境全局图

2. 树变形

森林中树的姿态变化万千，为了能够模拟出不同形态的树，本节采用四种方式对树模型进行形态改变。

1）树枝生长控制

通过控制生长在树干上的树枝数、树枝形态和树枝生长的位置，本节实现模拟不同的树形态。生长树枝时采用随机生长的方式，对于树干上的各骨架点，生成一个随机数，判断产生的随机数是否满足要求，确定是否在该骨架点位置生长树枝，从而控制树枝的生长位置和生长个数。树枝的形态采用缩放变形的方式进行控制。

2）树叶生长控制

对树叶生长进行控制，与控制树枝生长的方式相同，此处不再赘述。

3）树规模的缩放

通过对树的规模进行缩放，能够模拟出大小不同的树，具体实现的过程如下：对树中的各数据点进行缩放，即设置一个缩放比例系数 scale，将树中各数据点的三个坐标值均乘以比例系数 scale 得到新的坐标值，从而达到缩放的目的。此外，当三个坐标值的缩放比例不同时，还能够实现模拟树的不同变形。

4）树旋转

对于树的所有数据点，将其绕树骨架最接近树根的骨架点 $S(x_s, y_s, z_s)$ 所确定的与 Z 轴平行的轴进行旋转，假设旋转角度为 θ，从而实现树旋转。

根据计算机图形学的知识可知，求取旋转后的坐标值关键在于求取旋转矩阵，然后，将原坐标与旋转矩阵相乘获得旋转后的坐标值。对于绕与坐标轴平行的轴旋转，可以通过下列变换序列来得到所需的旋转矩阵：

（1）平移对象，使其旋转轴与平行于该轴的一个坐标轴重合。

（2）对该轴完成指定的旋转。

（3）平移对象，使其旋转轴平移到原来的位置。

以上所述对象变换的具体步骤，如图 13-19 所示。

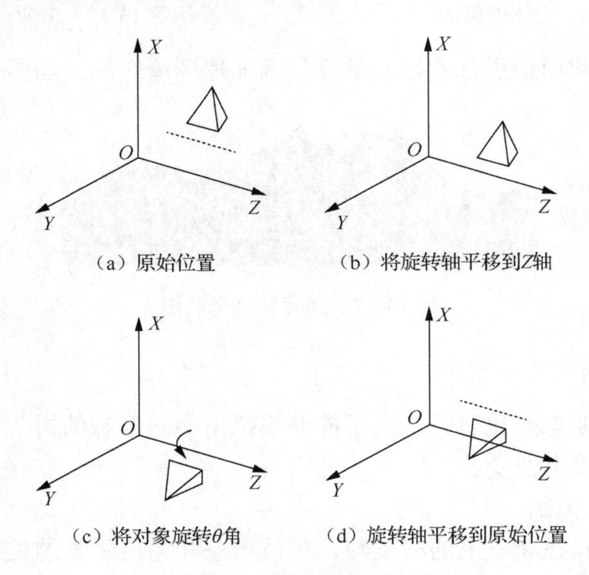

图 13-19　对象变换的具体步骤

在图 13-19 中，对象上任意坐标点 p 经过一系列变换变成点 p'，即

$$p' = T^{-1}R_z(\theta)Tp \tag{13-22}$$

其中，T 表示将坐标轴平移到与 Z 轴重合的平移矩阵；$R_z(\theta)$ 表示绕 Z 轴旋转 θ 的旋转矩阵；T^{-1} 表示 T 的逆矩阵，则有

$$T = \begin{bmatrix} 1 & 0 & 0 & -x_s \\ 0 & 1 & 0 & -y_s \\ 0 & 0 & 1 & 0 \\ 0 & 0 & 0 & 1 \end{bmatrix}, T^{-1} = \begin{bmatrix} 1 & 0 & 0 & x_s \\ 0 & 1 & 0 & y_s \\ 0 & 0 & 1 & 0 \\ 0 & 0 & 0 & 1 \end{bmatrix}, R_z(\theta) = \begin{bmatrix} \cos\theta & -\sin\theta & 0 & 0 \\ \sin\theta & \cos\theta & 0 & 0 \\ 0 & 0 & 1 & 0 \\ 0 & 0 & 0 & 1 \end{bmatrix} \tag{13-23}$$

那么，旋转矩阵的复合矩阵为

$$R(\theta) = T^{-1}R_z(\theta)T = \begin{bmatrix} \cos\theta & -\sin\theta & 0 & -x_s\cos\theta + y_s\sin\theta + x_s \\ \sin\theta & \cos\theta & 0 & -x_s\sin\theta - y_s\cos\theta + y_s \\ 0 & 0 & 1 & 0 \\ 0 & 0 & 0 & 1 \end{bmatrix} \tag{13-24}$$

联立式（13-23）和式（13-24）可得 p' 的坐标值为

$$\begin{cases} x_{p'} = (x_p - x_s)\cos\theta - (y_p - y_s)\sin\theta + x_s \\ y_{p'} = (x_p - x_s)\sin\theta + (y_p - y_s)\cos\theta + x_s \\ z_{p'} = z_p \end{cases} \tag{13-25}$$

本节中对树进行建模的方法具有普适性，对于多种树的建模均可实现。那么，结合树变形的方法便能够实现森林场景不同品种和不同形态的树建模，从而确保森林的真实性。

13.2.2　森林风场模型设计

风力是促使树运动的主要外力，风场模型的真实性直接影响风吹树运动的真实性。在只有单棵树时，风场的作用比较单一，简单的风场模型就能够满足人的视觉需求，但在进行森林风场模拟时，要考虑更多的因素：①风场模型需要能够模拟现实世界中各种类型的大气流动情况，为模拟物体在各种风吹情况下的运动奠定基础；②当风局部作用于风场中的物体时，由于物体对风的遮挡作用，风的作用范围应能够向外扩散；③当物体受风时，沿风向的近风部位遮挡了远风部位，对远风部位受风情况应产生影响。

针对上述要求，有学者提出了风口、风盒和风箱的概念，下面分别进行介绍。

（1）风口是提供风的矩形窗口，风口矩形平面垂直于水平面，并保证两条边

与水平面平行。风口的大小可任意调整，风口出风由四元函数$\overrightarrow{U(x,y,z,t)}$来表达，考虑风的方向以及风吹过程中以$\Delta t$为计算单位，可将风场函数表示为

$$\begin{cases} U(x,y,z,n\Delta t) \\ x_{\text{Wind}}(x,y,z,n\Delta t) \\ z_{\text{Wind}}(x,y,z,n\Delta t) \end{cases} \tag{13-26}$$

其中，$U(x,y,z,n\Delta t)$表示风的大小；$x_{\text{Wind}}(x,y,z,n\Delta t)$表示往$Z$轴正向看时，风在$XOY$面上的投影与$X$轴的顺时针夹角，其定义域为$[0,360°)$；$z_{\text{Wind}}(x,y,z,n\Delta t)$表示风与$Z$轴正向的夹角，其定义域为$[0,180°)$；$n$表示风吹的次数，即已计算风吹运动的次数；$\Delta t$表示时间单位常量。显然，风场函数由三部分组成。通过风口范围控制以及风场函数的设定即可模拟自然现象中各种不同的风吹情况。

（2）为实现树模拟不同受风情况下的运动现象，将树进行三个方向的划分，划分出的小立方体称为风盒。规定风盒中的风在任意Δt时段内是平均风，大小和方向一定。

（3）对于整个森林，若对每棵树分别划分，由于每棵树生长位置的任意性，不能保证两棵树在三个划分方向上的间隔为风盒尺寸的整数倍，这种划分方式给每棵树各部分受风的确定造成很大的障碍。为解决这个问题，将对每棵树的划分扩大为对整个林场划分。划分方式类似于对单棵树的划分方法，即使用平行于水平面、垂直于水平面和风口以及平行于风口的一系列平面进行划分。考虑风盒中的风为平均风，风场函数可以改写为

$$\begin{cases} U(i,j,k,n\Delta t) \\ x_{\text{Wind}}(i,j,k,n\Delta t) \\ z_{\text{Wind}}(i,j,k,n\Delta t) \end{cases} \tag{13-27}$$

式中，(i,j,k)为坐标轴沿Z轴正向、绕Z轴顺时针旋转x_{Wind}度形成的风场坐标系$OX'Y'Z$上的风盒。其中，i为沿风场坐标系的X'轴正向风盒的索引，j为沿风场坐标系的Y'轴正向风盒的索引，k为沿风场坐标系的Z轴正向风盒的索引，三个方向起始风盒索引均为0。这样，风场函数可以描述为风盒(i,j,k)在第n个Δt时段内的风速和风向。

由式（13-27）可以看出对风场整体划分不仅能够实现树不同部分在不同时间的任意受风运动，而且能够在一定程度上减少计算量，为大场景风吹运动的流畅性提供支持。风盒的尺寸越小，森林随风运动越真实，但计算量会越大；反之，森林随风运动越虚假，计算量越小。在实际应用中需要根据各种情况综合考虑，进而确定风盒的尺寸。

经过对林场的划分，每棵树被一系列的风盒包裹，由于风吹树时，树产生摇曳运动，包裹树的风盒也会随之改变，即在风吹过程中提供给树的风盒的 i、j、k 范围不一样。为了计算方便，计算由风盒组成的刚好能包裹树的立方体，并向外扩展一层风盒，作为包围树的风箱，使树在摇曳过程中不会超出风箱的范围，将整个风箱中的风作为树在摇曳过程中所受的风。

为模拟各种风吹情况下的森林运动，根据风场数学模型的基本原理，生成平均风和随机风两种类型的风。

1. 平均风

平均风为风口产生的大小、方向不变的风，且风口各区域的风向相同，具体函数表达为

$$\begin{cases} U(i,0,k,n\Delta t) = s_a, & 0 \leqslant s_a \leqslant 12 \\ x_{\text{Wind}}(i,0,k,n\Delta t) = \text{angleX}_a, & 0 < \text{angleX}_a < \pi \\ z_{\text{Wind}}(i,0,k,n\Delta t) = \text{angleZ}_a, & 0 < \text{angleZ}_a < \pi \end{cases} \tag{13-28}$$

其中，s_a、angleX_a、angleZ_a 均为常数。通过改变这三个常数的大小，能够模拟不同风速、方向的平均风。

2. 随机风

随机风具有任意时刻、任意位置风速、风向随机的性质，具体的函数表达为

$$\begin{cases} U(i,0,k,n\Delta t) = \dfrac{\text{rand}(n+i+k)\%1201}{100} \\ x_{\text{Wind}}(i,0,k,n\Delta t) = \dfrac{\text{rand}(n+i+k)\%179+1}{180} \cdot \pi \\ z_{\text{Wind}}(i,0,k,n\Delta t) = \dfrac{\text{rand}(n+i+k)\%179+1}{180} \cdot \pi \end{cases} \tag{13-29}$$

式中，$\text{rand}(n+i+k)$ 表示以 $n+i+k$ 作为种子产生的随机数；%表示求模运算。由于 $n+i+k$ 值的相异性，产生的风具有一定的随机性。

通过以上方式构造的风场模型具有以下优点：①风场模型与林场划分相关联，从一定程度上减少计算量，保证森林摇曳运动的实时性；②风场函数对风力的大小进行分级控制，能够实现 0～12 级风的有效模拟；③风由风口提供，通过对风口个数、风口范围以及风口产生风的类型进行控制，可以产生多种多样的风。

13.2.3 森林的摇曳运动

1. 树空间划分

不同于前文中风吹单棵树的划分方式，本节通过垂直于 X、Y、Z 坐标轴三个方向的剖分，进而获得树的空间划分。

树在风力的作用下，顺着风向依次运动。三维空间某时刻在某位置的风吹情况可以用函数 $\overrightarrow{U(x,y,z,t)}$ 来表示。考虑风模型不同、风受遮挡等情况，树在不同时刻、不同部分的受风情况 $\overrightarrow{U(x_i,y_i,z_i,t_j)}$ 不同，因此，树在不同时刻、不同部分的运动情况也不一样。为使树的摇曳运动更加逼真，需要满足一些要求，换句话说，树在风场中的运动要考虑以下几种情况：

（1）树的不同部分需要根据距离风源的远近实现由近及远的先后运动。

（2）在不同受风情况下，树不同部分的运动情况不同。

（3）在树局部受风情况下，应能够进行局部摇曳运动。

为了体现这些因素，分别用平行于水平面、平行于风口（假设场景中的风由垂直于水平面的矩形风口提供，并且风口矩形的两条边与水平面平行）以及垂直于水平面和风口的平面对树进行划分，划分步长设为 Δd 。图 13-20 为树的空间划分示意图。

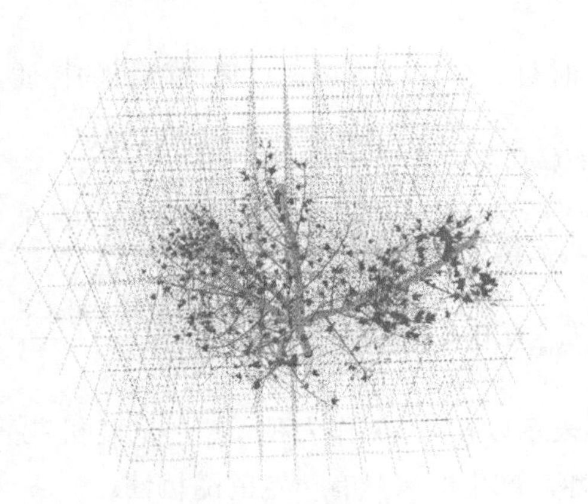

图 13-20　树的空间划分示意图

通过上述方法，可将整棵树划分到一系列小立方体中。为便于分析树各部分的受风运动，先假设在每个小立方体中的风为平均风，以此分析每一等份在风力作用下的运动。

由划分方式可知，划分平面可能与各坐标平面都不平行，这样不便于计算树成分落入的小立方体，因此需要为树建立风场坐标系。设风口与 X 轴正向的夹角

为 x_{Wind}，沿 Z 轴正向，按夹角 x_{Wind} 绕 Z 轴顺时针旋转 $OXYZ$ 坐标系，形成风场坐标系 $OX'Y'Z$，如图 13-21 所示。

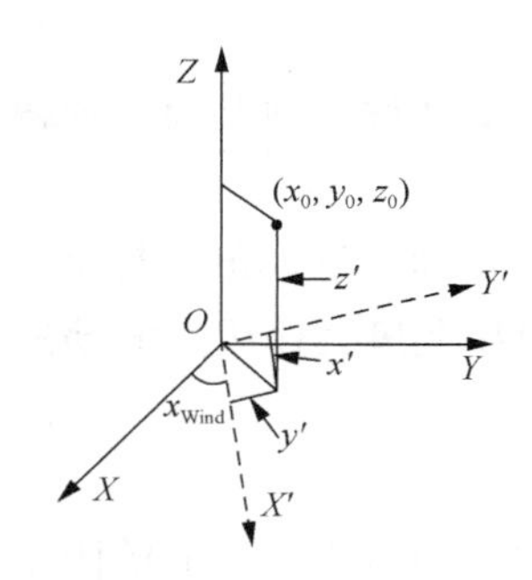

图 13-21　风场坐标系

随后，计算树干骨架点或树枝结点 (x_0, y_0, z_0) 在风场坐标系中的坐标，即

$$\begin{cases} x' = \sin(x_{\text{Wind}}) \cdot x_0 - \cos(x_{\text{Wind}}) \cdot y_0 \\ y' = \cos(x_{\text{Wind}}) \cdot x_0 + \sin(x_{\text{Wind}}) \cdot y_0 \\ z' = z_0 \end{cases} \tag{13-30}$$

从图 13-21 中可以看到，y' 的值越小，说明这一树成分距离风源越近，受到风力的影响越早。反之，受风力影响的时间越晚。根据距离风源的距离由近及远，实现模拟树不同部分的受风运动。

在进行树划分后，小立方体 C 可以通过风场坐标系中的坐标 $(x_{\min}, y_{\min}, z_{\min})$ 和 $(x_{\max}, y_{\max}, z_{\max})$ 确定。当 (x', y', z') 满足式（13-31）时，认为该树干骨架点或树枝结点所对应的树单元落入立方体 C 中，其受风情况由立方体 C 中的平均风确定。由于不同立方体中的风可以不同，从而可以实现树不同部分的不同运动情况以及树的局部受风摇曳情况：

$$\begin{cases} x_{\min} < x' < x_{\max} \\ y_{\min} < y' < y_{\max} \\ z_{\min} < z' < z_{\max} \end{cases} \tag{13-31}$$

根据动画的显示原理，本节以时间 Δt 为单位进行树运动的模拟。假定在 Δt 时间内，树各部分的风速、风力等信息保持不变，通过依次模拟各 Δt 时间内每一等份的运动来实现整棵树的运动。具体思路如下：

（1）假设每一等份受到的风速为 $\text{speed}_{ijk} = 0$，并备份为 $\text{copyspeed}_{ijk} = 0$，以区别不同时态下每一等份的受风情况。其中，$i, j, k = 1, 2, \cdots$。

（2）计算树干骨架点和树枝结点 m 在风场坐标系中的坐标，根据划分小立方体所在的空间范围，确定 m 对应的树单元所处的小立方体。

（3）结合小立方体中的受风情况和树单元前一时间单位的运动状态，计算 m 所对应的树单元的运动位移、运动速度，并将其保存在 Unit_{mt} 中，作为树单元在下一时刻运动的初始状态。

（4）将当前树单元的受风运动位移与其邻近的树单元的位移相加，对当前树单元的位置进行更新。

本节在划分树空间模型的基础上显示每一等份在风力作用下的运动，形成一系列的运动帧，从而实现模拟树在风力作用下的动态运动。

2. 树受风计算

风吹森林过程中，各风盒中的风由三方面的因素确定：风口产生的风、树对风的遮挡以及不同风盒间风的相互作用。

1）风口产生的风

由风场坐标系的确定方式可知，风口矩形平面和林场划分矩阵的近风面均与风场坐标系的 $X'OZ$ 面平行，可设定风口与林场划分矩阵的近风面重合。由此可知，$j=0$ 的风盒最先受风，并且风的大小和方向与风口函数产生的风一致，从而可将 $j=0$ 的风盒作为风口。在 $j=0$ 的风盒受风后，根据风的运动方向向整个林场透射。当透射到 $j=m$ 层时，经过 Δt 时间，风透射到 $j=m+1$ 层。

2）树对风的遮挡

树的支干和树枝受风面积小，相对于整个风盒对风的影响较小，因此，主要考虑树叶和主干对风的遮挡作用。

为了分析树叶遮挡风后树分解单元的受风情况，将树叶进行高密度连通聚类，并提出叶簇的概念。风速 V_t 被叶簇遮挡后的风速为 V_{t_i}，透射风的方向与透射前的风向相同。考虑整个风盒中的叶簇，风在经过风盒后的风速通过式（13-20）计算。

由于树叶对风的反射作用，风在吹过叶簇后除了具有透射风还具有反射风，规定风的反射作用产生 8 个方向的反射风，如图 13-22 所示。

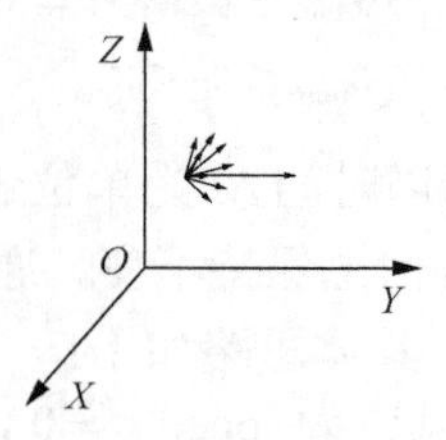

图 13-22　树叶透射风和反射风的方向

图中较长的箭头表示透射风，其方向与风盒原始风的方向相同。当透射风的方向以风盒的中心为起点指向下一层相邻某风盒 (i,j,k) 的面时，则从风盒 (i,j,k)

平行于该面的方向向四周寻找，将反射风方向找到的 8 个邻接风盒进行扩展，且规定反射风的风速为式（13-32）所示形式，风向与原风向的夹角为$\pi/4$：

$$V'_{t_j} = (1 - D_{\text{leaf}})^{\text{num}} \cdot \frac{V_t}{8} \tag{13-32}$$

主干为不透风结构，遮挡风后没有透射风，只有反射风。不同于树叶遮挡风的情况，可以认为任何落入风盒中的主干部分都垂直于水平面。因此，当原风的方向以风盒的中心为起点指向下一层相邻的某风盒(i,j,k)的面时，反射风只向$(i-1,j,k)$和$(i+1,j,k)$两个风盒中扩散，并且与原始风的夹角为$\pi/4$，大小为原始风的 30%。

3）不同风盒间风的相互作用

风口在向风场提供风的过程中，风由近及远扩散。风场$j = j_0$层各风盒的风由$j = j_0 - 1$层各风盒的风以及由于树的遮挡和反射作用产生的风合成。参考力的合成原理，将进入风盒中的风向沿 $OXYZ$ 坐标系的三个轴方向进行分解，将各坐标轴方向的分量矢量相加后，进行最终风的合成，作为该风盒中的风。

在$j = j_0 - 1$层的风进入$j = j_0$层时，认为中心离$j = j_0 - 1$层中风盒较近的风向最近的风盒受风。

通过以上分析，在$n\Delta t$时段，$j = 0$的风盒中的风等于风口对应部位的风，$j > 0$的风盒中的风由两部分构成：①由于风的透射，前一个风盒中的风透射到该风盒，设该透射风为$(U_{入}, x_{\text{Wind入}}, z_{\text{Wind入}})$；②由于前一层的某风盒中物体对风的遮挡产生反射风进入该风盒，设该反射风为$(U_{反}, x_{\text{Wind反}}, z_{\text{Wind反}})$。

将进入风盒(i,j,k)的透射风和反射风沿三个坐标轴方向进行分解，能够得到各坐标轴方向的分量，即

$$\begin{cases} U_{入_x} = |U_{入} \sin(z_{\text{Wind入}})| \cdot \cos(x_{\text{Wind入}}) \\ U_{入_y} = |U_{入} \sin(z_{\text{Wind入}})| \cdot \sin(x_{\text{Wind入}}) \\ U_{入_z} = U_{入} \cos(z_{\text{Wind入}}) \end{cases} \tag{13-33}$$

$$\begin{cases} U_{反_x} = |U_{反} \sin(z_{\text{Wind反}})| \cdot \cos(x_{\text{Wind反}}) \\ U_{反_y} = |U_{反} \sin(z_{\text{Wind反}})| \cdot \sin(x_{\text{Wind反}}) \\ U_{反_z} = U_{反} \cos(z_{\text{Wind反}}) \end{cases} \tag{13-34}$$

将式（13-33）和式（13-34）按坐标轴分量相加、合成，从而得到风盒(i,j,k)中风的三坐标轴分量，即

$$\begin{cases} U_x = |U_{入} \sin(z_{\text{Wind入}})| \cdot \cos(x_{\text{Wind入}}) + |U_{反} \sin(z_{\text{Wind反}})| \cdot \cos(x_{\text{Wind反}}) \\ U_y = |U_{入} \sin(z_{\text{Wind入}})| \cdot \sin(x_{\text{Wind入}}) + |U_{反} \sin(z_{\text{Wind反}})| \cdot \sin(x_{\text{Wind反}}) \\ U_z = U_{入} \cos(z_{\text{Wind入}}) + U_{反} \cos(z_{\text{Wind反}}) \end{cases} \tag{13-35}$$

根据风盒(i,j,k)中风的三坐标轴分量，结合空间几何的相关知识即可得到此时该风盒中的风速及风向。

当有多个风盒的风透射或者反射到该风盒中时，则通过式（13-33）或者式（13-34）对进入风盒的风逐一进行分解，并按照式（13-35）进行合成，进而得到该风盒最终的风速和风向。

3. 森林运动分析

对于整片森林，树之间的相互影响可以认为是对风的影响，从而影响树的受风运动。在树所处风箱中的风确定后，树在Δt时段内的运动情况则能够确定。那么，整个森林的受风运动可转化成各树的“独立”运动。

通过对林场进行划分，整个森林中的树被分割到不同的风盒中，从而实现模拟树的不同部分受不同风场作用。不同于森林中各树之间的关系，在受风运动过程中，树处于风盒中的不同部分可能存在联系。例如，一段树枝，其各枝条的不同部位所在的风盒不同，为了保持树的连通性，需要整体考虑树枝或（和）树干的运动。据此对单棵树的运动进行分析。

对于树干和树枝的运动，沿用13.1.3小节中介绍的无叶树的运动设计。将整棵无叶树分解成细小的树杆件，并利用材料力学中的悬臂梁模型来对每个树杆件进行受力和运动分析，以实现整棵无叶树的随风摇曳运动。

具体过程描述如下：

（1）以整个树枝为单位，计算树枝上各树枝结点所处的风盒，由结点所处的风盒确定其所对应的树杆件的受风。

（2）根据树杆件的受风，计算每个树杆件的运动情况。

（3）对母枝上的树杆件进行位置调整，位置调整从母枝的始端（连接树干端）向末端进行，母枝上远离始端的树杆件要叠加其相邻接近母枝始端的树杆件的位移，以保证母枝上各树杆件的连通性。

（4）对子枝上的树杆件进行位置调整，位置调整从子枝的始端（连接母枝端）向末端进行，子枝上远离子枝始端的树杆件要叠加其相邻接近子枝始端的树杆件的位移，以保证子枝上各树杆件的连通性。

（5）树干上树杆件的调整与树枝类似，从根部开始调整。

（6）树干调整后，根据树干上树枝连接点的偏移情况，以无叶树的连通性为原则，调整整个树枝的偏移。

对于森林中树叶的运动，可以简单地用树叶旋转来模拟树叶的抖动运动。

4. 森林受风运动

森林的受风类型多种多样，每种受风情况下森林的运动情况不同。为分析森林在各种受风情况下的运动，本章对风进行分类：按照受风类型不同可以分为平均风和随机风两种；按照森林受风范围可以分为整体风和局部风两种；按照受风持续时间不同可以分为很多种情况；按照受风的强度不同又可分为许多等级。

将所有的情况进行组合，复杂程度可想而知。为了能体现森林所有受风类型下的运动情况，根据受风持续时间不同分为持久风和短暂风两种极限情况，即分为森林在持续风下摇曳运动和风吹 Δt 时间后停止供风两种情况。将受风的强度抽象为强风和弱风两个等级，强风能够透射过整个森林，而弱风透射到森林的内部即衰减至零。

下面对森林受以下几种类型风的运动情况进行讨论：整体持续强类平均风、局部持续强类平均风、整体持续强类随机风、整体持续弱类平均风、整体短暂强类平均风。

1）整体持续强类平均风

整体持续强类平均风作用下森林运动过程风向示意图如图 13-23 所示。图中灰色的线表示当前风透射到的位置，黑色的线与灰色的线包围的区域表示当前风存在的区域，白色的虚线箭头表示风的透射方向。本节其他的实验中线条的含义与此相同，不再赘述。

从图 13-23 中可以看到，在整体持续强类平均风的作用下，森林从风源由近及远持续受风运动，而且风透射过整个观察区域。

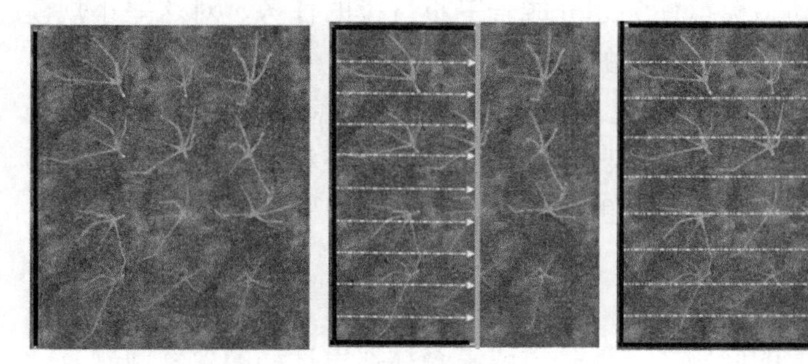
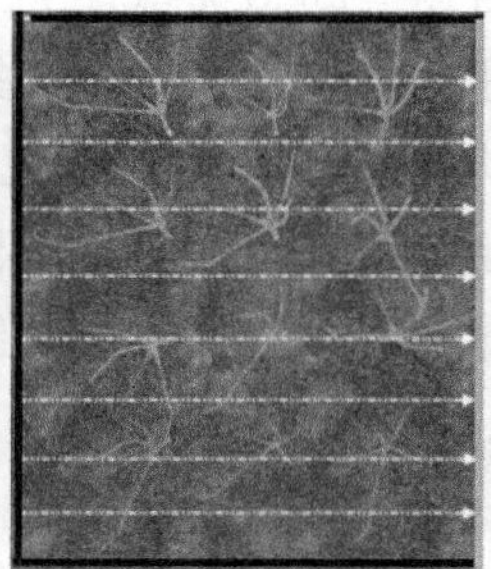
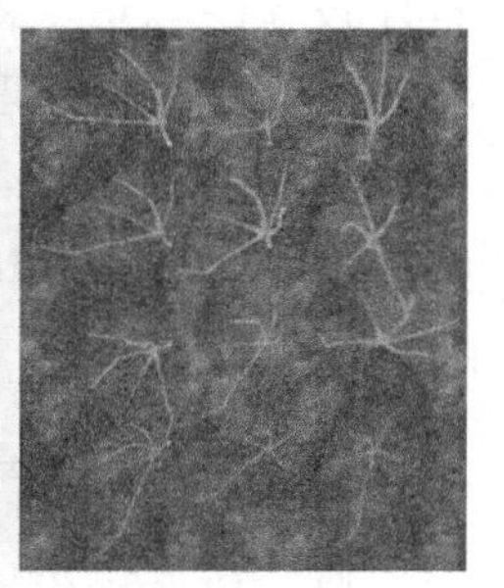

（a）风口开始产生风　（b）风透射到森林的中部　（c）风吹过森林　（d）森林在风作用下持续运动

图 13-23　整体持续强类平均风作用下森林运动过程风向示意图

2）局部持续强类平均风

局部持续强类平均风作用下森林运动过程风向示意图如图 13-24 所示。可以看出，森林在受局部持续强类平均风吹动时，森林距风源由近及远运动，强风的作用使得风透射过整个观察区域，而在局部风作用下，由于树对风的遮挡产生风作用区域向外扩散的现象。此外，可以看到树由于局部受风产生摇曳运动。

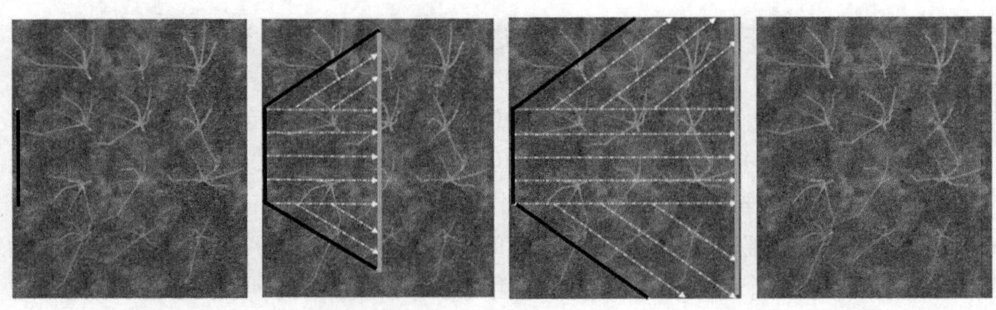

（a）风口开始产生风　（b）风透射到森林的中部　（c）风吹过森林　（d）森林在风作用下持续运动

图 13-24　局部持续强类平均风作用下森林运动过程风向示意图

关于整体持续强类随机风、整体持续弱类平均风、整体短暂强类平均风作用的过程同理可得，不再赘述。

13.3　森林摇曳的并行化

为了模拟自然环境中的森林摇曳运动，需要考虑自然环境中各种影响森林摇曳的因素，并对这些因素进行真实的模拟。这无疑会使计算量大幅度增加，对于大规模场景的运动模拟，将会产生显示画面很不流畅的现象。为此，采用并行化程序设计的思想，将场景动态模拟任务划分成若干小规模的任务，对这些小规模的任务进行并行处理，以达到画面流畅的效果。

本节将从树运动计算优化、OpenGL 绘制方式对比和消息传递接口（message passing interface，MPI）数据发送方式对比三个方面分析在森林摇曳过程中所需要进行工作的耗时情况，并根据分析结果进行网络多节点的结构设计。

13.3.1　并行化建模

风吹树运动模拟中最大的问题之一就是树或者森林摇曳运动的效率问题。针对该问题，本节采用并行化方法，首先对树以及森林进行并行化建模，然后基于该模型进行并行化算法设计，以提升运行速度。

为实现网络并行化建模的目的，本节采用 MPI 并行化编程技术，基于其提供的通信标准，完成各网络节点间的通信，最终实现森林的建模和可视化。

MPI 是消息传递并行程序设计的标准之一，主要涉及来自美国和欧洲的 40 多个组织，包括并行计算机的多数主要生产商，还有来自大学、政府实验室和企业的研究者。建立消息传递标准的主要目的是可移植和易用。在以低级消息传递程序为基础的较高级和（或）抽象程序所构成的分布式存储通信环境中，标准化取得的效益特别明显。简单地说，MPI 的目标是为网络通信定义统一的标准，而且是一个实际的、可移植的、灵活的和有效的标准。其总体目标如下：

（1）定义编程规范，而不是具体的编程语言。

（2）支持轻便的通信。不仅支持存储器到存储器的拷贝，而且允许计算和通信的重叠。

（3）接口允许 C 语言和 Fortran 语言的联接。

（4）设定一个可靠的通信接口，用户不必处理通信失败，这些失败由基本的通信子系统处理。

（5）接口的定义提供灵活性的扩展，能够与现有的通信模型兼容。

各厂商或组织根据 MPI 定义的标准（即可移植的、有效的编程接口）实现自己的 MPI 开发包，典型的实现包括 MPICH、LAM MPI、Intel MPI。由于这些开发包基于统一的标准，程序员只需设计好并行程序框架，使用相应的 MPI 软件库就可以实现网络并行计算。

在基于 MPI 的网络并行程序设计中，整个系统由多个通过调用 MPI 发送、接收库函数进行通信的进程组成。各进程之间可以进行点到点的通信，也可以进行集合通信。在绝大多数 MPI 实现中，这些进程在程序初始化时生成，而且一般情况下，一个 CPU 核只负责单个进程的执行。MPI 支持两种不同的并行程序设计模式，当各进程执行的程序相同时，称为单程序多数据（single program multiple data，SPMD）模式，而各进程执行的程序不同时，称为多程序多数据（multiple program multiple data，MPMD）模式。

1. 并行化树建模

通常，树模型由树干模型、树枝模型和树叶模型分层建模得到。在模拟树摇曳运动的过程中，由风引起的树干、树枝和树叶的摇曳需要分层计算，然后再通过联动作用将它们整合在一起实现模拟树的整体摇曳。因此，在计算每一等份中的树干、树枝和树叶的旋转角度时，相互影响不大，能够使用多节点并行处理，将采用 13.1 节方法划分得到的每一等份中的树干、树枝和树叶的运动计算分配到不同的节点中。如图 13-25 所示，分别为每一等份中的树干、树枝和树叶分配一个节点进行处理。然后，将计算得到的结果返回到某一个节点中进行合成，并计算该等份的输出风速。

将每两个骨架点间的树干视作一个树杆，然后计算多个树杆的运动，并将其整合起来近似表示树干的运动。每个树杆间的运动是相互独立的，因此可以采用多节点并行化的方式来计算树杆运动（单个树干段）。如图 13-26 所示，分配多个节点，每个节点计算一个树杆的运动，并将计算的结果返回到父节点中，即图 13-25 中的节点 1，实现树干运动模拟。

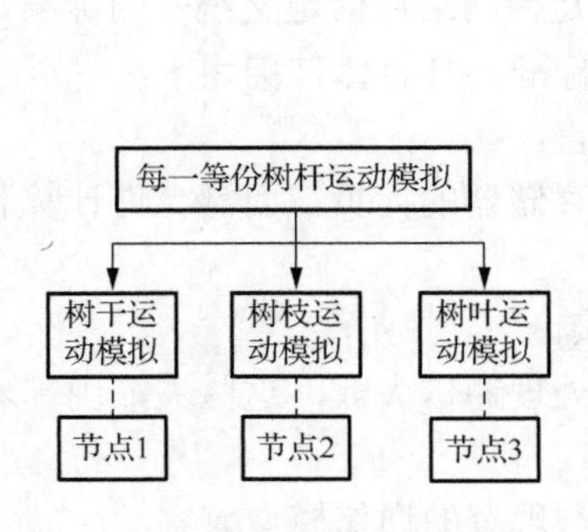

图 13-25　多节点并行化分布图

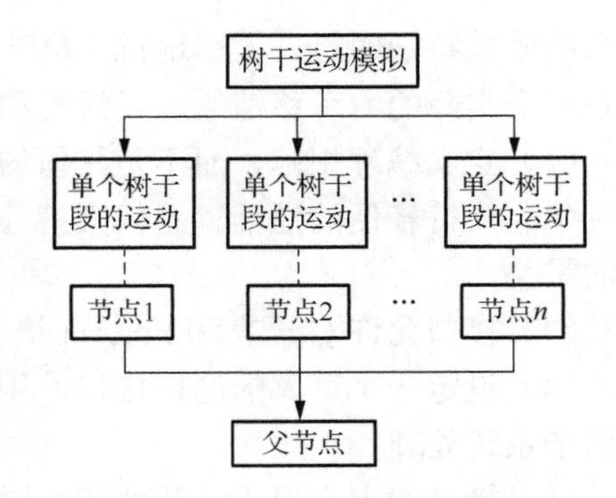

图 13-26　树干运动并行计算分布图

将树枝模型每层点云数据间的树枝均看成一个树杆，然后计算多个树杆的运动，并将其整合起来形成树枝的形变效果。同理，每个树杆间运动的独立性为多节点并行化的计算带来了可能。图 13-27 为树枝运动并行计算分布图，每个节点计算一个树杆的运动，并将计算的结果返回到父节点中，即图 13-25 中的节点 2，实现模拟最终的树枝运动。

将树叶的运动看成每个树叶的一系列运动，其运动计算同样相对独立。图 13-28 为树叶运动并行计算分布图，每个节点计算一个树叶的运动。

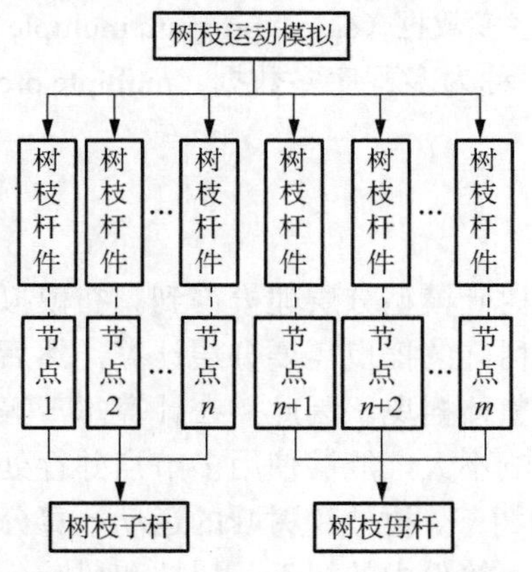

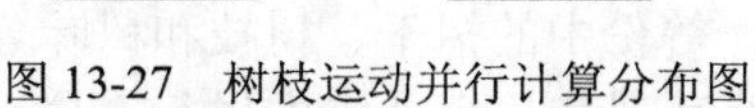

图 13-27　树枝运动并行计算分布图

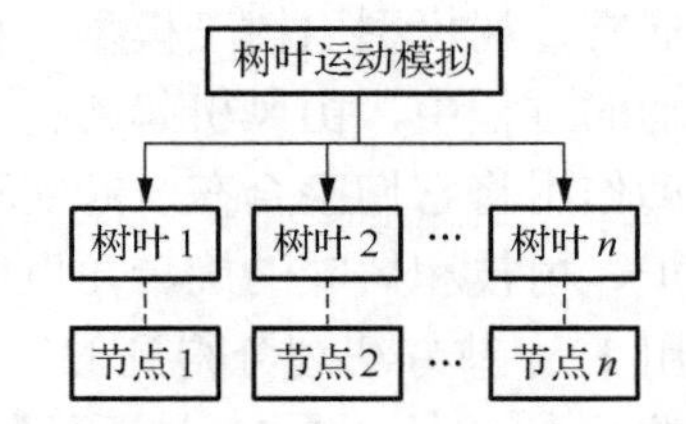

图 13-28　树叶运动并行计算分布图

本节通过结合树运动模拟的算法以及树的结构，采用上述多线程同步处理计算，并展示了提高模拟效率的过程框架图，为后期工作中实现动态模拟的实时性提供指导。

2. 并行化森林建模

森林建模是整个森林摇曳的基础，涉及的工作主要包括以下两个方面：①根据树变形方法，对树进行变形，形成不同姿态的树；②结合地理环境建模方式，使树生长于地理环境中。这些工作涉及大量的计算，为快速进行森林场景建模，可以使用网络并行化程序设计的思想，将任务分解并分配到每个网络节点中并行，由网络各节点将计算结果返回显示节点显示，从而创建出完整的森林模型。

下面介绍基于 MPI 森林建模的框架设计。森林建模的工作主要包括地形的生成、不同姿态的树生成和森林的显示。因此，MPI 建模框架设计需要综合考虑这些工作的性质，以及资源统筹利用等方面的因素。对于森林建模中的各项工作，其具体分析如下。

地形的生成是为了让所有的树能够按照地势进行生长，以实现树的高低变化，以及树之间相对位置关系的建立。该工作仅进行一次，并由森林中的各棵树共享。关于森林的可视化，为避免网络大量数据传输造成的网络拥塞和森林建模费时，将这一工作放在显示进程中完成。

不同姿态的树生成，需要进行大量的计算工作。对于拥有 1000 棵树的森林，要进行 1000 次的树干建模、树枝树叶生长以及树变形计算。若将这些工作都放在一个网络节点中进行，势必会造成建模效率低下，资源浪费的现象。根据任务的性质可知，每棵树的建模之间是相互独立的，建立每棵树时只需要知道树的生长位置，对于树枝树叶的生长以及树的变形都通过随机的方式进行。那么，不同姿态的树的生成工作可以并发地通过不同的进程进行实现。

树的生长位置与地理环境密切相关，而地理环境由显示进程建模产生，故可由显示进程将树的生长位置通知给各树生长进程，由树生长进程对树的整体位置进行调整，并完成树干建模、树枝树叶生长以及树变形工作。

森林的显示由显示进程完成，树生长进程生成了姿态不同的树。显示进程获取这些树的姿态信息，并与地理环境一起显示形成整个森林。

综上分析，森林建模 MPI 并行结构及流程如图 13-29 所示。

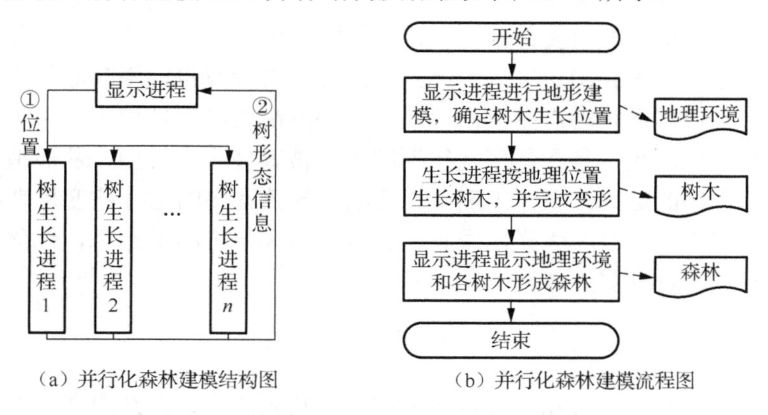

（a）并行化森林建模结构图　（b）并行化森林建模流程图

图 13-29　森林建模 MPI 并行结构及流程图

从图 13-29 中可以看出，显示进程通过生成的地理环境，将需要生长树的位置信息传递给各树生长进程。树生长进程接收后，按照位置对树进行整体调整，并完成树的生长变形。最后，树生长进程将生长出的树形态信息发送给显示进程，由显示进程将地理环境和树一起可视化，形成完整的森林。

这种结构设计不仅能够通过任务分解，将不同性质的任务分配给不同的进程完成，达到负载均衡的目的，提高森林建模的效率，而且任务间相互独立，在后期的研究过程中可以方便地进行模块优化更改，不会造成“牵一发动全身”的现象。通过以上工作可以对森林进行逼真模拟，其模拟结果如图 13-30 所示。

（a）树稀疏的森林

（b）树茂密的森林

图 13-30　森林模拟结果示意图

13.3.2　树运动计算优化

在森林受风运动的过程中，会反复进行树运动计算，每次计算完成后形成一帧数据进行显示，为此必须对其进行优化，将这一部分的时间耗费降至最低，从而使森林受风运动更加流畅。树运动计算优化的内容主要涉及两个方面，分别是释放内存和优化耗资源操作。

内存是计算机中的重要部件之一，它是与 CPU 进行沟通的桥梁。计算机中所有程序的运行都在内存中进行，因此内存的性能对计算机的影响非常大。在程序设计中经常会根据需要动态分配内存，而动态分配的内存使用完后不进行释放就会造成内存垃圾堆积，且在程序运行期间不能被其他程序使用，从而造成内存泄漏。若随着程序的运行，不断出现内存泄漏，导致程序的运行速度越来越慢。

在运算过程中，存在大量的求正余弦函数值和平方根的运算，优化耗资源操作主要针对这两种计算进行。

1.　正余弦函数的优化

对于正余弦函数的优化，可以采用快速查找表的方式，其原理如下。

正余弦函数的周期为 2π，对应角度为360°。考虑正余弦函数值的范围为[−1,1]，

在精度要求 n bit 的情况下有 2^n 种情况，故而在实际运算过程中可以将360°划分成 2^n 等份。因此，可以得到一个有 4096 个数字的查找表 SINE_TABLE。表的索引范围从 0～4095，对应从0°～359°的圆周。SINE_TABLE 中索引 i 对应的值为 $\text{SINE\_TABLE}[i]=\sin(i\cdot 2\pi/4096)$，式中 $\sin(\cdot)$ 为求取正弦值的函数，其参数用弧度制表示。因此，对于弧度 x 的正弦值可以用 $\text{SINE\_TABLE}[\lceil 4096\cdot x/2\pi \rfloor]$ 求得，考虑正弦值的周期性，弧度 x 的正弦值变为 $\text{SINE\_TABLE}[\lceil 4096\cdot x/2\pi \rfloor \,\&\, 0xfff]$。余弦函数的波形与正弦函数的波形相差 1/4 个周期。因此，弧度 x 的余弦值为 $\text{SINE\_TABLE}[(\lceil 4096\cdot x/2\pi \rfloor+1024)\,\&\, 0xfff]$。

2. 平方根运算的优化

对于平方根运算，使用卡马克算法进行优化。卡马克算法的本质是牛顿迭代法。牛顿迭代法是一种求方程近似根的方法，首先要估计一个与方程的根比较接近的数值，然后根据式（13-36）推算下一个更加近似的数值，不断重复直到获得满意的精度：

$$x_{n+1}=x_n-\frac{f(x_n)}{f'(x_n)} \tag{13-36}$$

对于 a 的平方根，可以先求取 a 平方根的倒数 $\frac{1}{\sqrt{a}}$，以 $a\cdot\frac{1}{\sqrt{a}}$ 的方式求 $\sqrt{a}$。求 $\frac{1}{\sqrt{a}}$ 相当于求方程 $\frac{1}{x^2}-a=0$ 的解，将该方程按牛顿迭代法的公式展开为

$$x_{n+1}=\frac{1}{2}\cdot x_n\cdot(3-a\cdot x_n^2) \tag{13-37}$$

牛顿迭代法最关键的地方在于估计第一个近似根。如果该近似根与真根足够接近，那么只需要少数几次迭代，就可以得到满意的解。求取过程中，引入 Magic Number——0x5f3759df，将 a 强制转换成整型数 i，则计算 $i=\text{0x5f3759df}-(i\gg 1)$，并将 i 强制转换成 float 类型后即为方程 $\frac{1}{x^2}-a=0$ 的一个近似解。

对于上述过程，其原因如下。对于 32 位的 float 类型数据，最高位 31 为符号位，30～23 八位保存指数 E，22～0 共二十三位保存尾数 M，则 float 类型数据可表示为 $M\cdot 2^E$，对其求平方根倒数即为 $M^{-\frac{1}{2}}\cdot 2^{-\frac{E}{2}}$，$i\gg 1$，其工作就是将指数除以 2，而前面用 Magic Number 减去它，目的就是得到 $M^{-\frac{1}{2}}$，同时反转所有指数的符号。

由于 $i=\text{0x5f3759df}-(i\gg 1)$ 强制转换成 float 类型后的值已经比较接近于

$\frac{1}{x^2}-a=0$的真实解，通过少数几次牛顿迭代即可获得误差较小的解。采用卡马克算法不仅减少了计算次数，而且避免进行除法等计算机中较为耗时的操作，从而节省大量的时间。

本节所叙述的优化主要针对树摇曳运动的计算部分进行，故只对此部分时间的优化情况进行实验对比。在建立同样的单棵树，计算量相同的情况下，优化前后运行时间对比如表 13-1 所示。

表 13-1　优化前后运行时间对比表

运行次数		1	2	3	4	5	6	7
时间/ms	优化前	418	418	421	427	418	418	423
	优化后	31	32	31	32	32	31	33
运行次数		8	9	10	11	12	13	14
时间/ms	优化前	425	416	418	459	455	417	455
	优化后	32	32	32	32	31	32	31

从实验结果可以看出，优化前的时间在 420ms 左右，而在优化后，计算时间只有 32ms 左右，速度大约提升了 12 倍，优化效果十分明显。由此可见优化程序的重要性。

除特殊说明外，本节所做的实验均在联想 ThinkCenter 启天 M820E 台式机上进行，其配置：处理器为英特尔酷睿双核 E8400、3.00GHz、内存 8G，显卡 Nvidia GeForce G100（256M/技嘉）。

13.3.3　绘制方式选择

OpenGL 中提供很多种绘制方式，本节中重点分析比较几种常见的方式，分别是直接绘制、创建显示列表、创建顶点数组、创建顶点缓存和图形处理单元（graphics processing unit，GPU）编程。

1. 直接绘制

直接绘制指直接调用 OpenGL 绘制函数进行每个顶点的绘制，方法较为简单。然而，在 OpenGL 中，所有的几何图元都是通过顶点定义的，而每个顶点又具有很多属性，如坐标、颜色、法矢等。如果对每个顶点逐个地调用函数进行描述，将会产生规模非常庞大的开销，而且不方便管理复杂几何体的顶点。

2. 创建显示列表

OpenGL 显示列表（display list）由一组 OpenGL 绘制函数语句组成，调用显示列表中的语句即可完成图形绘制工作。OpenGL 显示列表是命令的高速缓存，一旦建立了显示列表，即确定了待绘制的内容形态，当改变绘制内容或形态时，需要重新创建显示列表。

OpenGL 显示列表的设计能优化程序性能。对于网络环境中的绘制，绘制工作由一台显示机器完成，其他机器中的数据发送至显示机器生成显示列表，在需要绘制时，只需要通过网络发送绘图命令即可完成，即通过显示列表的形式使得网络的负担大幅度减轻。对于单机环境中的绘制，显示列表被处理成适合于图形硬件的格式，对命令进行不同程度的优化，即采用同样的 OpenGL 函数，以显示列表的形式执行比以常规模式执行的效率要高。

但是，显示列表也不能应用于任何场合，因为创建显示列表本身就比较耗资源。对于静态场景，场景位置、大小和形态等不会变化，故而可以通过创建显示列表的形式优化场景的生成速度。这种方式中，显示列表本身不会发生改变，即一次生成“永久”使用。对于动态场景，场景中物体的姿态实时变化，这样会导致显示列表需要实时改变，使得创建显示列表消耗大量的资源，尤其是时间资源。因此，在风吹森林摇曳运动模拟中不适合使用创建显示列表的方式。

3. 创建顶点数组

顶点数组是针对直接绘制中的问题所提出的。使用顶点数组时，用一个数组保存所有的顶点，另一个数组保存顶点的序号。在最后绘制时，不是逐个调用绘制函数绘制顶点，而是通知 OpenGL“保存顶点的数组”和“保存顶点序号的数组”所在的位置，由 OpenGL 自动找到顶点，进行统一绘制。

4. 创建顶点缓存

顶点缓存与顶点数组类似，都是将顶点数据统一保存在一个数据结构中，不同的是顶点缓存会将顶点数据拷贝到高效显存中，顶点数组渲染时数据从内存送入渲染管线，而顶点缓存则从显存送入渲染管线，因此顶点缓存拥有比顶点数组更高的效率。

5. GPU 编程

GPU 在计算机技术的迅猛发展下，已经演化成一个十分强大、灵活的处理器，具有可编程、精度高等特点。

相对于 CPU，GPU 最初的设计目的相对单一，即专为图形程序的处理流程而设计。现在，GPU 可以作为 CPU 的协处理单元，图形处理中的矩阵计算、像素处理等都可以由 GPU 来独立完成，为 CPU 节省时间。而且，GPU 的多条图形处理流水线可以并发执行图形处理程序，极大地提高了图形生成的效率。

为了能够在显卡上使用 C 语言来进行编程，NVIDIA 公司开发了 Cg 语言。Cg 语言是全新的类 C 高级编程语言，它是 NVIDIA 在微软的协助下创造的三维图形开发语言，主要由两个主要部分组成：Cg 的语言特征——Cg shader 编程语言和 Cg 编译器。Cg 语言提供了 DirectX 和 OpenGL 的高级语言接口，提高了抽象能力，可兼容高级渲染语言。此外，Cg 同时被 OpenGL 与 Direct3D 两种编程应用程序接口（application programming interface，API）支持。这一点不但对开发人员而言非常方便，而且也赋予了 Cg 程序良好的跨平台性，一个正确编写的 Cg 应用程序可以不做任何修改的同时工作在 OpenGL 和 Direct3D 上。

由此可见，GPU 作为 CPU 的协处理单元，以及其对图形程序处理的专一性，若将图像数据的计算工作分给 GPU 和 CPU 共同完成，则可以极大地提高图形绘制的效率。

对于以上的五种方式本节做了实验对比，在建立单棵相同树的情况下，不同绘制方式耗时情况如表 13-2 所示。由实验结果可知，通过 GPU 编程的方式绘图能够极大减少耗时。

表 13-2　不同绘制方式耗时情况

次数		1	2	3	4	5	6	7	8	9
时间/ms	直接绘制	43	42	42	43	46	42	42	43	44
	创建显示列表	40	41	41	40	40	40	59	41	47
	创建顶点数组	64	63	63	64	66	63	63	63	64
	创建顶点缓存	32	32	38	34	45	35	33	32	32
	GPU 编程	5	5	5	6	4	5	6	8	7
次数		10	11	12	13	14	15	16	17	
时间/ms	直接绘制	42	42	43	40	53	42	55	44	
	创建显示列表	45	46	56	47	42	46	41	70	
	创建顶点数组	63	63	62	65	62	62	63	67	
	创建顶点缓存	32	39	33	32	34	35	33	52	
	GPU 编程	5	5	4	7	6	5	4	4	

下面针对 MPI 数据发送方式进行分析。MPI 作为目前一种比较著名的应用于并行环境的消息传递标准，其数据传递的方式分为三种：

（1）计数参数。使用 MPI 提供的通信函数在程序间通信时，都会涉及两个参数：数据类型 datatype 和数据个数 count。这两个参数允许用户把类型相同的多个数据项打包成一个基本的消息项。为了使用这项功能，被打包的数据必须存储在连续的内存空间中。

（2）派生类型。MPI 提供了预定义的数据类型，对于用户定义的内存不连续的派生类型，MPI 库函数无法识别。但 MPI 允许在程序运行时定义 MPI 类型，为了建立这样的类型，必须说明数据在该类型中的分布，即每一个成员的数据类型以及它们在内存中的相对位置，这样的数据类型称为 MPI 派生类型。构造 MPI 派生类型的过程中需要用到 MPI_TYPE_STRUCT，它是 MPI 中最常见的类型构造器之一。

（3）MPI_Pack 和 MPI_Unpack。MPI 函数 MPI_Pack 和 MPI_Unpack 提供了另外一种数据打包的方法。MPI_Pack 允许把不连续的数据保存在连续的内存空间中，MPI_Unpack 可以把存放在连续内存空间的多个数据分散到不连续的内存单元中。

13.3.4　MPI 并行结构设计

对于森林的随风摇曳运动模拟，其处理过程大致分为三步：森林受风准备、根据受风情况计算森林中树受风运动后的姿态以及受风后最新姿态的可视化。森林受风准备只进行一次，在整个森林受风运动过程中不参与，本节重点根据树姿态变化的计算和最新姿态的显示两个步骤的情况确定森林受风摇曳模拟的网络并行化结构。

由程序优化后的实验结果可知，单棵树受风运动姿态的计算时间在 30～35ms，不考虑显示过程的耗时，树运动过程中可达到每秒钟 28 帧以上，这样的帧速能够保证人视觉上的流畅性，故而在 MPI 并行结构设计时，将单棵树受风后姿态变化的计算部分独立出来作为单独的程序运行，即每棵树建立一个独立的程序进行运动姿态计算，统称为计算进程，并且计算进程和前面描述的树生长进程设计为同一个进程。计算进程完成树生长和树受风姿态计算两部分的工作。

树的运动情况需要显示在一个场景中，创建一个进程接收各计算进程得到的树运动姿态数据进行显示，将此进程称为控制进程。同样地，控制进程与前述显示进程设计为同一个进程。

根据上述分析，将森林摇曳运动建模的网络并行化结构设计为主从模式，具体情况如图 13-31 和图 13-32 所示。其中，控制进程和计算进程之间的信息交互分为受风准备和运动计算两个阶段。受风准备阶段交互的信息包括树规模信息，由计算进程将树规模信息发送给控制进程，控制进程初始化每棵树的接收缓存信息以及整个林场的规模，从而进行林场划分。受风准备阶段只进行一次，完成后进入运动计算阶段，其交互的信息包括风箱和树姿态及遮挡后的风箱信息，由控制进程实时计算整个林场中各部分的受风情况，并分离出各计算进程对应树的风箱，风箱中包含了其中各风盒的风速和风向信息。计算进程在接收到风箱信息后，计算经过 Δt 时段后树的新姿态以及风箱中的风被遮挡后的情况，并发送给控制进程，由控制进程显示树的新姿态，并根据新的风箱信息计算更新整个风场的信息。

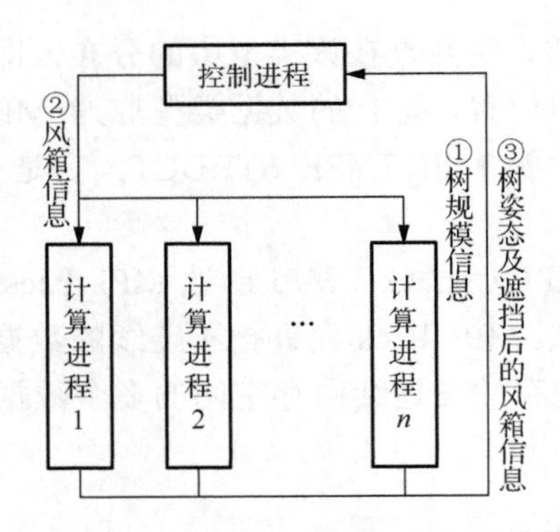

图 13-31　网络并行化结构图

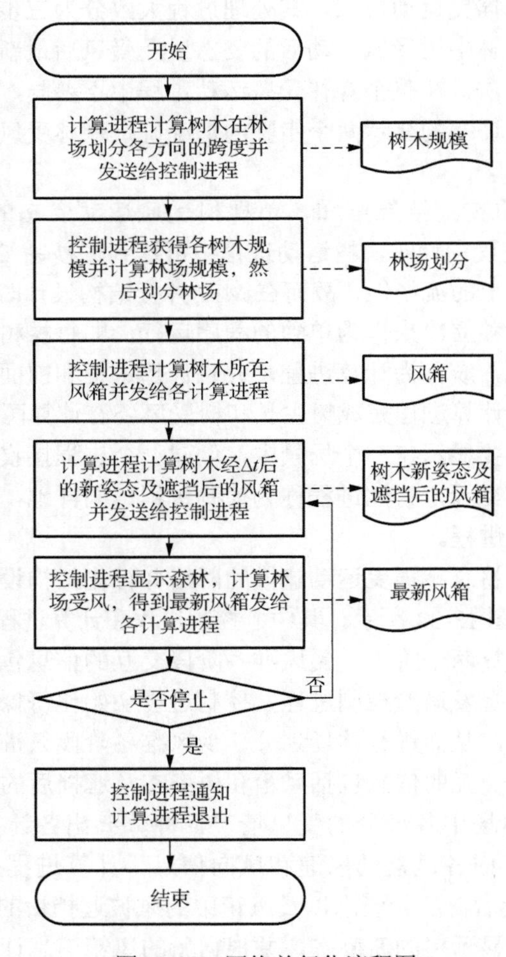

图 13-32　网络并行化流程图

这种结构的设计可以将森林建模的不同部分分离，降低各模块的耦合度，在进行程序更改时，只要保证交互数据格式不变，就可以独立对各模块进行修改优化，而不影响其他模块；将计算和显示分离，可以方便进行资源均衡，计算进程用于计算，对于 CPU 的要求相对较高，但每个计算进程仅处理一棵树的计算，普通 CPU 即可满足需要。控制进程用于显示和少量计算，对显卡的要求较高；对于整个林场，树之间的影响表现为对风的影响，在 Δt 时段内各树对应的风箱确定后，树运动计算相互独立，而树的各部分之间存在相互依赖关系，故而整个林场摇曳运动的最小计算单位为单棵树，每个计算进程处理单棵树的计算，满足了原子性的计算要求。在进行网络多节点摇曳运动模拟时，可以根据每台机器的资源情况合理部署。

针对并行化程序设计进行实验，在程序已经优化并且 OpenGL 的绘制方式和 MPI 数据发送选择最省时方式的前提下，对比单棵树摇曳运动的非并行、单机并行和两机并行下的总耗时情况，实验结果如表 13-3 所示。

表 13-3 单棵树摇曳运动的非并行、单机并行和两机并行下的总耗时情况的实验结果

次数		1	2	3	4	5	6	7	8	9	10	11	12	13	14	15
时间/ms	非并行	37	37	38	37	38	41	37	39	37	37	37	39	37	37	37
	单机并行	32	38	39	32	30	30	32	35	31	34	33	30	33	32	35
	两机并行	59	59	59	59	60	59	59	59	59	58	59	62	58	70	60

本节中非并行和单机并行的实验，均在联想 ThinkCenter 启天 M820E 台式机上完成。两机并行中，控制进程在联想 ThinkCenter 启天 M820E 台式机上运行，计算进程在 HP-dx2318 MT（KQ862AV）台式机上运行。两台计算机的 CPU 均具有两个核。分析实验结果可知，在单棵树摇曳模拟中，由于单机并行情况下通信耗时基本为 0，计算树运动与树姿态显示两种操作并行，相对于非并行来说减少了显示的时间，而在两机并行的情况下运行时间由于通信耗时的影响，单次运行时间相对较长。

13.3.5 森林摇曳加速问题

从以上实验结果可以看出，在森林摇曳过程中存在如下两个问题。

（1）在网络多节点环境下的森林摇曳，计算节点需要将所负责树的最新姿态数据发送到主控节点，主控节点将各树的数据收集完后形成一帧数据进行显示。为了保证树的真实性，需要大量的点云数据尽可能多地体现树的细节信息，这样就给网络通信造成了巨大的负担。

（2）场景绘制耗时问题。从实验可以看到，在所述的实验条件下单棵树的绘制耗时大约为 7ms，若完全不考虑其他因素，保证画面流畅性的最低要求是每秒 24 帧，但也只能保证森林中拥有 6 棵树，这对森林的规模造成了巨大的限制。

解决上述两个问题是保证实现具有一定规模森林实时摇曳运动的关键。分析这些问题可知，问题（1）的根本原因是树的点云数据规模太大。一片具有 1024 棵树的森林，平均每棵树的点云数据量为 0.5MB，每秒显示 24 帧数据，那么，在一秒间隔内共需要发送 12GB 的数据到主控节点，这对于当前的计算机很难实现。对于问题（2），文中森林的绘制实质是对森林中所包含的三角面片的绘制，故而问题（2）与森林中所需绘制的三角面片的个数直接相关。假设平均一棵树中包含的三角面片数量为 5000 个，则拥有 1000 棵树的森林三角面片数量为 5000000 个，这样大数据量的三角面片绘制势必会耗费大量的时间。据此，下面给出以下优化策略。

1. 网格简化

随着计算机图形学的发展，涌现了很多网格简化的方法。通常，可以采用等分布密度法、最小包围区域法等进行网格简化。简化方法能够极大程度地简化模型，从而达到模型数据的精简。但随着模型的简化，模型的真实度会随之降低，这与树的真实模拟的初衷相违背，在实际操作中需要根据具体情况进行折中考虑。

对于不同的点云模型，采用的优化方法不尽相同，即采用的优化方法需要根据具体的模型类别进行选择。此外，点云模型的数据组织结构对简化方法的选取也有重要的影响。以实验中所采用的树模型组织结构为例，如图 13-33 所示，树干、树枝和叶柄的网格均是通过相邻两层圆环的点连接构成，上一层圆环上的每个点与下一层圆环上距离该点最近的两个点两两相连构成三角形，从而形成网格结构。树干和叶柄的每层圆环上有 16 个点，而树枝的绝大多数圆环上包含 3 个点，只有树枝与树干相连部位的圆环包含 4 个点。通过减少圆环上点的个数并按照一般的网格生成规则重新生成网格即可简化模型。叶片上的网格不具有这种规律，可通过现存的常用网格简化方法进行简化。

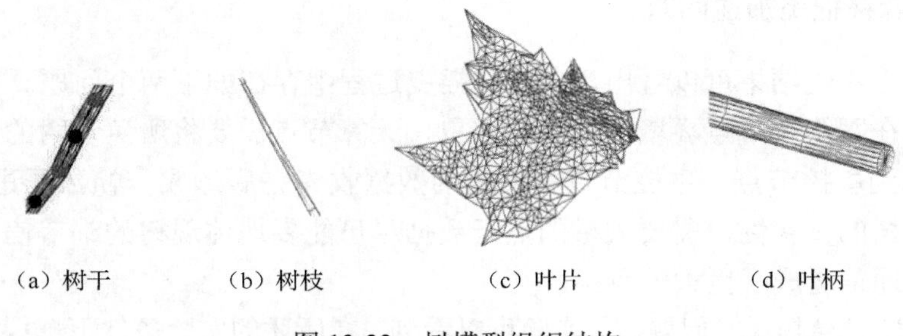

（a）树干　（b）树枝　（c）叶片　（d）叶柄

图 13-33　树模型组织结构

2. 可见性剔除

根据生活经验可知，人从任何位置观察自然场景时，都无法将整个场景收入眼中，也就是说，在视点一定的情况下，存在一部分场景区域不可见。剔除这部分区域的过程即为可见性剔除。

根据现实情况不难发现，当视点一定时，物体“背面”不可见，而由于眼睛的视角以及视力等因素影响，在视野范围内的物体才能被收入眼中，这个范围称为视景体，视景体外的物体不可见。另外，物体之间由于角度的问题存在遮挡现象，被遮挡的物体也不可见。可见性剔除包括背面剔除、视景体剔除、遮挡剔除三个方面，具体如图 13-34 所示。

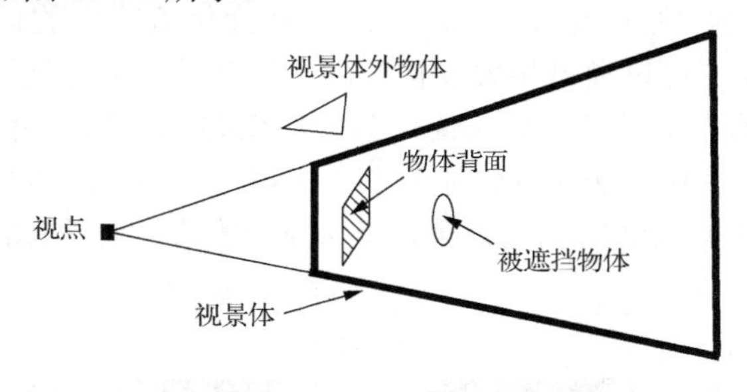

图 13-34　剔除类型示意图

物体的“背面”区域可以通过计算三角面片的法矢与面片上任意一点到视点所确定向量的点积确定，点积为负时，该三角面片包含在“背面”区域中。

对于视景体剔除，可以将三角面片与视景体进行相交测试，判断面片是否包含在视景体中。处于视景体内以及与视景体相交的三角面片可见，其余的不可见。

遮挡剔除算法是最复杂的剔除算法，其精确度要求较高，可以用硬件 Z-buffer 来实现，但因为硬件加速处于渲染管线的最后阶段，所以被遮挡的物体还是会经过绘制流程的大部分过程，优化效率低。因此，遮挡剔除工作一般采用软件优化方法——层次遮挡图（hierarchical occlusion maps，HOM）法完成。

3. LOD 技术

在不影响视觉效果的基础上，通过对物体表面的细节进行简化，细节层次（level of detail，LOD）技术能够实现绘制加速。现阶段常用的 LOD 技术包括离散型 LOD 技术、连续型 LOD 技术和视点依赖 LOD 技术三种。

离散型 LOD 技术预先生成物体的不同层次 LOD 模型集合，在运行过程中根据条件选取合适的 LOD 技术显示。

连续型 LOD 技术在预处理阶段生成包含物体细节的连续谱的数据结构，在运行时从中提取出所需的 LOD 模型。因此，相比离散型 LOD 技术，连续型 LOD 技术所得结果更加精细。

视点依赖 LOD 技术在运行过程中使用视点依赖的网格简化标准，动态生成当前视点所需要的 LOD 模型。

离散型和连续型的 LOD 模型均在预处理阶段生成，对于交互式的场景容易产生失真现象。而且，对于动态场景，场景中的物体形态时刻变化，其不能满足动态场景的需要。因此，对于森林摇曳的模拟，动态生成的视点依赖 LOD 技术为最佳选择。

通过以上优化处理，可以很大程度地减少数据发送量和绘制量，从而实现大规模森林场景的实时摇曳运动模拟。上述三种优化策略中的优化方法，很多已经在硬件层面实现，可以通过相关设置开启这些功能，但是使用硬件加速往往会使这些优化算法的作用时机滞后，优化效果不明显，不能满足本节的实际需要。因此，需要将这些优化方法通过软件的方式实现，并尽可能将优化时机提前，达到本节的需要，获得更好的优化效果，具体的优化处理过程如图 13-35 所示。

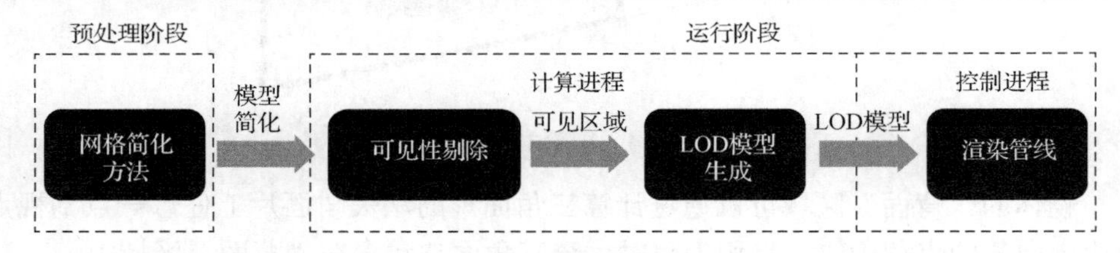

图 13-35　优化处理过程

整个优化处理过程可分为两个部分进行，分别是预处理阶段与运行阶段。预处理阶段主要是在保证树真实效果的基础上，利用网格简化方法进行模型简化，通过网格简化方法得到点云数据量较少的简化模型。运行阶段包含了计算进程和控制进程，计算进程首先进行可见性剔除，得到整个森林场景的可见区域，接着对可见区域生成 LOD 模型，并将最终的 LOD 模型发送给控制进程进行处理。经过计算进程的两种优化处理后，整个森林场景需要绘制的数据量大幅度减小，从而使得计算进程发送给控制进程的数据量大幅度降低，极大地减轻网络负担。控制进程接收 LOD 模型后交给渲染管线进行渲染。由于其所接收到的 LOD 模型三角面片数量大量减少，绘制速度能够得到大幅度的提升。

13.4 本章小结

本章介绍了单棵树和森林的摇曳运动，同时也给出了通过并行化提高摇曳运行速度的方法。

在单棵树的摇曳运动中，首先建立了线性风场和随机风场数学模型。以无叶树为切入点，基于切分进行了树的单项轴的空间切分，并给出了有叶树基于三轴方向切分的模型，进而实现无叶树和有叶树摇曳运动。

在森林摇曳运动中，将树划分到一系列的包围盒中，以实现树不同部分受不同风力。基于风口、风盒和风箱的概念，计算森林中树各部分受风力情况，从而实现摇曳运动模拟，并给出了森林在受不同风力情况下的摇曳运动效果。

利用多线程同步处理计算，给出了提高模拟效率的过程框架图。对不同的 OpenGL 绘制方式和 MPI 数据发送方式进行分析，随后给出了森林摇曳运动的并行程序结构，实现了网络环境下并行化森林受风的摇曳运动。最后，分析了森林摇曳运动模拟中存在的问题，并提出了具体的解决方案。

参 考 文 献

[1] 唐婧. 基于点云的树摇曳方法研究[D]. 西安: 西安理工大学, 2014.

[2] 邓剑雄. 网络并行环境下 3D 森林建模及风吹森林摇曳运动模拟[D]. 西安: 西安理工大学, 2015.

[3] WEJCHERT J, HAUMANN D. Animation aerodynamics[J]. Computer Graphics, 1991, 25(4): 19-22.

[4] 冯金辉, 陈彦云, 严涛, 等. 树在风中的摇曳—基于动力学的计算机动画[J]. 计算机学报, 1998, 21(9): 769-773.

[5] PERLIN K. An image synthesizer[J]. ACM Siggraph Computer Graphics, 1985, 19(3): 287-296.

[6] BOURG D M, BYWALEC B. Physics for Game Developers: Science, Math, and Code for Realistic Effects[M]. Sebastopol: O'Reilly Media, Inc., 2013.

[7] 李峰, 顾文晓, 曾兰玲. 三维树木随风运动真实感模拟[J]. 计算机科学, 2012, 39(11): 254-260.

[8] OTA S, TAMURA M, FUJIMOTO T, et al. A hybrid method for real-time animation of trees swaying in wind fields[J]. The Visual Computer, 2004, 20(10): 613-623.

[9] AKAGI Y, KITAJIMA K. Computer animation of swaying trees based on physical simulation[J]. Computers & Graphics, 2006, 30(4): 529-539.

[10] DIENER J, RODRIGUEZ M, BABOUD L, et al. Wind projection basis for real-time animation of trees[J]. Computer Graphics Forum, 2009, 28(2): 533-540.

[11] WANG Y H, CHANG X, NING X J, et al. Tree branching reconstruction from unilateral point clouds[J]. Lecture Notes in Computer Science, 2012, 7220(1): 250-263.

[12] 常鑫. 基于点云的树杆逼真建模关键技术研究[D]. 西安: 西安理工大学, 2011.

[13] 王刚. 基于点云的树叶真实感绘制方法研究[D]. 西安: 西安理工大学, 2013.

[14] 张会森. 面向旅游资源管理的三维可视化系统设计与实现[D]. 西安: 陕西师范大学, 2006.

第 14 章　点云场景重建

三维数字场景已经广泛应用于虚拟旅游、城市规划、城市三维地图、遗产保护和数字娱乐等多个领域。对场景进行逼真的三维构建，可以给予用户更好的视觉体验，有助于其更加准确地理解地理信息。已有的软件，如谷歌地球（Google Earth）可让用户置身世界上任何地方，查看卫星图像、地图、地形、三维建筑物或者来自外层空间星系的峡谷海洋。微软虚拟 3D 地球也可以让用户体验现实世界的逼真模拟，通过照片构建真实、有质感的建筑物模型，让用户虚拟漫游在所向往的各个地区。这些软件广泛的客户群和使用率，说明了三维场景重建具有很大的商业价值。但是，由于建筑物的多样性和场景中对象结构的复杂性，基于点云对建筑物和场景进行重建十分困难。通过观察可知，无论是建筑物还是场景，都含有许多基本的形状体，若能从点云建筑物中提取基本形状，进而根据形状间的拓扑关系重建点云建筑物和场景，可为点云三维物体和场景的识别、理解与应用提供途径。

本章选择以在复杂性上具有代表性的中国古建筑为例，介绍相应的建筑物重建方法。同时，结合场景的多样性，采用基于形状逼近的策略，给出一套场景重建的方法体系，为点云的使用和研究中复杂物体和多样性场景重建方法的获取，起到抛砖引玉的作用。

14.1　点云建筑物重建

同树木一样，建筑物也是场景中的重要组成元素之一。然而，由于建筑物的多样性，目前没有通用的重建方法适应所有的建筑物。

已经有很多学者提出了对建筑物进行三维重建的方法，这些方法大致可以分为四类[1]，分别是自动重建、交互式重建、基于先验知识的三维重建和基于形状语法的三维重建，接下来简要地介绍这四类方法。

（1）自动重建。关于场景自动重建，通常采用机载 LiDAR 点云数据和地面激光扫描点云数据[2]。针对机载 LiDAR 点云数据已有的重建方法，大致思路可分为两种，第一种是利用区域增长、Hough 变换等方法进行平面探测，然后通过最小二乘法或者随机抽样一致性（random sample consensus，RANSAC）法等对平面进行拟合，从而实现三维重建。第二种是通过分析构造屋顶常见的拓扑结构（常见的屋顶拓扑结构有 I 型、U 型和 L 型等），实现三维重建。对于地面激光扫描点云数据，已有的方法往往针对特定类型的建筑物或者基于某种假设（如曼哈顿假设）完成建筑物的重建。

（2）交互式重建。由于扫描过程中，容易受到采集环境、遮挡物的影响，最终得到的建筑物点云数据往往存在严重的缺失。针对存在严重缺失的点云数据，通常采用交互式的方法实现建筑物的重建。交互式重建方法分为两种，一种是针对重建过程中不合适或者不正确的地方，用户进行手动调整；另一种是针对现代具有一些重复结构的建筑物（如阳台、窗户等），首先探测重复结构，通过预先定义这些重复结构，将常见部分自适应地拷贝到重复出现的区域，完成建筑物立面细节的表示。

（3）基于先验知识的三维重建。这类方法利用人类的先验知识总结出建筑物的重要组成部分（如墙、窗户、阳台和门等）的特征，然后通过分析建筑物中不同面片的几何特征（如位置、大小和方向等），提取建筑物的细节（如窗户、门等），最终完成建筑物的重建。

（4）基于形状语法的三维重建。形状语法可以看成是一种将带标记的形状体作为基本要素，用语法结构分析来产生新形状体的设计推理方法。基于形状语法的三维建模方法通过定义基本形状以及对形状的基本操作，生成建筑物的三维模型。

本节以结构较复杂的中国古建筑物为例，介绍一种基于切片的建筑物重建方法，该方法主要包括基于切片的构件提取、基本形状检测、曲面重建等过程[3,4]。图 14-1 为西安兴庆宫沉香亭，它是一种典型的具有复杂结构的中国古建筑，该建筑除了台基和横梁这些由基本形状组成的构件外，还包含复杂的自由曲面构件，如屋顶和雕饰物等。

图 14-1　西安兴庆宫沉香亭

14.1.1 构件提取

首先，对点集进行分割。用多个垂直于 Z 轴的平面沿其增长方向截取点云数据，凡是在这个平面上下一定阈值空间里面的点保留，否则舍弃，完成三维模型的分层；同时将每层的点投影到一个平面，然后把这个平面看成是一张二值图像，平面中有点的方格值记为 1，无点的记为 0；在相邻层之间进行和运算，得到一个值，如果这个值小于给定的阈值，则这两层数据是相似层，从而对相似层进行聚类完成分割，得到组成古建筑物不同部位的三维小模型。

点云数据的分层是将数量庞大的点云数据用一层层具有一定间隔的点云面片来替代。在进行点云数据分层之前，为方便后续工作的开展，以扫描得到的点云数据对应的真实场景的地面为 XOY 面，竖直方向为 Z 轴构建三维坐标系。然后基于点云包围盒对点云数据进行分层，如图 14-2 所示。有关基于分层切片的点云规整化（预处理）方法细节，可参阅第 2 章的相关内容。

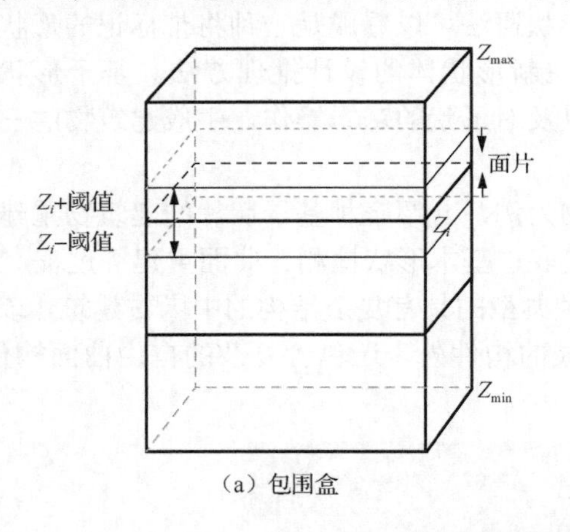

（a）包围盒

（b）分层之后的结果

图 14-2　点云数据分层

下面介绍基于相似策略对层聚类获得相同形状的建筑物构件，具体过程如下：

（1）以包围盒中轴为 0 的 XOY 分层面为参考平面，构造一张网格图，二值图像中 O 点坐标为基于点云的古建筑模型所有点中最小的那个点，U 坐标方向为原来的 X 轴方向，V 坐标方向为原来的 Y 轴方向。二值图像的长度 fMaxR 由点云数据 X 和 Y 坐标的最小值和最大值决定，即 fMaxR 为 $|X|$ 和 $|Y|$ 中的较大值。其中，$|X| = X_{max} - X_{min}$，$|Y| = Y_{max} - Y_{min}$。

（2）投影切片上的点到二维格子图上。若有投影点落在格子中，则记为 1；否则，记为 0。这样可以得出这层所在图像每个坐标点的像素值。接着，沿 Z 轴正向遍历每一层所对应的二值图，用上面一层每个格子的值减去这一层对应格子里的值，得出每相邻两层的差值。如果相邻层相等，差值会很小；如果相邻层相似，那么具有一定的差值，但连续的差值变化不大；如果相邻层不同，差值会相差很大。由此，可以分出古建筑物的相似层和相同层。图 14-3 为中国古建筑物点云数据的聚类分割结果，其中，图 14-3（a）为台基，图 14-3（b）为柱子和门窗，图 14-3（c）为屋顶 1，图 14-3（d）为屋顶 2，图 14-3（e）为镶嵌在柱子之间的平面，图 14-3（f）为两屋顶之间的平面。

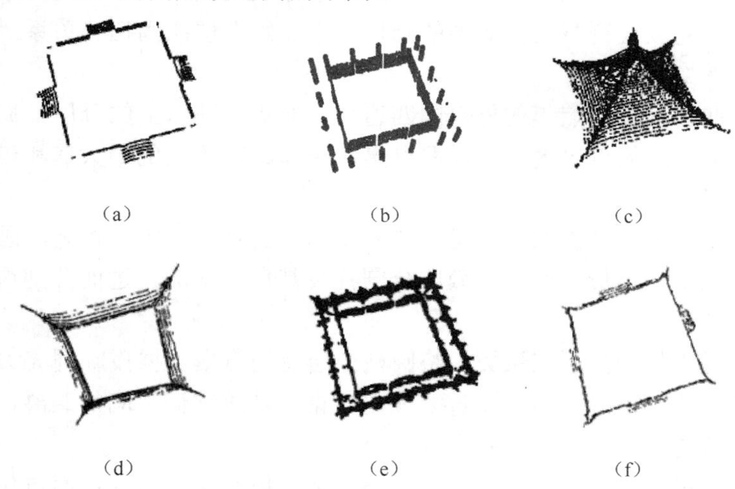

图 14-3　中国古建筑物点云数据的聚类分割结果

14.1.2　基本形状检测

基本形状有很多种，本节仅介绍直线和圆柱及其检测方法。

古建筑物中由基本形状组成的构件主要有台基、柱子、门和窗等。其中，台基、门和窗由基本几何形状组成，如三角形和四边形等。因此，可以基于 Hough 变换提取出点云数据层中的直线，从而得到对应基本形状的每条边。接着，通过这些直线求出它们的交点，确定三角形或四边形的各个顶点的坐标，从而为其他各种基本形状检测做铺垫，如图 14-4 和图 14-5 所示。

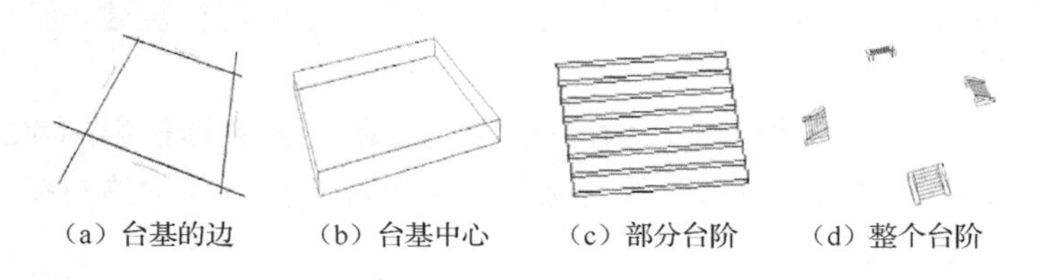

图 14-4　台基中各部分的提取结果

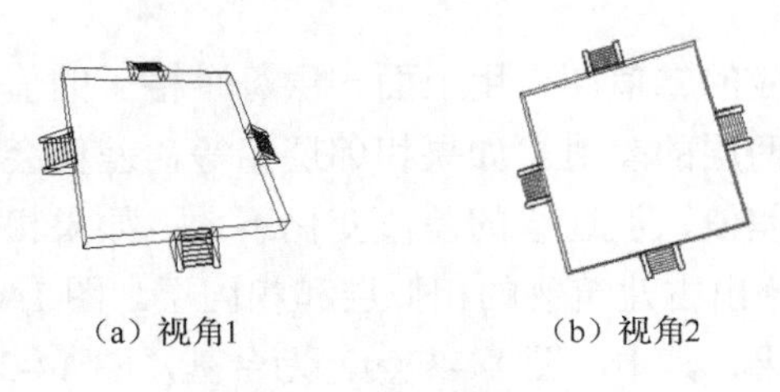

（a）视角1　　（b）视角2

图 14-5　不同视角下的台基

古建筑物中另一个重要且最为常见的基本形状是圆柱，可以通过最小二乘法进行曲线拟合完成检测每层点集中的圆柱，进而结合层次间拓扑关系对其进行提取。具体步骤如下：

（1）求取圆柱分层点集的外包围四边形。遍历台基以上的分层数据，即屋身的圆柱点云分层后的点集数据，根据点集数据 X、Y 方向的最大值和最小值求取外包围四边形。

（2）圆柱点云数据提取。屋身中的柱子和门窗具有一定的距离，因此通过缩小和扩大外包围四边形，可以有效区分圆柱及其后的平面，进而分别得到圆柱和平面的数据。

（3）分层点集的投影点聚类。将圆柱分层后的点集数据投影到 XOY 平面上，并取 $x > 0$ 且对称轴斜率在 k_1 和 k_2 之间的数据，计算它们之间的距离，并将距离小于给定阈值的点归为一簇，完成点的聚类。

（4）圆柱模型提取。首先，通过最小二乘法拟合聚类后的单面点集，得出处于不同位置的圆。其次，根据古建筑物关于中心对称以及四面之间关于对称轴 k_1 和 k_2 对称的特点，分别求出其他三面点集的圆位置。最后，基于圆柱所在层的高度以及不同层次间的拓扑关系实现圆柱的重建。

14.1.3　曲面重建

通常，自由曲面结构比较复杂，不能通过识别几何形状来对其进行提取，需要依据曲面上点的特点，通过曲线、曲面或者三角网格完成曲面的重建。

在古建筑物中，屋顶由自由曲面组成，并含有四个面，这四个面往往具有对称性。因此，可以先对一个面的点云数据进行提取和网格重建（参阅第 11 章的相关内容），然后根据古建筑物的对称性对屋顶的另外三面进行重建。仅对一个面的曲面重建的步骤如下：

（1）单面曲面点云提取。将自由曲面（屋顶）的点云数据投影到 XOY 平面上，通过 Hough 变换提取这些投影点的对称轴，并通过计算对称轴的斜率 k_1、k_2 提取一面曲面的点云数据。

（2）单面曲面点云分层。分析并遍历单面曲面的点云数据，将其按照 y 值从小到大进行排序，求出 y 值的最小值和最大值对应的点，然后将所有点等距离切分 N 次，相邻切分平面的间距为 $\text{distance} = (y_{\max} - y_{\min})/N$ 。

（3）层间点云数据重采样。通过计算 $y_{\min} + \text{distance} \cdot i (i = 1, 2, \cdots, N)$ 可以求得每个切分平面上点的 y 值，但是点的分布很散乱，可能在某个切分平面上没有点，这样会造成重建的误判。因此，在每个切分平面上加上一个阈值，使其成为有厚度的立方体。对于各立方体的点，用其平均值来替代。

（4）曲面点云简化与重建。为减少计算量，通过重采样对调整后的点云数据进行简化。然后，对采样后的点集，按照 y 值从小到大、从下一层到上一层，依次进行四边形网格化。

基于提取和重建的单面曲面，根据相邻面之间的对称关系，以及古建筑物中心对称的特点，求出其他三个面的点云坐标。然后分别对每个曲面上的点进行四边形网格重建，如图 14-6～图 14-8 所示。

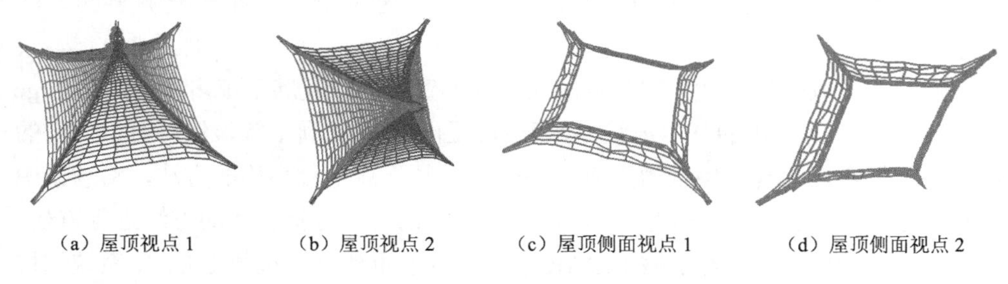

（a）屋顶视点 1　（b）屋顶视点 2　（c）屋顶侧面视点 1　（d）屋顶侧面视点 2

图 14-6　屋顶的四面点云提取与曲面网格重建效果

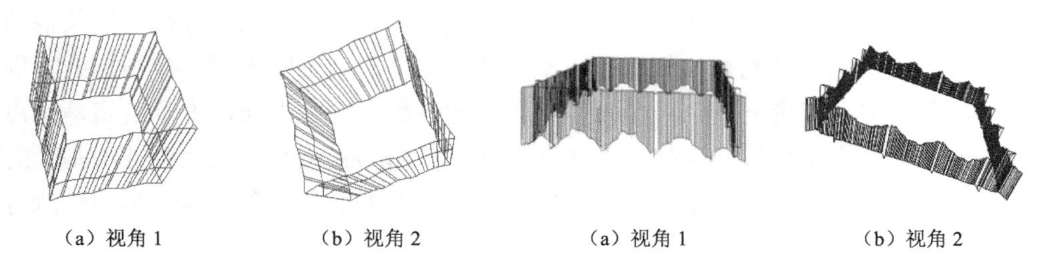

（a）视角 1　（b）视角 2　（a）视角 1　（b）视角 2

图 14-7　门窗点云提取与网格重建效果　　图 14-8　圆柱点云提取与网格重建效果

14.1.4　多构件融合

实验中所使用的点云数据均是通过 Topcon GLS-1500 扫描获得原始数据，没有经过任何预处理操作。

基于上述对基本形状的重建以及自由曲面的重建结果，结合建筑物各个构件的拓扑关系，采用融合策略，实现点云复杂古建筑物的重建，如图 14-9 所示。

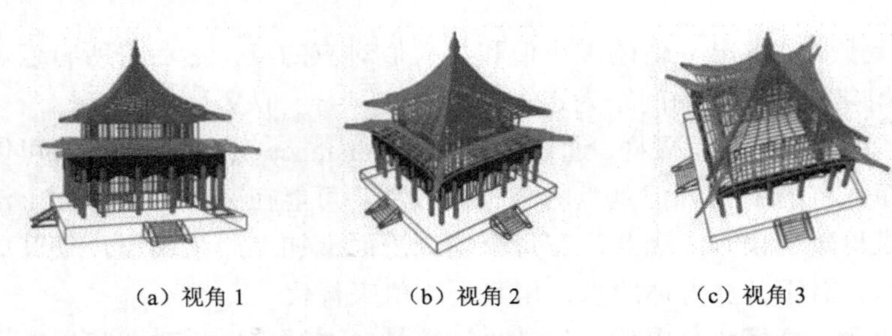

（a）视角 1　（b）视角 2　（c）视角 3

图 14-9　点云复杂古建筑物（西安兴庆宫沉香亭）重建结果图

14.2　点云场景物体提取

在第 12 章和 14.1 节，分别介绍了场景中最为重要的两个组成元素（树和建筑物）的重建方法。从本节开始，针对点云场景重建，介绍一套完整的方法体系。

针对点云场景的重建，在长期的应用和实践中已经发展了很多方法。Lafarge 等[5,6]通过识别场景中的基本形状，如平面、圆柱、球和圆锥等，然后对识别出的形状进行拟合，实现对场景的重建。Zhou 等[7]基于能量最小化的方法，将场景中的对象分为建筑物、树木和地面，随后针对不同的对象选择合适的方法进行重建。然而，该方法仅局限于对机载 LiDAR 点云数据的重建，而机载 LiDAR 系统扫描过程中距离地面目标很远，对于地面上的车辆、电线杆等小物体，无法得到足够的采样点。实际上，除了建筑物、地面和树木，真实场景中还会存在很多其他的复杂对象，而地面激光扫描仪能够实现对城市环境的高密度采样，被扫描的对象不再局限于一个或者一类，而是针对城市中的各种实物。为此，本章给出基于点云场景重建的方法体系，包括基于高斯球分布和 Mean-shift 算法[8]等方法基础之上的基本形状提取、基于聚类的物体空间拓扑关系提取和基于逼近的多构件融合场景重建等[9-17]。

14.2.1　场景形状分析

图 14-10（a）为利用地面激光扫描仪扫描得到的点云建筑物实例。可以看出，该场景由形式多样的物体组成，包括但不限于建筑物、道路、树木和行人等。若对场景中的物体进行单独分析，很容易发现它们其实也是通过一些基本的形状体组合而成。如图 14-10（b）中的点云建筑物，其可以视为由平面和圆柱体构成，道路由平面构成。同样地，宣传栏能够视作通过多个法矢不同的平面组合而成。特别地，树叶的点云数据比较散乱，不能利用基本形状来描述。通常，任何自然

场景中的基本形状均可归类成如图 14-11 所示的结构。本节重点介绍点云建筑物中包含的基本形状，如平面、圆柱、圆锥和球体等。接下来，对这些基本形状进行详细讨论。

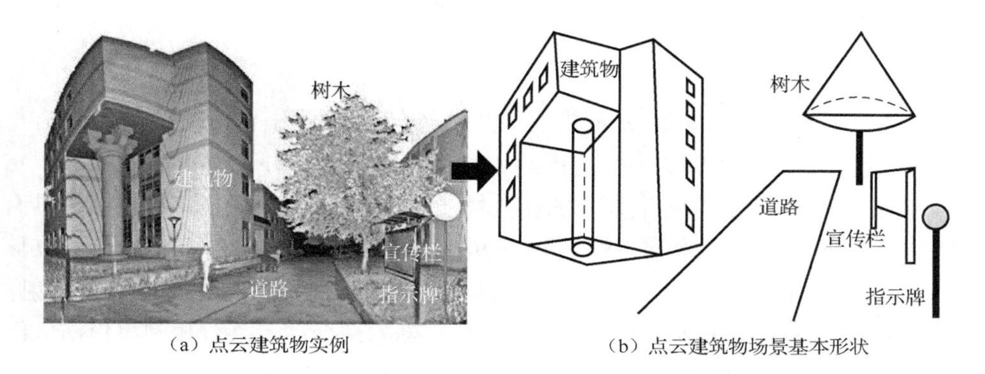

（a）点云建筑物实例　（b）点云建筑物场景基本形状

图 14-10 点云建筑物及其场景中的基本形状示意图

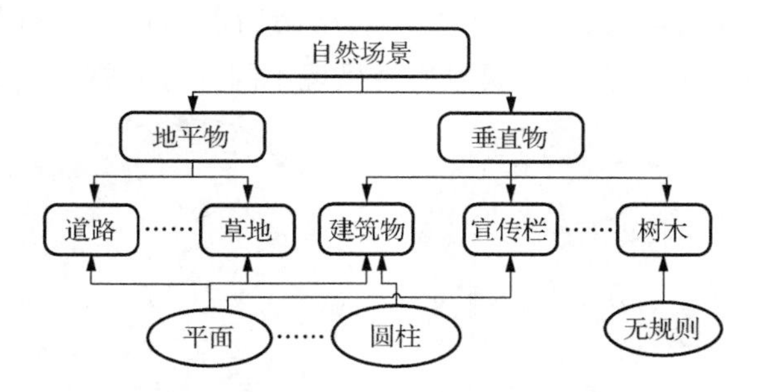

图 14-11 自然场景中的基本形状归类图

1. 平面

利用空间上任意一点 p 以及点 p 的单位法矢 n 能够决定一个平面，该平面可以通过二元几何参数 $\langle p,n\rangle$ 进行描述。假设平面的法矢为 $n=(n_x,n_y,n_z)$，平面过一个已知点 $p(x_0,y_0,z_0)$，则平面方程为 $n_x(x-x_0)+n_y(y-y_0)+n_z(z-z_0)=0$。其中，$n_x$、$n_y$、$n_z$ 不全为 0。

2. 圆柱

类似于平面的表述，可通过三元几何参数 $\langle p,n,r\rangle$ 来表示圆柱。其中，点 $p(x_0,y_0,z_0)$ 表示柱面轴线上的任意一点；n 表示轴线的单位向量；r 表示圆柱的半径。对于圆柱面上任意一点，其法矢都与轴线的单位向量 n 垂直。

3. 圆锥

圆锥可以通过三元几何参数$\langle p,n,\alpha \rangle$表示，其中，点$p(x_0,y_0,z_0)$是圆锥的顶点，$n$为圆锥的轴线单位向量，$\alpha$是圆锥角的一半。

4. 球体

球体能够通过二元参数$\langle p,r \rangle$描述，其中，点$p(x_0,y_0,z_0)$、r分别表示球心与球体的半径，球体的方程为$(x-x_0)^2+(y-y_0)^2+(z-z_0)^2=r^2$。

为便于理解，首先介绍高斯球的相关性质。假设$S=S(u,v)$是三维空间中具有连续法矢的规则曲面，对于 S 上一点$p(p\in S)$，将其单位法矢映射到单位球$S^2=\{(x,y,z)\in R^3 \mid x^2+y^2+z^2=1\}$。映射结果$G:S\to S^2$称为曲面$S$的高斯映射，高斯图定义为$G(S)=\{n(p)\mid p\in S\}$，单位球$S^2$称为高斯球。具有相同单位法矢的点会映射到高斯球上的同一位置，因此，高斯映射是多对一的映射。

假设$P=\{p_i \mid i=1,2,\cdots,n\}$是构成曲面的点集，$n(p_i)$表示点$p_i$的法矢。那么，$P$的高斯映射为$G(P)=\{n(p_i)\mid p_i\in P\}$，利用高斯图像可以进行形状的识别。如图 14-12 所示，不同形状在高斯映射后会呈现不同的分布规律，具体性质如下。

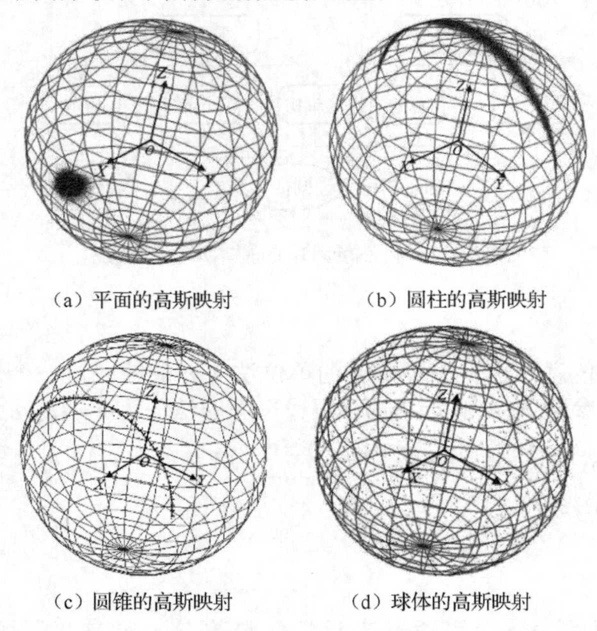

（a）平面的高斯映射　（b）圆柱的高斯映射

（c）圆锥的高斯映射　（d）球体的高斯映射

图 14-12　不同形状在高斯映射后的分布规律

（1）平面上各点的法矢都是相同的，因此，在高斯映射后，平面上的点在高斯球上会重合于一点。但是，点云数据容易受到噪声的影响，且法矢计算未必准确，导致平面点的法矢在高斯球上会聚集在一小块区域，如图 14-12（a）所示。

（2）理论上，圆柱上任意点的法矢都与其轴线的单位向量 n 垂直。因此，圆柱上任意一点在高斯映射后得到的映射点都在过原点且法矢为 n 的平面上，该平面可以表示为 $(n,0)$。在实际应用中，圆柱的映射点在高斯球上的分布可近似视作一个大圆，如图 14-12（b）所示。

（3）圆锥上任意一点的法矢与轴线方向 n 的夹角与圆锥角的一半互余，那么，圆锥在高斯映射后得到的映射点能够构成平面 $(n,\sin\alpha)$。在实际应用中，圆锥的映射点在高斯球上的分布是一个小圆，如图 14-12（c）所示。

（4）球体上每一点的法矢都不相同，球体的法矢在高斯球上的分布与其本身相似，且分布较均匀，如图 14-12（d）所示。

基于高斯球的点云建筑物基本形状提取方法主要包括四步，具体过程如下：

（1）粗分割与提取。首先，计算原始点云数据中各点的法矢；然后，将法矢投影到高斯球上，得到相应的投影点，利用 Mean-shift 算法对其进行聚类。那么，法矢方向相近的点能够归为一类。

（2）细分割与提取。根据高斯映射的性质，进行高斯映射后，法矢方向相同的点会出现在同一个位置，利用基于距离的聚类（distance-based clustering，DBC）方法，以及面片之间的距离，实现对点云的准确分割（避免欠分割）。

（3）形状识别。基于高斯映射的性质以及曲率等微分几何信息，对分割后的点集进行形状识别（如平面、圆柱、圆锥和球体等）。

（4）修正与细化。依据形状的相似性对邻近的形状簇进行合并，确保基本形状提取的准确性。

14.2.2　基本形状提取

下面介绍粗分割与提取、细分割与提取、形状识别和修正与细化四个方面。

1. 粗分割与提取

1）法矢计算

通过主成分分析（principal component analysis，PCA）法计算点云数据中每点的法矢。假设 p_i 表示点云数据的其中一点，确定点 p_i 的 k 个近邻点 $\{p_1,p_2,\cdots,p_k\}$，那么，p_i 的三阶协方差矩阵可表示为

$$M=\frac{1}{k}\sum_{i=1}^{k}(p_i-\overline{p})(p_i-\overline{p})^{\mathrm{T}} \tag{14-1}$$

其中，$\overline{p}$ 表示点 p_i 的 k 个近邻点的平均值，即 $\overline{p}=\frac{1}{k}\sum_{i=1}^{k}p_i$。

利用 SVD 法对式（14-1）所示的半正定协方差矩阵 M 进行特征值分解，得到其特征值，且 $\lambda_3 > \lambda_2 > \lambda_1 > 0$，那么，最小特征值 λ_1 对应的特征向量 (n_x, n_y, n_z) 即为点 p_i 的法矢。

2）高斯映射

对于曲面上的任意一点，将其单位法矢的起点平移到坐标系原点的过程称为高斯映射。假设 $n_p = (n_x, n_y, n_z)$ 表示点云数据中点 p 的法矢，通过式（14-2）可以获得点 p 在高斯球上的映射位置：

$$\begin{cases} \mathrm{ud} = \arcsin(n_y) \\ \mathrm{ld} = \arctan(n_x, n_z) \end{cases} \tag{14-2}$$

点云数据中每个点的法矢都和高斯球上的一个点相对应，因此，以高斯球球心为坐标系原点，可以建立一个球坐标系。将 p 在高斯球上的映射位置从球坐标转换到直角坐标，如式（14-3）所示：

$$\begin{cases} x_{\mathrm{norm}} = \cos(\mathrm{ud}) \cdot \cos(\mathrm{ld}) \\ y_{\mathrm{norm}} = \cos(\mathrm{ud}) \cdot \sin(\mathrm{ld}) \\ z_{\mathrm{norm}} = \sin(\mathrm{ud}) \end{cases} \tag{14-3}$$

3）Mean-shift 算法

Mean-shift 算法是基于核密度估计的无参快速模式匹配算法[4]。相比 k-means 算法，Mean-shift 算法不需要预先设定分类的数目 k。

给定 d 维空间 R^d 中的 n 个点 $x_i (i = 1, \cdots, n)$，$K_H(x)$ 表示该空间的核函数。那么，对于任意一点 x_i，其概率密度估计如下所示：

$$\hat{f}(x) = \frac{1}{n} \sum_{i=1}^{n} K_H(x - x_i) \tag{14-4}$$

其中，

$$K_H(x) = |H|^{-\frac{1}{2}} K(|H|^{-\frac{1}{2}} x) \tag{14-5}$$

式中，H 为 $d \times d$ 带宽矩阵，通常将其设为单位阵，即 $H = h^2 I$。那么，式（14-4）可写为

$$\hat{f}(x) = \frac{1}{nh^d} \sum_{i=1}^{n} K\left(\frac{x - x_i}{h}\right) \tag{14-6}$$

其中，核函数 $K(\cdot)$ 为

$$K(x) = c_{k,d} k(\| x^2 \|) \tag{14-7}$$

将式（14-7）代入式（14-6），基于核函数的轮廓函数，无参概率密度估计表达变为

$$\hat{f}_{h,K}(x)=\frac{c_{k,d}}{nh^d}\sum_{i=1}^{n}K\left(\frac{x-x_i}{h}\right) \tag{14-8}$$

对式（14-8）进行梯度运算，则有

$$\hat{\nabla}f_{h,K}(x)=\nabla\hat{f}_{h,K}(x)=\frac{2c_{k,d}}{nh^{d+2}}\sum_{i=1}^{n}(x-x_i)K'\left(\left\|\frac{x-x_i}{h}\right\|^2\right) \tag{14-9}$$

令 $g(x)=-k'(x)$，核函数为式（14-7），$G(x)=c_{g,d}g(\|x\|^2)$，则式（14-9）可重写为

$$\hat{\nabla}f_{h,K}(x)=2f_{h,G}(x)\cdot m_{h,G}(x) \tag{14-10}$$

式中，$f_{h,G}(x)$ 为在 x 处基于 $G(x)$ 的无参概率密度估计；$m_{h,G}(x)$ 为 Mean-shift 向量：

$$f_{h,G}(x)=\frac{c_{k,d}}{nh^{d+2}}\left[\sum_{i=1}^{n}g\left(\left\|\frac{x-x_i}{h}\right\|^2\right)\right] \tag{14-11}$$

$$m_{h,G}(x)=\frac{\sum_{i=1}^{n}x_i g\left(\left\|\frac{x-x_i}{h}\right\|^2\right)}{\sum_{i=1}^{n}g\left(\left\|\frac{x-x_i}{h}\right\|^2\right)}-x \tag{14-12}$$

当且仅当 $m_{h,G}(x)=0$，$\hat{\nabla}f_{h,K}(x)=0$，新的圆心坐标由式（14-13）计算得到：

$$x=\frac{\sum_{i=1}^{n}x_i g\left(\left\|\frac{x-x_i}{h}\right\|^2\right)}{\sum_{i=1}^{n}g\left(\left\|\frac{x-x_i}{h}\right\|^2\right)} \tag{14-13}$$

核函数又称窗口函数，在核估计中用于实现平滑的效果。部分常见的核函数有均匀核函数、高斯核函数、依潘涅契科夫（Epanechikov）核函数等。

Mean-shift 算法的步骤如下：

（1）选择空间中的某点 x，并以 x 为圆心、h 为半径构建一个高斯球，随后记录落在球内的所有点 x_i。

（2）计算 Mean-shift 向量 $m_{h,G}(x)$，如果 $m_{h,G}(x)<\varepsilon$（ε 为允许误差），算法结束；否则，利用式（14-13）计算 x，重复（1）。

算法结束时，核函数的无参概率密度估计的梯度为零，此时算法收敛到数据空间中密度最大的点。实际上，Mean-shift 算法是一个梯度上升算法，其步长会发生变化，因此，也可将其视为一种自适应梯度上升算法。

对点云数据进行分割也就是将数据分割成若干个子集，这些子集不会出现相互重叠的现象，且每一个子集中的数据都具有某些相同的属性（性质）。假设 $P=\{p_1,p_2,\cdots,p_n\}$ 表示原始点云数据，将 P 分割成不同的数据集 P_1、P_2、$\cdots$、P_m，那么，$\bigcup\limits_{i=1,\cdots,m} P_i = P$ 且 $P_i \cap P_j = \varnothing (i \neq j)$。$G(P)$表示原始点云数据 P 进行高斯映射后的数据集，则有 $G(P)=\bigcup\limits_{i=1,\cdots,m} G(P_i)$ 且 $G(P_i)\cap G(P_j)\neq\varnothing(i\neq j)$。

根据高斯球的性质可知，原始点云数据进行高斯映射后，具有相同法矢的点会映射到高斯球上同一位置。平面和圆柱进行高斯映射后，会聚集在特定区域内。那么，利用 Mean-shift 算法能够实现对高斯球上的点进行粗分割。

图 14-13 为采用均匀核函数的 Mean-shift 算法进行粗分割的结果，图 14-13（a）是点云建筑物 1 的点云数据图，图 14-13（b）是将点云建筑物 1 中每点的法矢映射到高斯球上的效果图。可以看出，颜色较深的区域，点分布比较密集。图 14-13（c）是利用 Mean-shift 算法对其进行聚类的效果图，图 14-13（d）是与图 14-13（c）相对应的分割结果。可以看出，具有相同法矢的点被分为同一个簇。

（a）点云建筑物1的点云数据图

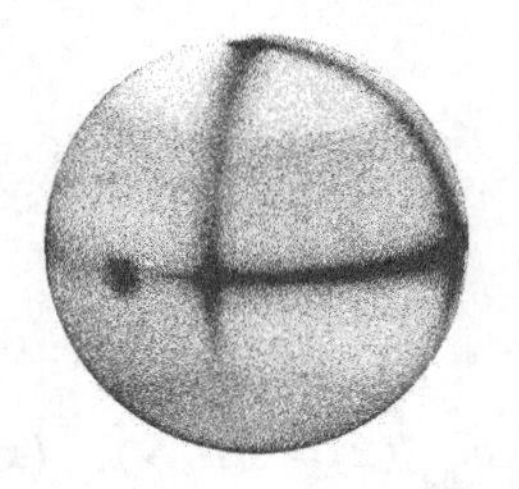

（b）点云建筑物1的高斯球效果图

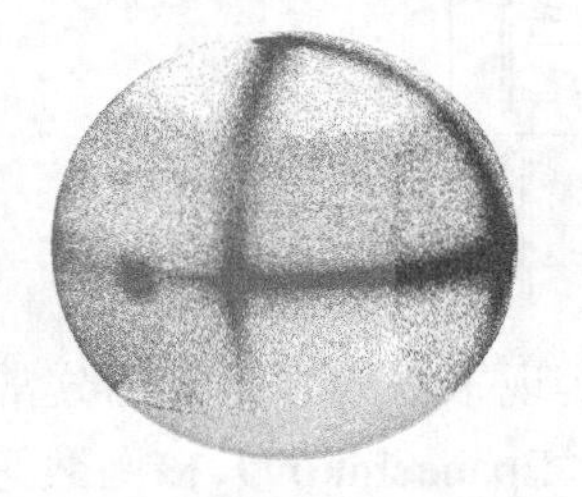

（c）高斯图的聚类结果

（d）点云建筑物1的分割结果

图 14-13　点云建筑物 1 的粗分割结果示意图

2. 细分割与提取

根据高斯映射的性质可知，法矢方向相同的点在高斯映射后会重合于同一点。

因此，相同类型的曲面在高斯映射后会在高斯球上出现重叠，但这些重叠的曲面之间也会有一定的距离，利用基于距离的点云聚类方法能够将其分开。

基于距离的点云聚类方法，具体实现步骤如下：对于点云内任意一点 p_i，利用 kd-tree 法找出点 p_i 的 k 个近邻点，随后计算点 p_i 与各近邻点的距离，并将距离小于 r 的点归为一类，得到 $P_{\text{r-distance}} = \{(p_i, p_j, d_{ij}) \mid d_{ij} \leqslant r, i \neq j\}$，其中，$d_{ij}$ 表示 p_i 与 p_j 之间的距离，如图 14-14 所示。

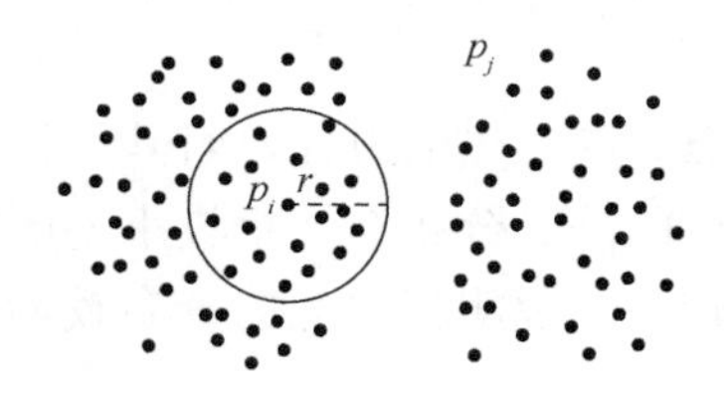

图 14-14　基于距离的点云聚类方法示意图

图 14-15 为 2 个点云建筑物的细分割结果，可以看出，在图 14-15（a）中，圆柱被分为两部分。

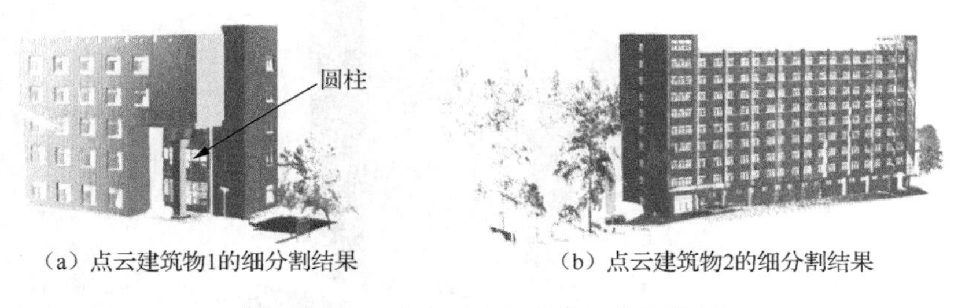

（a）点云建筑物1的细分割结果　　（b）点云建筑物2的细分割结果

图 14-15　2 个点云建筑物的细分割结果

3. 形状识别

下面介绍基本形状（如平面、圆柱、圆锥和球体）的识别方法。假设细分后的点云数据集合为 $P_i(i=1,2,\cdots,m)$，$G(P_1)$、$G(P_2)$、…、$G(P_m)$分别表示 P_1、P_2、…、P_m 进行高斯映射后的数据集。分别判断每一簇点云数据 P_i 的类型，以便实现对单个物体的分割以及识别。

1）平面的识别

实际上，由于噪声、计算过程中的误差等因素，平面点云数据在高斯球上的映射点并不会严格重合于一点，而是聚集在一个小区域内。因此，要判断一簇点云数据 P 是否为平面，应该判断 P 的高斯映射数据集 $G(P)$是否集中在一个小的区域内。

首先，利用式（14-14），计算高斯映射数据集 $G(P)$的中心：

$$\overline{c}_i = \frac{1}{N}\sum_{i=1}^{N} G(p_i) \tag{14-14}$$

其中，N 为该簇点的个数；p_i 为点云数据 P 中任意一点。

其次，利用式（14-15），得到每一个点云簇法矢的方差：

$$\mathrm{var}[G(p_i)] = \frac{1}{N}\sum_{i=1}^{N}[G(p_i) - \overline{c}_i]^2 \tag{14-15}$$

最后，利用得到的各点云簇法矢的方差，对其进行比较。对于某个点云簇，若其方差较小，则说明该簇的法矢分布在一个较小的区域内，可以将其判断为平面。相反，若该簇的方差较大，说明其法矢的分布较为分散，显然不符合平面的要求。

图 14-16 为点云建筑物 1 的平面提取结果，利用平面在高斯球上的分布规律得到了点云建筑物中的平面簇。

图 14-16　点云建筑物 1 的平面提取结果

2）圆柱的识别

圆柱和圆锥在高斯球上的映射均为一个弧，很难利用高斯球进行圆柱和圆锥的识别。因此，需要通过判断点云簇的分布模式来识别圆柱和圆锥。点云簇的常见分布模式有发散状（scatter-ness）分布、线状（linear-ness）分布和面状（surface-ness）分布等。

假设λ_1、λ_2和λ_3是通过 SVD 法得到的三个特征值，其中$\lambda_1 < \lambda_2 < \lambda_3$。如图 14-17 所示，如果$\lambda_1 \approx \lambda_2 \approx \lambda_3$，点云簇的分布模式为发散状；如果$\lambda_1 \approx \lambda_2 << \lambda_3$，点云簇的分布模式为线状；如果$\lambda_1 \leqslant \lambda_2 \approx \lambda_3$，点云簇的分布模式为面状。通过实验可以发现，圆柱的分布模式为线状，即$\lambda_1 \approx \lambda_2 << \lambda_3$；圆锥的分布模式为发散状，即$\lambda_1 \approx \lambda_2 \approx \lambda_3$。因此，利用该性质可以很好地识别圆柱和圆锥。

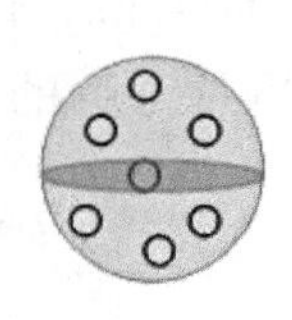
(a) 发散状分布($\lambda_1 \approx \lambda_2 \approx \lambda_3$)

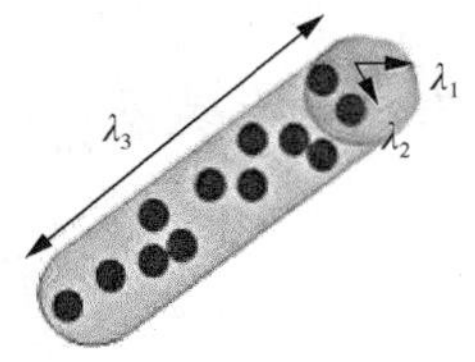

(b) 线状分布($\lambda_1 \approx \lambda_2 \ll \lambda_3$)

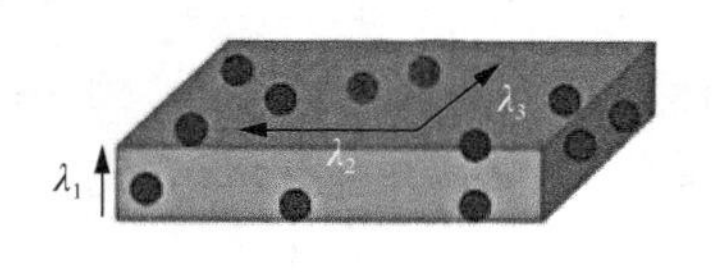

(c) 面状分布($\lambda_1 \leqslant \lambda_2 \approx \lambda_3$)

图 14-17　形状分布图

在完成平面识别后，将剩下的点云簇视为一个整体，利用每一个点云簇中所有点的三维坐标值，计算整体点云数据的协方差矩阵 C，则有

$$C = \sum_{i=1}^{N} (p_i - \overline{p})(p_i - \overline{p})^{\mathrm{T}} \tag{14-16}$$

其中，N 为每个点云簇中点的个数；p_i 为点云簇中第 i 个点的坐标 (x_i, y_i, z_i)；$\overline{p}$ 为点云簇的中心点，即 $\overline{p} = \dfrac{1}{N}\sum_{i=1}^{N} p_i$。利用 SVD 法进行矩阵分解，得到协方差矩阵 C 的三个特征值 λ_1、λ_2 和 λ_3，通过比较三个特征值，找到特征值满足 $\lambda_1 \approx \lambda_2 \ll \lambda_3$ 的点云簇，完成柱状分布簇的提取。

同样地，利用特征值的性质找到场景中分布模式为线状的点云簇，然后利用曲率信息完成对圆柱的识别。

然而，对于点云建筑物 1，树干也可能被识别为线状分布。因此，需要对识别对象进行进一步判断。圆柱面参数方程为 $(\rho\cos u, \rho\sin u, v)$，经过计算，其两个主曲率具有以下特点：$|k_1| = 1/\rho$，$k_2 = 0$（$\rho$ 为圆柱半径）。那么，其曲率映射点重合于坐标轴正方向上的一点，如图 14-18 所示。对于有噪声的点云数据，圆柱面的映射点会聚集在坐标轴上的一个小区域。因此，要判断一簇点云数据 P_i 是否为圆柱，应判断该簇曲率映射后的数据集 $G(P_i)$ 是否集中在坐标轴上的一个小区域内，下面介绍具体的实现步骤。

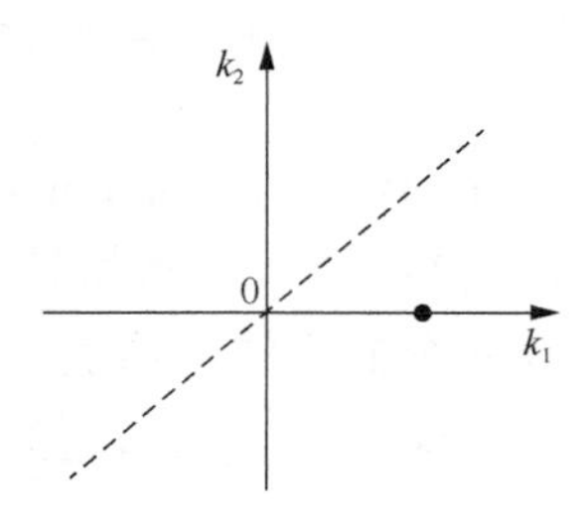

图 14-18　圆柱曲率映射示意图

（1）计算点云数据中每点的曲率。假设 $|k_1| > |k_2|$，$|k_1|$ 为绝对值较大的主曲

率，$|k_2|$为绝对值较小的主曲率，且$|k_2|\approx 0$。分别将每点的$(|k_1|,k_2)$作为(x,y)坐标，在坐标系中画出。图 14-19 为点云建筑物 1 中两个圆柱数据的曲率投影结果。

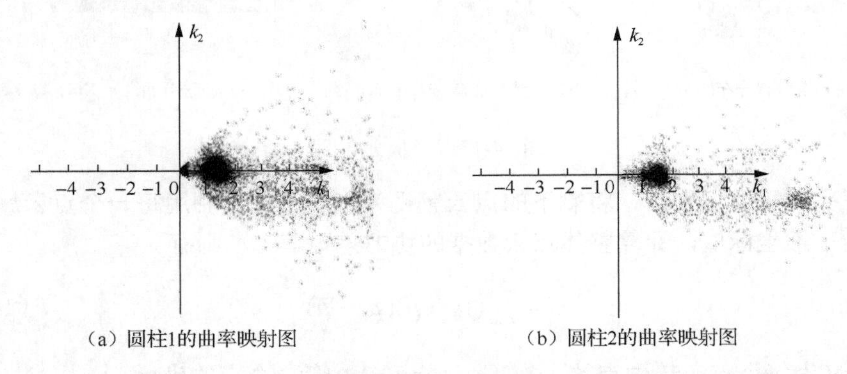

（a）圆柱1的曲率映射图　　（b）圆柱2的曲率映射图

图 14-19　点云建筑物 1 中两个圆柱数据的曲率投影结果

（2）利用式（14-17），得到每一簇点云 P_i 曲率聚集的中心。由于噪声、曲率计算不准确等，曲率映射并不会严格集中在一个小的区域内，有很多散乱点分布于 X 轴的正方向。因此利用式（14-17）统计$|k_2|\approx 0$的点的平均坐标，以便正确确定曲率聚集的中心。曲率映射点重合于坐标轴上的一个区域，因此以$(\bar{k}_1,0)$为圆心，统计与其距离小于 1 的点的集合。在此半径内的点数占所有点数的 70%以上，即可判断该点云簇为圆柱。

$$\bar{k}_1=\frac{1}{N}\sum_{i\in N}|k_1^i| \tag{14-17}$$

其中，N 为该簇点云 P_i 中$|k_2^i|<1$点的个数。

3）圆锥的识别

完成平面与圆柱的识别后，利用曲率信息对圆锥进行识别。圆锥的曲率特点：$|k_1|>0$，$k_2=0$。圆锥的曲率会分布在 X 轴附近，统计$|k_2|\approx 0$的点，若对应的点个数占点云簇所有点数的 70%以上，则判断该点云簇为圆锥。

4）球体的识别

球体的参数方程为$(\rho\cos u\sin v,\rho\sin u\cos v,\rho\sin v)$，其中，$\rho$为球面半径，球面点具有以下性质：$|k_1|=|k_2|=1/\rho$。基于曲率信息对球体进行识别，首先利用式（14-18）和式（14-19）计算两个曲率的平均值，以$(\bar{k}_1,\bar{k}_2)$为中心，找到与其距离小于 1 的点的集合。若在此半径内的点占点云簇所有点数的 70%以上，则该点云簇为球体。

$$\bar{k}_1=\frac{1}{N}\sum_{i=1}^{N}|k_1^i| \tag{14-18}$$

$$\overline{k}_2 = \frac{1}{N}\sum_{i=1}^{N} | k_2^i | \tag{14-19}$$

其中，N 为该簇点的个数。

此外，场景中也包括许多不能由基本形状表示的对象，利用排除法，去除基本形状，剩余的点云数据即为非基本形状点云。

4. 修正与细化

利用 Mean-shift 算法对点云数据进行粗分割时，会出现将圆柱分割成多个部分的现象。因此，需要对识别的基本形状进行修正与细化，避免细碎面片与过分割，下面介绍修正与细化的基本规则。

对于平面类的点云数据，给定两簇数据 S_i 与 S_j，二者的平均法矢 S_i^* 、S_j^* 满足：①两簇数据法矢方向相同，即 $\theta(S_i^*, S_j^*) < 1°$；②利用 alpha 形状方法[5]计算一个平面簇 S_i(S_i.size() < S_j.size())的轮廓点，对于每一点找其 k 个近邻点，如果其中包含平面簇 S_j 中的点，则将两个平面簇 S_i 和 S_j 合并。

对于圆柱、圆锥和球体类的点云数据，给定两簇数据，利用 kd-tree 法找出其中一个圆柱簇（或者圆锥、球体）中每一点的 k 个近邻点，判断近邻点中是否包含另一圆柱簇中（或者圆锥、球体）的点。若近邻点中存在另一簇中的点，则将两簇进行合并。

14.3　拓扑关系提取

结合第 8 章和第 9 章的方法，14.2 节实现了点云场景中物体的提取。要进行场景重建，物体之间的空间拓扑关系是不可缺少的内容之一，为此，本节介绍基于形状特征分类的拓扑关系提取方法。

经过观察可以发现，通过地面激光扫描仪得到的点云数据中，地面往往占很大一部分，但是人类的关注点多为地面上的物体。首先，可以利用每点的形状信息、法矢分布的规则性及其方向等微分几何特征，将点云场景数据分为地面点、地面上的平面点和地面上的非平面点，降低点云场景的复杂度；其次，采用分而治之的思想，针对不同类别的点，采用不同的分割方法；最后，在分割的基础上，获得点云场景中形状间的拓扑关系。

基于点云场景形状的空间拓扑关系的提取步骤，主要分为四步：

（1）点集分类。以每个点的形状特征、法矢方向、法矢在高斯球上的最大变化度、法矢分布的规则性以及与最低点的高度差作为特征进行训练学习，利用支持向量机（support vector machine，SVM）对点云场景数据进行划分，得到三类数据，分别是地面点、地面上的平面点和地面上的非平面点。

(2) 不同类型数据的分割。基于分而治之的思想，针对不同形状类型的点（地面上的平面点和非平面点）采用不同的分割方法。对于地面上的平面点，基于前面提出的粗分割-细分割方法，利用法矢和距离信息将平面点分割成多个单独的平面；对于地面上的非平面点，利用基于距离的分割方法，将不能由基本形状表示的对象作为一个单独的实体分割出来。

（3）拓扑关系分析。在第（2）步基础上，利用结点表示单个基本形状和单个对象，通过分析场景中基本形状间的空间关系，描述场景中基本形状的拓扑关系。

（4）点云场景重建。基于点云簇的形状信息和形状间的拓扑关系，对于不同类型的点云簇，利用不同的基本形状进行描述，进而实现场景的重建。对于单个平面簇，通过计算平面方程和平面簇中的极值点完成平面的重建；对于拓扑关系为相连接的两平面，通过计算平面方程和平面簇中的极值点完成单个平面的重建外，然后计算两个平面相交的关键点，优化重建结果；对于拓扑关系为包含（在内部）的两个平面，只需要对较大的平面进行重建即可；对于非平面簇，利用模型匹配的方法完成对象的重建。

下面详细介绍点集分类和拓扑关系分析的具体过程。

14.3.1　点集分类

对场景进行分析，发现场景中的对象可以大致分为地面和地面上的物体，如图 14-20 所示。人行道和路面是地面的重要组成部分，建筑物、汽车、行人、窗户和树木是地面上的物体。组成人行道和路面的平面点具有垂直法矢并且 z 值最小，建筑物和汽车则是由不同法矢的平面点构成，行人、窗户和树木则是由非平面点构成。

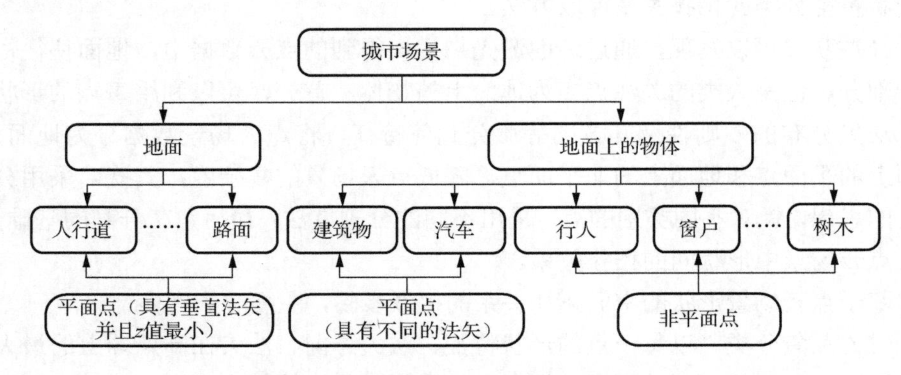

图 14-20　基于场景对象-形状的归类

基于以上分析，能够将场景中的点分为三类：地面点、地面上的平面点和地面上的非平面点。在此，利用 SVM 对点云场景数据进行分类[18]。

1. 线性可分支持向量机

给定训练向量组 $T=\{(x_1,y_1),(x_2,y_2),\cdots,(x_N,y_N)\}$，其中 $x_i\in R^n(i=1,\cdots,n)$，$y_i\in\{-1,+1\}$，假设这些样本能够被一个分类线 $H: wx+b=0$ 线性分割为两类。

如图 14-21 所示，实线把实心点和空心点分开了，这条实线 H 就是分类线，H_1、H_2 分别是经过各类样本中离分类线 H 最近的样本点组成的直线，与 H 平行。其中，$H_1: wx+b=-1$；$H_2: wx+b=+1$。H_1 和 H_2 之间的距离称为分类间隔。SVM 的目标就是寻找最优分类线 H，该分类线不仅将两类样本正确分开，而且使 H_1 和 H_2 之间的分类间隔最大。在高维空间中，最优分类线即为最优分类面。

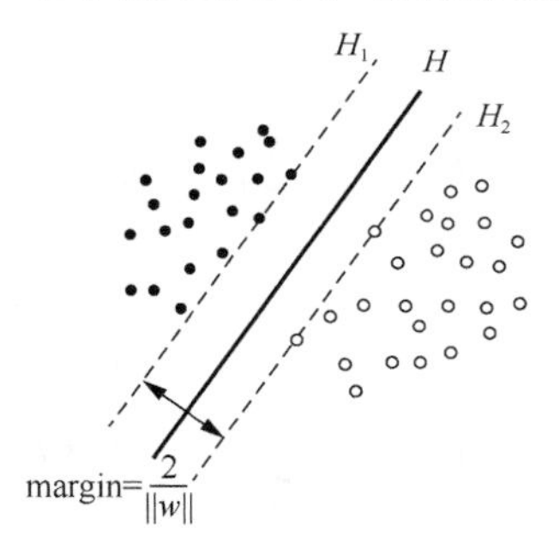

图 14-21　SVM 分类示意图

分类面要将所有训练样本正确分开，需要满足以下约束条件：

$$y_i(wx_i+b)\geqslant 1,\ i=1,2,\cdots,n \tag{14-20}$$

满足式（14-20）且使 $\frac{1}{2}\|w\|^2$ 最小的分类面即为最优分类面。H_1 和 H_2 上的训练样本点称为支持向量。

为解决这个约束最优化问题，引入拉格朗日函数：

$$L(w,b,\alpha)=\frac{1}{2}\|w\|^2-\sum_{i=1}^{N}\alpha_i[y_i(wx_i+b)-1] \tag{14-21}$$

其中，α_i 表示拉格朗日乘子，且 $\alpha_i\geqslant 0(i=1,2,\cdots,N)$。

为了得到拉格朗日函数的极小值，分别求拉格朗日函数关于 w、b 的偏导数，可令 $\frac{\partial}{\partial w}L(w,b,\alpha)=0$、$\frac{\partial}{\partial b}L(w,b,\alpha)=0$，则有

$$w=\sum_{i=1}^{N}y_i\alpha_i x_i \tag{14-22}$$

$$\sum_{i=1}^{N} y_i \alpha_i = 0 \tag{14-23}$$

将式（14-22）和式（14-23）代入式（14-21）中，原问题转化为对偶问题，即

$$\begin{aligned} &\max Q(\alpha) = \max_{\alpha} \sum_{j=1}^{N} \alpha_j - \frac{1}{2} \sum_{i=1}^{N} \sum_{j=1}^{N} \alpha_i \alpha_j y_i y_j x_i x_j \\ &\text{s.t.} \begin{cases} \sum_{i=1}^{N} \alpha_i y_i = 0 \\ \alpha_i \geqslant 0, \quad i = 1, 2, \cdots, N \end{cases} \end{aligned} \tag{14-24}$$

采用优化算法解得最优解 $\alpha^* = (\alpha_1^*, \alpha_2^*, \cdots, \alpha_n^*)$，根据库恩-塔克（Kuhn-Tucker）条件求出参数 b^*，即

$$b^* = y_i - \sum_{i=1}^{N} y_i \alpha_i^* x_i x_j \tag{14-25}$$

那么，最优超平面为

$$f(x) = \operatorname{sgn}\left(\sum_{i=1}^{N} \alpha_i^* y_i x_i x_j + b^* \right) \tag{14-26}$$

其中，$\operatorname{sgn}(\cdot)$ 为符号函数。

2. 近似线性可分支持向量机

上面讨论的是样本线性可分的理想情况，在实际情况中，样本一般是线性不可分的，这样导致一些数据样本分类不正确。因此，在最小化目标函数上添加惩罚因子 C 和松弛变量 ξ_i，目标函数变为

$$\begin{aligned} &\min_{w,b,\xi} \phi(w, \xi) = \frac{1}{2} \| w \|^2 + C \sum_{i=1}^{N} \xi_i \\ &\text{s.t.} \begin{cases} y_i (w^{\mathrm{T}} x_i + b) \geqslant 1 - \xi_i \\ \xi_i \geqslant 0, \quad i = 1, \cdots, N \end{cases} \end{aligned} \tag{14-27}$$

其中，N 为训练的样本数；C 为惩罚参数，C 越大表示分类越严格，对错分的惩罚越重。

引入拉格朗日函数，并分别求其关于 w、b 和 ξ 的偏导数，那么得到式（14-27）的对偶问题：

$$\max Q(\alpha)=\max_{\alpha}\sum_{j=1}^{N}\alpha_j-\frac{1}{2}\sum_{i=1}^{N}\sum_{j=1}^{N}\alpha_i\alpha_j y_i y_j x_i x_j$$

$$\text{s.t.}\begin{cases}\sum_{i=1}^{N}\alpha_i y_i=0\\ 0\leqslant\alpha_i\leqslant C,\quad i=1,2,\cdots,N\end{cases}\tag{14-28}$$

其中，α 表示拉格朗日乘子；x 表示训练样本；y 表示训练样本标记；C 表示惩罚因子。

解得最优解 $\alpha^*=(\alpha_1^*,\alpha_2^*,\cdots,\alpha_n^*)$，在 α^* 中选择一个小于 C 的正分量，并据此计算 b^*，则有

$$b^*=y_i-\sum_{i=1}^{N}y_i\alpha_i^* x_i x_j\tag{14-29}$$

对式（14-29）进行求解，得到决策函数，即

$$f(x)=\text{sgn}\left(\sum_{i=1}^{N}\alpha_i^* y_i x_i x_j+b^*\right)\tag{14-30}$$

3. 线性不可分支持向量机

若训练集为非线性数据，将训练样本映射到一个高维特征空间，使得在这个高维特征空间中样本能够被线性分开。引入非线性核函数 $K(x_i,x_j)=\phi(x_i)\cdot\phi(x_j)$，在非线性变换后进行线性分类，那么目标函数变为

$$\min_{w,b,\xi}\phi(w,\xi)=\frac{1}{2}\|w\|^2+C\sum_{i=1}\xi_i$$

$$\text{s.t.}\begin{cases}y_i[w^{\mathrm{T}}\phi(x_i)+b]\geqslant 1-\xi_i\\ \xi_i\geqslant 0,\quad i=1,\cdots,N\end{cases}\tag{14-31}$$

式（14-31）的对偶问题为

$$\max Q(\alpha)=\max_{\alpha}\sum_{j=1}^{N}\alpha_j-\frac{1}{2}\sum_{i=1}^{N}\sum_{j=1}^{N}\alpha_i\alpha_j y_i y_j K(x_i,x_j)$$

$$\text{s.t.}\begin{cases}\sum_{i=1}^{N}\alpha_i y_i=0\\ 0\leqslant\alpha_i\leqslant C,\quad i=1,2,\cdots,N\end{cases}\tag{14-32}$$

解得最优解 $\alpha^*=(\alpha_1^*,\alpha_2^*,\cdots,\alpha_n^*)$，则有

$$b^*=y_i-\sum_{i=1}^{N}y_i\alpha_i^* K(x_i,x_j)\tag{14-33}$$

将式（14-33）代入超平面方程，得到决策函数，即

$$f(x) = \mathrm{sgn}\left(\sum_{i=1}^{N} \alpha_i^* y_i K(x_i, x_j) + b^*\right) \tag{14-34}$$

4. 核函数

SVM 的核函数形式决定了分类计算的高维特征空间，核函数的设计直接影响到最终分类的效果。SVM 常用的核函数，主要有以下四种。

1）线性核函数

线性核函数是核函数的一个特例，通常在原始特征空间中寻找最优的线性分类器：

$$K(x, y) = xy \tag{14-35}$$

2）多项式核函数

多项式核函数是 $d(d=1,2,\cdots)$阶多项式形式的核函数，对应的 SVM 是一个 d 阶多项式分类器：

$$K(x, y) = (xy + 1)^d \tag{14-36}$$

3）Sigmoid 核函数

采用 Sigmoid 函数作为核函数时，SVM 相当于一种网络结构自动配置的多层感知器神经网络，所得到的是 q 阶多项式分类器：

$$K(x, y) = \tanh(vxy + c) \tag{14-37}$$

4）径向基核函数

径向基核函数是应用最广泛的核函数之一，径向基核函数对应的 SVM 是一种高斯 RBF 分类器：

$$K(x, y) = \exp\left(-\frac{\| x - y \|^2}{\delta^2}\right) \tag{14-38}$$

以上介绍了 SVD 分类器的基本原理以及最优化问题的构造，下面详细介绍基于 SVM 的点分类所用到的特征。

对于点云数据中每个点 p_i，找到其 k 个近邻点$\{p_1, p_2, \cdots, p_k\}$，$p_i$的三阶协方差矩阵为$M = \frac{1}{k}\sum_{i=1}^{k}(p_i - \overline{p})(p_i - \overline{p})^{\mathrm{T}}$，其中$\overline{p}(\overline{p} = \frac{1}{k}\sum_{i=1}^{k} p_i)$表示点$p_i$的 k 个近邻点的平均位置。

利用 SVD 法对半正定的协方差矩阵 M 进行特征值分解，得到协方差矩阵 M 的特征值λ_1、λ_2和λ_3，且满足$0 < \lambda_1 < \lambda_2 < \lambda_3$。基于特征值，定义该点偏离其切平面的程度 F_1，即

$$F_1 = \frac{\lambda_1}{\lambda_1 + \lambda_2 + \lambda_3} \tag{14-39}$$

当 F_1 接近 0 时，表示点 p 的近邻点可以近似拟合成平面，其近邻点中的噪声相对较小。

一旦该点的法矢确定了，需要基于不同的近邻值，计算另一类协方差[19]。利用 kd-tree 法查找每点 p 的 m 个近邻点，记为 N_p^m，p 的协方差矩阵为

$$C_p^m = \frac{1}{N_p^m} \sum_{q \in N_p^m} n_q^{\mathrm{T}} \cdot n_q \tag{14-40}$$

通过 SVD 对式（14-40）中半正定的协方差矩阵 C_p^m 进行特征值分解，得到协方差矩阵 C_p^m 的特征值，且有 $\lambda_1^n \leqslant \lambda_2^n \leqslant \lambda_3^n$。其中，$\lambda_2^n$ 表示法矢在高斯球上的最大变化度，λ_1^n 是点 p 近邻点的法矢分布是否规律的一种度量。对于平面点，λ_1^n 和 λ_2^n 较小，而非平面点的 λ_1^n 和 λ_2^n 较大。因此，定义 $F_2 = \lambda_2^n$，$F_3 = \lambda_1^n$。

地面点的法矢方向总是垂直的，即地面点法矢的 z 值大致接近于 1。假设 $n_i = (n_{xi}, n_{yi}, n_{zi})$ 是地面点的法矢，则 $\mathrm{fabs}(n_{zi}) \approx 1$。因此，这里定义 $F_4 = \mathrm{fabs}(n_{zi})$。

高度差为每个点与地面最低点的距离。根据常识可知，扫描得到的城市点云场景数据中，地面点通常为最低点，最高点往往属于建筑物。因此，这里定义 $F_5 = \Delta z = z_i - z_{\text{lowest}}$。地面点的 F_5 接近 0，而场景中其他平面点的 F_5 则大于 0。

点云场景中不同类型的点其特征值具有不同的特点，表 14-1 对其进行了归纳总结。其中，“$\to 0$”表示趋近于 0，“$\to 1$”表示趋近于 1。

表 14-1　不同类型点特征值的特点

特征	F_1	F_2	F_3	F_4	F_5
地面点	$\to 0$	$\to 0$	$\to 0$	$\to 1$	$\to 0$
地面上的平面点	$\to 0$	$\to 0$	$\to 0$	变化	变化
地面上的非平面点	大	大	大	变化	变化

LIBSVM[20]是一种 SVM 的程序库，通过 LIBSVM 用户可以方便地利用 SVM。在地面点云数据中，地面点往往占有很大的比例，但是人类较为关注地面上的对象。本节选择 RBF 作为核函数实现分类，主要是由于相比其他的核函数，RBF 具有以下优点：①RBF 可以将一个样本映射到一个更高维的空间，而且线性核函数是 RBF 的一个特例。换言之，如果考虑使用 RBF，那么就没有必要考虑线性核函数了。②相比多项式核函数，RBF 需要确定的参数更少，核函数参数的多少直接影响函数的复杂程度。此外，当多项式的阶数比较高时，核矩阵的元素值将趋于

无穷大或无穷小，而采用 RBF，核矩阵的元素值则在区间（0,1]上，会减少数值计算带来的困难。

下面就不同类型数据的分割进行阐述。由于不同形状的点具有不同的特征，因此，基于分而治之的思想，对地面上不同形状的点采用不同的分割方法。

对于地面上的平面点，利用粗分割-细分割方法对平面点进行分割。首先将平面点的法矢进行高斯映射，利用 Mean-shift 算法对高斯球上的点进行粗分割。然后对于具有相同法矢的重叠平面点，利用基于距离的聚类方法，将距离小于一定阈值的点归为一类。利用该分割方法可以将场景中的平面分别提取出来。

对于地面上的非平面点，由于其法矢分布无规则，因此利用基于距离的聚类方法将距离小于一定阈值的点归为一类。对非平面点的分割可以将场景中不能由基本形状组成的对象当作一个单独的对象提取出来。关于平面点与非平面点具体的分割算法细节，可参阅文献[9]。

图 14-22 为点云场景 1 的分割结果。图 14-22（a）为地面上平面点的分割结果，可以看出，由平面点组成的墙面、车辆和低矮的平面都被分为单个平面。图 14-22（b）为地面上非平面点的分割结果，树木都被单独地分割出来。该分割结果对树木、窗户等对象的提取以及场景的重建奠定了良好的基础。

（a）地面上平面点的分割结果

（b）地面上非平面点的分割结果

图 14-22　点云场景 1 的分割结果

由于扫描环境的限制以及噪声的影响，再加上扫描过程中物体间存在遮挡，点云数据在分割后会产生许多细小、低矮的点云簇，为了避免这些细小点云簇的干扰，应该对分割后的点云簇做如下处理。

（1）去除细小、低矮的点云簇，即去除距离地面距离非常小的点云簇，降低细碎的点云簇的影响。根据人类的先验知识，场景中主要对象的高度顺序为建筑物>树木>车。场景中较高的平面往往属于建筑物，离地面非常近的点云簇被认为是噪声。此外，去除点数量小于一定阈值的点云簇。其中，每个面片与地面的高度差由式（14-41）计算得到：

$$\text{Height} = \max(Z_i) - \min(Z_{\text{ground}}) \tag{14-41}$$

（2）构造平面的 MBB。平面点云簇以及其 MBB 内的非平面点云簇一般构成同一对象，这主要是由于两者距离非常近。例如，建筑物每个墙面的 MBB 应包含窗户或者阳台等凸起或者凹陷区域，这些区域为非平面簇。

（3）将非平面点云簇投影到 *XOY* 面，构造每个非平面点云簇的最小边界矩形（minimum bounding rectangle，MBR），如图 14-23 所示。对于非平面点云簇，当 *X*-长度或者 *Y*-长度非常小时，说明这个簇非常“薄”，一般视为噪声并将其去除。此外，因为树木在生成过程中，往往是对称生长的，所以将树木的点云投影到二维平面，计算其长宽比 ratio。若非平面簇的长宽比 ratio 近似等于 1，则该非平面点云簇为树木，否则，该非平面点云簇不为树木。

$$\text{ratio} = \frac{\text{width}}{\text{height}} \tag{14-42}$$

其中，$\text{width} = x_{\max} - x_{\min}$；$\text{height} = y_{\max} - y_{\min}$。$x_{\max}$、$x_{\min}$ 分别为非平面点簇中 *X* 坐标轴上的最大值和最小值，$y_{\max}$、$y_{\min}$ 分别为非平面点簇中 *Y* 坐标轴上的最大值和最小值。

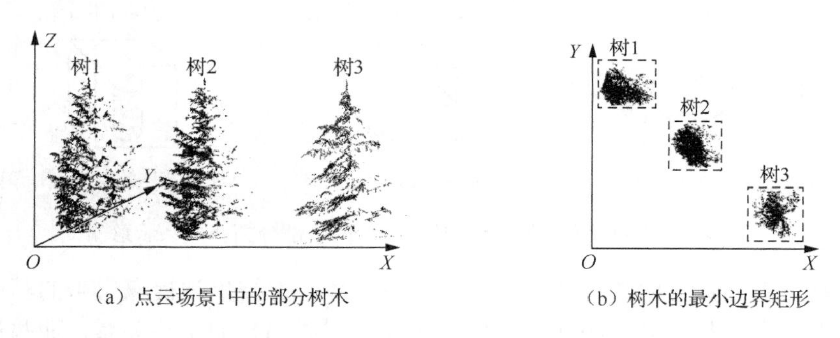

（a）点云场景1中的部分树木　（b）树木的最小边界矩形

图 14-23　最小边界矩形示意图

14.3.2　拓扑关系分析

空间拓扑关系是指在拓扑变换（旋转、平移、缩放等）下保持不变的空间关系，即拓扑不变量。换言之，拓扑关系是不考虑度量和方向的空间实体之间的空间关系[21]。目前，已经有很多学者对点、线、面、体间的拓扑关系进行了归纳总结。根据 9-交模型的表达结果，点与点之间存在 2 种拓扑关系，点与线之间存在 3 种拓扑关系，点与面之间存在 3 种拓扑关系，线与线之间存在 33 种拓扑关系，线与面之间存在 19 种拓扑关系，面与面之间存在 8 种拓扑关系。另外，张骏[22]提出并证明了基本空间对象间所有可能拓扑关系的完备性，证明了面与体之间存在且仅存在 11 种 9-交拓扑关系，体与体之间存在且仅存在 8 种 9-交拓扑关系。

空间拓扑关系比较复杂，类型繁多，本节只对涉及的其中一部分拓扑关系进行介绍，其他拓扑关系类似可得。激光扫描仪利用激光测距原理获得被测对象表面的三维坐标数据，扫描不到包含于物体内部的对象。此外，拓扑关系为相叠、相等、覆盖（被覆盖）的平面都会被扫描成同一个平面，因此本节不考虑面与面之间相叠、相等、覆盖（被覆盖）的情况，同时也不考虑面与体、体与体之间相叠、相等、覆盖（被覆盖）等情况。图 14-24 为面与面、面与体、体与体之间的部分拓扑关系示意图。

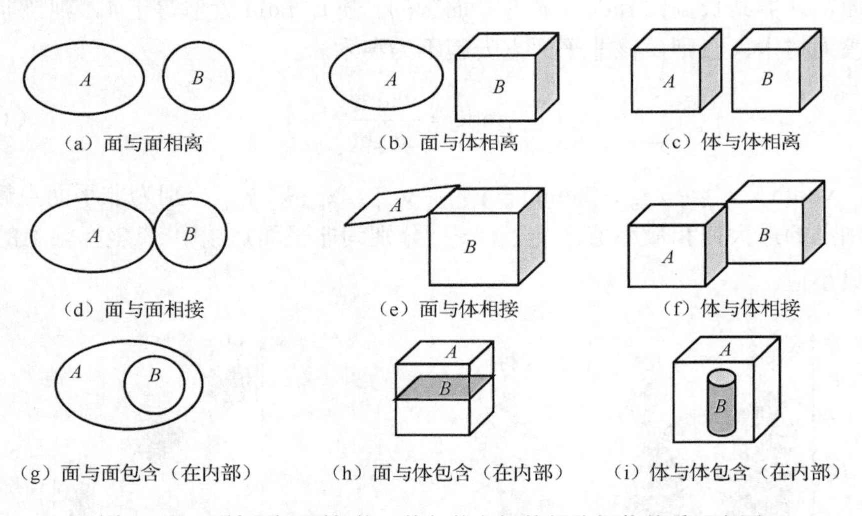

图 14-24　面与面、面与体、体与体之间的部分拓扑关系示意图

在基于点云数据中的平面以及单个对象（体）都被单独提取出来的基础上，本节重点考虑面与面之间相离、相接、包含（在内部）的拓扑关系，面与体、体与体之间相离的拓扑关系。此外，空间方位关系用于描述空间对象的相对位置信息，图 14-25 给出了上、下、左、右等空间方位关系示意图。在三维空间中，基本形状体除了前、后、左、右、上、下几个空间方位关系之外，还包括左上前、左上后、右上前、右上后等空间方位关系。

图 14-26 为两平面相离示意图。在三维空间中，虽然面 A 和面 B 不平行，在数学意义上总会相交在一起，但是两面之间存在一定的距离，没有共同的点，那么认为面 A 和面 B 相离。

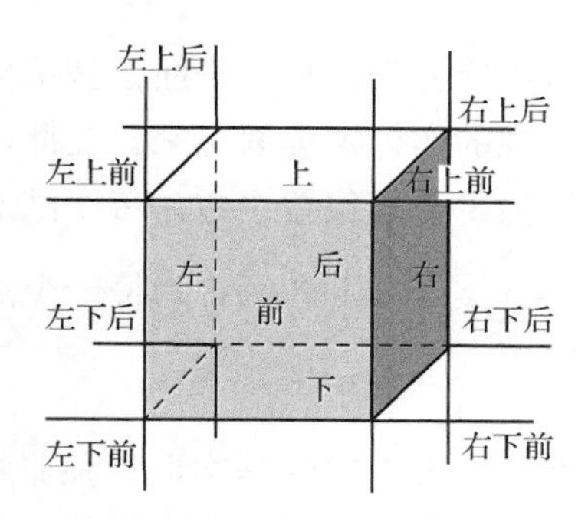

图 14-25　空间方位关系示意图

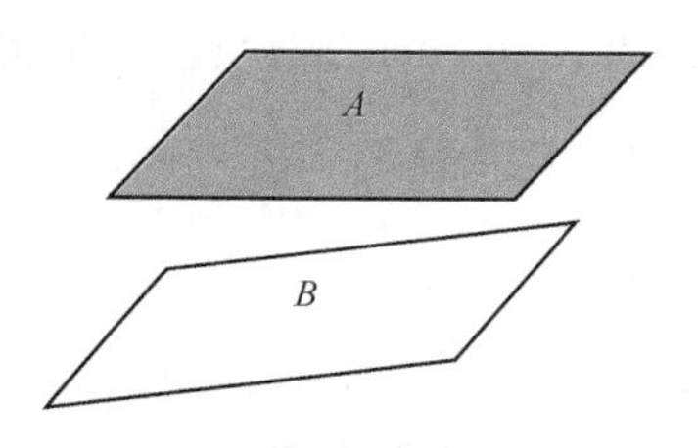

图 14-26　两平面相离示意图

对于形状间是否相连接，可通过点间的邻近关系判断。如图 14-27 所示，假设 S_1、S_2 和 S_3 是分割后得到的基本形状，p_i 是形状 S_1 中的一个点，即 $p_i \in S_1$。利用 kd-tree 法寻找点 p_i 的 k 个邻近值，并设定阈值 τ，找出与点 p_i 的距离小于 τ 的点集，如果点集中包含有不同标记的点 p_j，且 $p_j \in S_2$，则形状 S_1 和 S_2 相连。设置一个 $n \times n$ 维的矩阵 W 来记录基本形状间的连接关系，矩阵元素定义为

$$W(i,j)=\begin{cases}1, & S_i, S_j \text{相连接} \\ 0, & S_i, S_j \text{相离}\end{cases} \tag{14-43}$$

那么，如果场景中两个基本形状 S_i 和 S_j 相连接，则有 $W(i,j)=1$，$W(j,i)=1$。在图 14-27 中，$W(1,2)=1$，$W(1,3)=1$，$W(2,3)=1$。利用两个结点连线表示两平面相连接。

计算每个平面的包围盒，通过分析一个平面中的点是否完全位于另一平面的包围盒内，判断两平面间的拓扑关系是否为包含（在内部）。在图 14-28 中，根据上述邻近关系判断，墙面 B 和墙面 C 之间拓扑关系为相离，但是通过计算墙面 B 的 MBB 可以发现，墙面 C 的所有点位于墙面 B 的 MBB 内，而且墙面 C 右侧端点的 X、Y 坐标值小于与墙面 B 右侧端点的 X、Y 坐标值，墙面 C 左侧端点的 X、Y 坐标值大于与墙面 B 左侧端点的 X、Y 坐标值。此时，墙面 B 和墙面 C 之间的拓扑关系应当是包含（在内部）的关系，即墙面 B 包含墙面 C，墙面 C 在墙面 B 内部，在这里，记为 $W(B,C)=2$，$W(C,B)=-2$。造成这一问题是建筑物前物体的遮挡导致其墙面缺失严重，使得同一墙面被分裂成多个墙面。

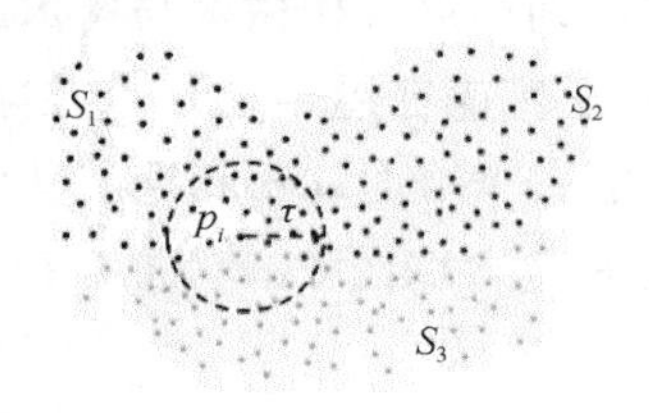

图 14-27　基本形状间连通性示意图

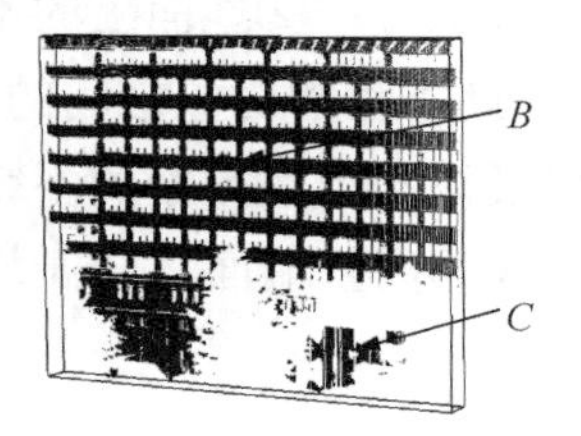

图 14-28　墙面 B 和墙面 C 拓扑关系示意图

通过上述方法对地面上的平面点和非平面点进行分割，每个平面都被单独提取出来，由非基本形状点组成的对象作为一个单独的实体被提取出来。在此，不同的结点表示不同的平面，其位置由平面点云簇的中心点位置决定。每个结点的位置为$(\overline{x_i},\overline{y_i},\overline{z_i})$（$\overline{x_i}=\dfrac{1}{N}\sum_{j=1}^{N}x_j,\overline{y_i}=\dfrac{1}{N}\sum_{j=1}^{N}y_j,\overline{z_i}=\dfrac{1}{N}\sum_{j=1}^{N}z_j$），其中，$N$ 为每一个点云簇的点数；(x_j,y_j,z_j)为点云簇中每点的坐标。

如图 14-29 所示，利用不同灰度的结点对点云场景 1 中的基本形状和非基本形状组成的对象进行表示，可以看出基本形状间没有连接关系。这主要是在扫描场景时，存在遮挡或者是扫描条件的限制，不能扫描得到建筑物完整的点云数据，导致构成建筑物的平面之间没有连接关系。

图 14-29　点云场景 1 中基本形状和非基本形状组成的对象表示示意图

图 14-30 是对图 14-29 中形状（对象）间拓扑关系的归纳总结，包括地面、建筑物、树木和车辆等对象。地面是场景中的最低点，建筑物、车辆和树木都在地面的上方。建筑物包括墙面 *A*、墙面 *B* 和墙面 *C*。树木包括树木 *a* 到树木 *h*。点云场景 1 中对象之间的拓扑关系可以总结为①地面为场景中的最低点，建筑物、树木、车辆等均在地面之上，并与之相接，即建筑物、车辆、树木与地面的拓扑关系为相接上方；②地面上的不同对象彼此之间均为相离（如树木与树木、车辆相离），在此不考虑对象之间的重叠（如树木的叶子覆盖在屋顶上）；③扫描环境的影响以及遮挡导致数据的不完整，构成建筑物的三个墙面均不相连，其中墙面 *A* 与墙面 *B* 相离且墙面 *A* 位于墙面 *B* 之上，墙面 *B* 包含墙面 *C*，墙面 *C* 在墙面 *B* 内部。

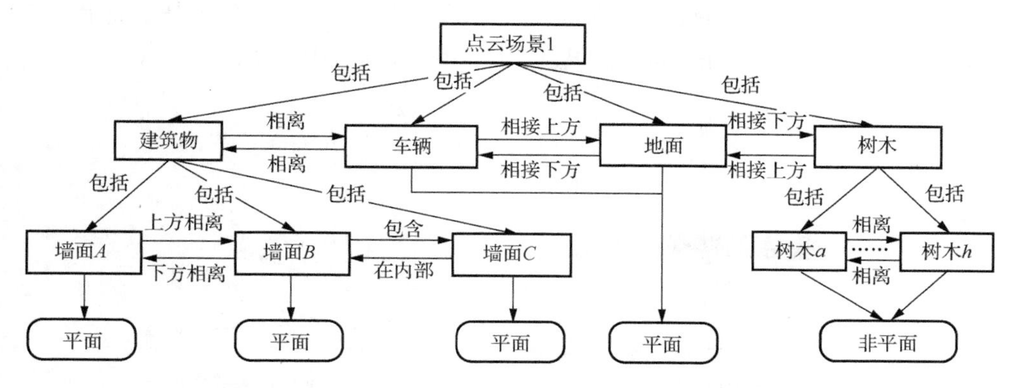

图 14-30　点云场景 1 中形状（对象）间拓扑关系的归纳总结

14.4　基于逼近的场景重建

基于上述方法，可以获得点云场景物体、形状体和形状体间的拓扑关系。基于形状体融合空间拓扑关系，可以进一步实现对物体及其场景的重建。基于以上对每个点云簇的形状信息以及拓扑关系的分析，本节分别用不同的形状表示场景中的平面点云簇和非平面点云簇。因此，本节给出基于逼近的场景重建方法。

14.4.1　平面点云簇

通过以上步骤，场景中的平面点可以分解为多个简单的平面，通过平面拟合实现建筑物和道路等对象的重建。

由于室外环境的复杂性，很难扫描得到每个建筑物的完整数据。根据观察可以发现，由于树木和汽车的遮挡，点云场景 1 中的建筑物并没有扫描完整，墙面有严重的缺失。此外，利用地面激光扫描仪得到的建筑物墙面大多与地面垂直。根据建筑物的对称性和规则性，本节通过计算平面点云簇中的极值点和平面方程，得到构成平面的四个顶点坐标，然后依次连接四个顶点，完成平面的重建。

寻找平面四个顶点的主要思想是将平面上的点投影到 XOY 面上，找到二维投影点中的两个端点，然后分别寻找平面点中与两个端点 X、Y 坐标值相近的点，记录其中最大的 Z 坐标值，再结合平面中最小的 Z 坐标值，确定四个顶点的坐标，具体步骤如下。

首先，找出每一个平面的坐标极值点，即具有最大和最小 X、Y、Z 坐标值的点，如图 14-31（a）所示。设 $P_{\mathrm{Max}X}$ 和 $P_{\mathrm{Min}X}$ 为平面点云簇中具有最大、最小 X 坐标值的点，$P_{\mathrm{Max}Y}$ 和 $P_{\mathrm{Min}Y}$ 为平面点云簇中具有最大、最小 Y 坐标值的点，$P_{\mathrm{Max}Z}$ 和

P_{MinZ}为平面点云簇中具有最大、最小 Z 坐标值的点。图 14-31（b）是平面上的点进行二维投影得到的结果。其中，P_{center} 是二维投影点的中心点。

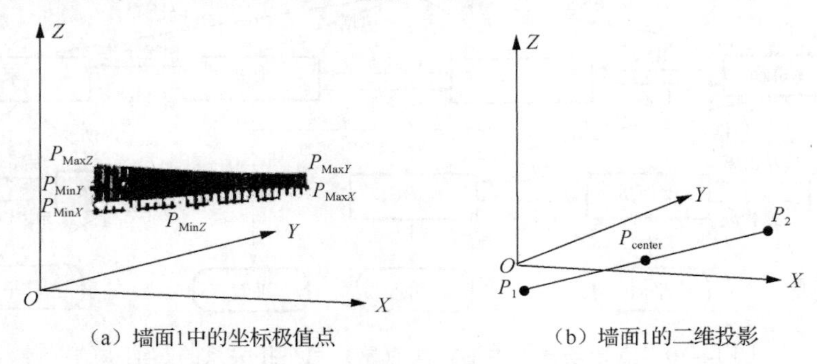

（a）墙面1中的坐标极值点　　（b）墙面1的二维投影

图 14-31　墙面 1 坐标极值点及其二维投影

其次，计算构成平面四个顶点的坐标值，具体过程如下：

（1）在坐标极值点中，如果最大的 Y 坐标值与最小的 Y 坐标值相同，即 $P_{MaxY}.y = P_{MinY}.y$，则说明该平面与 X 轴平行，这个平面在二维投影上的端点 P'_{MaxX}、P'_{MinX} 坐标分别为 $(P_{MaxX}.x, P_{MaxX}.y)$ 和 $(P_{MinX}.x, P_{MinX}.y)$。寻找平面中与 P'_{MaxX}、P'_{MinX} 的 X、Y 坐标值相近的点，其中最大的 Z 坐标值分别记录为 Z_{max1}、Z_{max2}。该平面的四个顶点坐标依次为（顺时针方向）：$(P_{MaxX}.x, P_{MaxX}.y, Z_{max1})$、$(P_{MaxX}.x, P_{MaxX}.y, P_{MinZ}.z)$、$(P_{MinX}.x, P_{MinX}.y, P_{MinZ}.z)$、$(P_{MinX}.x, P_{MinX}.y, Z_{max2})$。$P_{MaxX}.x$ 表示点 P_{MaxX} 的 X 坐标值，其他符号表示意义与此相同。

（2）在坐标极值点中，如果最大的 X 坐标值与最小的 X 坐标值相同，即 $P_{MaxX}.x = P_{MinX}.x$，则说明该平面与 Y 轴平行。这个平面在二维投影上的端点 P'_{MaxY}、P'_{MinY} 坐标分别为 $(P_{MaxY}.x, P_{MaxY}.y)$ 和 $(P_{MinY}.x, P_{MinY}.y)$。寻找平面中与 P'_{MaxY}、P'_{MinY} 的 X、Y 坐标值相近的点，其中最大的 Z 坐标值分别记录为 Z_{max1}、Z_{max2}。那么，该平面的四个顶点依次为（顺时针方向）：$(P_{MaxY}.x, P_{MaxY}.y, Z_{max1})$、$(P_{MaxY}.x, P_{MaxY}.y, P_{MinZ}.z)$、$(P_{MinY}.x, P_{MinY}.y, P_{MinZ}.z)$、$(P_{MinY}.x, P_{MinY}.y, Z_{max2})$。

（3）在坐标极值点中，如果最大的 X 坐标值与最小的 X 坐标值不同，同时最大的 Y 坐标值与最小的 Y 坐标值也不相同，则说明该平面既不与 X 轴平行，也不与 Y 轴平行。此时，利用式（14-44）计算平面点二维投影的中心点 P_{center}（图 14-31（b））：

$$\begin{cases} \overline{x}_i = \dfrac{1}{N}\sum_{j=1}^{N} x_j \\ \overline{y}_i = \dfrac{1}{N}\sum_{j=1}^{N} y_j \end{cases} \tag{14-44}$$

其中，N 为墙面的总点数；(x_j, y_j) 为墙面上每点投影到 XOY 面上的坐标。

坐标极值点 $P_{\mathrm{Max}X}$、$P_{\mathrm{Min}X}$、$P_{\mathrm{Max}Y}$ 和 $P_{\mathrm{Min}Y}$ 的二维投影点依次为 $P'_{\mathrm{Max}X}$、$P'_{\mathrm{Min}X}$、$P'_{\mathrm{Max}Y}$ 和 $P'_{\mathrm{Min}Y}$。分别将四个投影点的 X 坐标值与中心点 P_{center} 的 X 坐标值进行比较，X 坐标值小于 $P_{\mathrm{center}}.x$ 的点位于墙面的一侧，X 坐标值大于 $P_{\mathrm{center}}.x$ 的点位于墙面的另一侧。

对于位于同一侧的坐标极值点，判断它们与中心点 P_{center} 的距离，距离最远的即为端点，如图 14-31（b）所示。一旦确定二维投影点的端点 P_1、P_2，寻找平面中与 P_1 的 X、Y 坐标值相近的点，记录其中最大的 Z 坐标值 $Z_{\max 1}$。同时，寻找平面中与 P_2 的 X、Y 坐标值相近的点，记录其中最大的 Z 坐标值 $Z_{\max 2}$。那么，该平面的四个顶点依次为 $(P_1.x, P_1.y, Z_{\max 1})$，$(P_1.x, P_1.y, P_{\mathrm{Min}Z}.z)$，$(P_2.x, P_2.y, P_{\mathrm{Min}Z}.z)$，$(P_2.x, P_2.y, Z_{\max 2})$。

最后，依次连接得到的四个顶点，并沿平面的法矢方向移动一定的位置，得到四个新的顶点，将这四个点依次连接，即可得到一个与前面平行的背面，建筑物的其他几个面（上面、下面、左面和右面）可以通过连接前面和后面的顶点得到。

地面也可以由一个平面表示。众所周知，地面位于场景中的最低位置。对于分类得到的地面点云数据，找到具有最大和最小 X 坐标值的点 $P_{\mathrm{Max}X}$、$P_{\mathrm{Min}X}$，具有最大和最小 Y 坐标值的点 $P_{\mathrm{Max}Y}$、$P_{\mathrm{Min}Y}$，以及具有最小 Z 坐标值的点 $P_{\mathrm{Min}Z}$。地面四边形的四个顶点坐标也可以由极值点的坐标值进行表示，那么，四个顶点的坐标依次为 $(P_{\mathrm{Max}X}.x, P_{\mathrm{Min}Y}.y, P_{\mathrm{Min}Z}.z)$，$(P_{\mathrm{Max}X}.x, P_{\mathrm{Max}Y}.y, P_{\mathrm{Min}Z}.z)$，$(P_{\mathrm{Min}X}.x, P_{\mathrm{Max}Y}.y, P_{\mathrm{Min}Z}.z)$，$(P_{\mathrm{Min}X}.x, P_{\mathrm{Min}Y}.y, P_{\mathrm{Min}Z}.z)$。依次连接四个顶点，完成地面的重建。

上述是利用极值点的方法对单个平面进行重建，适用于场景中拓扑关系为相离的平面。对于拓扑关系为相交的两个平面，对两个平面分别进行拟合后，两者的相交部分可能会出现缝隙或者交叉，如图 14-32（a）所示。如图 14-32（b）所示，对于拓扑关系为相接的两个平面 I 和 Π，即 $W(I, \Pi)=1$ 时，通过计算两平面的交线以及相交的关键点，优化平面重建结果。

计算平面方程 I：$A_1x + B_1y + C_1z + D_1 = 0$ 的系数，利用最小特征值对应的特征向量来求解平面方程的系数 A_1、B_1、C_1 和 D_1，具体步骤如下。

（1）读取平面的数据，构造 $n \times 4$ 维矩阵 V：

$$V = \begin{pmatrix} x_1 & y_1 & z_1 & 1 \\ x_2 & y_2 & z_2 & 1 \\ \vdots & \vdots & \vdots & \vdots \\ x_n & y_n & z_n & 1 \end{pmatrix} \tag{14-45}$$

（2）求取矩阵 V 的转置矩阵 V^{T}。

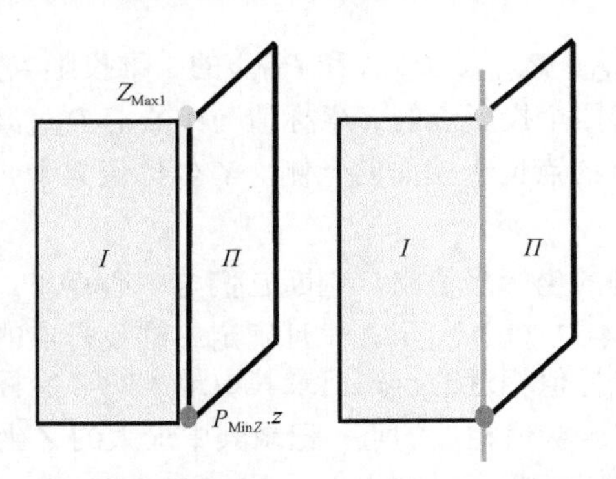

（a）相交平面存在缝隙　（b）相交平面间的相交线

图 14-32　两个高度相同的平面相交示意图

（3）矩阵 V^{T} 和 V 相乘得到矩阵 $U = V^{T}V$，矩阵 U 为 4×4 维矩阵。

（4）利用 SVD 对矩阵 U 进行特征值分解，得到最小特征值对应的特征向量，即为平面方程参数 A_1、B_1、C_1 和 D_1。

对于平面 I：$A_1x+B_1y+C_1z+D_1=0$ 和平面 Π：$A_2x+B_2y+C_2z+D_2=0$，平面方程的系数可以利用上述方法进行求解。若两个平面相交，则交线的方向向量为 $(A_1,B_1,C_1)\times(A_2,B_2,C_2)=(B_1C_2-B_2C_1, A_2C_1-A_1C_2, A_1B_2-A_2B_1)$。交线上某点的坐标可表示为

$$\begin{cases} x=\dfrac{(B_2C_1-B_1C_2)z+(B_2D_1-B_1D_2)}{A_2B_1-A_1B_2} \\ y=\dfrac{(A_2C_1-A_1C_2)z+(A_2D_1-A_1D_2)}{A_1B_2-A_2B_1} \\ z=z_0 \end{cases} \tag{14-46}$$

计算得到两个相交平面中的最大和最小的 Z 值 Z_{Max1}、$P_{\text{Min}Z}.z$，分别将两平面的最大和最小 Z 值赋值给式（14-46）中的 z，即 $z=Z_{\text{Max1}}$ 或者 $z=P_{\text{Min}Z}.z$，求出两平面相交的关键点，如图 14-32（b）所示深灰色和浅灰色点。然后分别更新两个平面的一侧端点坐标，优化相交平面的重建结果。

图 14-32 为两个高度相同的平面相交示意图。但是，两个相交平面的最大和最小 Z 值可能不相同，如图 14-33（a）所示。平面 Π 的最小 Z 值 $P_{\text{Min}Z2}.z$ 大于平面 I 的最小 Z 值 $P_{\text{Min}Z1}.z$。在这种情况下，除了将平面 I 中的最大和最小 Z 值代入式（14-46）中，计算得到相交线上的点（浅灰色点和深灰色点），更新平面 I 的一侧端点坐标，还需要将平面 Π 的最小 Z 值代入式（14-46）中，计算得到相交线上的点（黑色点），更新平面 Π 的一侧端点坐标，完成平面的重建，如图 14-33（b）所示。

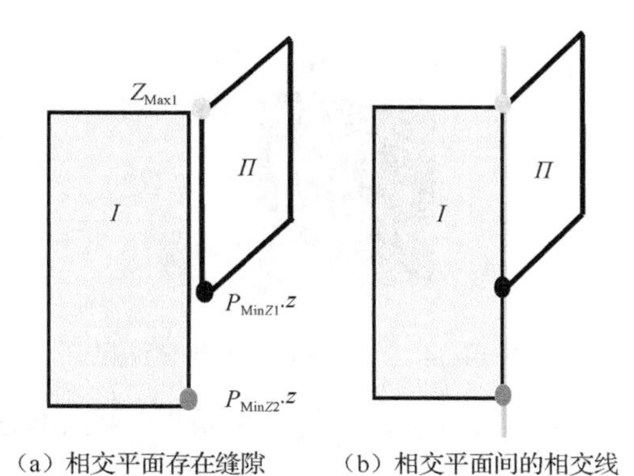

（a）相交平面存在缝隙　　（b）相交平面间的相交线

图 14-33　两个高度不相同的平面相交示意图

对于拓扑关系为包含（在内部）的两个平面，只需要对较大的平面进行重建即可。如图 14-28 所示，在点云场景中，墙面 *B* 包含墙面 *C*，因此只需要重建墙面 *B*。

14.4.2　非平面点云簇

非平面点云簇中包含有众多对象，如树木、窗户和噪声等不能用基本形状表示的对象。因此，本节利用模板匹配的方法对树木进行表示。因为树木的叶子分布非常散乱，无法由基本形状表示，所以利用圆锥表示树叶，圆柱表示树干。计算每个树最高点距离地面的高度差为 h，树干的高度设置为 $1/3h$，圆锥的高度为 $2/3h$。圆锥底部的半径为树木宽度 width 的一半。

对于树木，其水平位置 $(\overline{x}_i, \overline{y}_i)$ 可由式（14-47）计算得到，底面位置与地面 Z 值的最低点相同：

$$\begin{cases} \overline{x}_i = \dfrac{1}{N}\sum\limits_{j=1}^{N} x_j \\ \overline{y} = \dfrac{1}{N}\sum\limits_{j=1}^{N} y_j \end{cases} \tag{14-47}$$

其中，N 表示每个非平面点云簇中点的个数；(x_j, y_j) 表示非平面点云簇中每点的 X、Y 坐标。

图 14-34 为点云场景 1 的重建结果。其中墙面、地面由平面表示，树木由圆锥和圆柱表示。

下面给出以上方法的综合实验结果。实验数据均来自 Faro 扫描仪。算法利用 VC++和 OpenGL 实现，计算机配置为 Intel(R)Core(TM)2、CPU 2.80GHz 和 2G 内存。

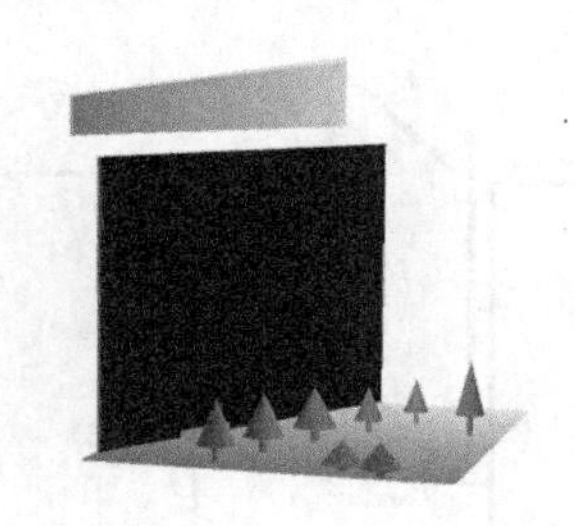

图 14-34　点云场景 1 的重建结果

图 14-35（a）为利用本节方法得到的分类结果，图 14-35（b）为手工标记得到的分类结果。

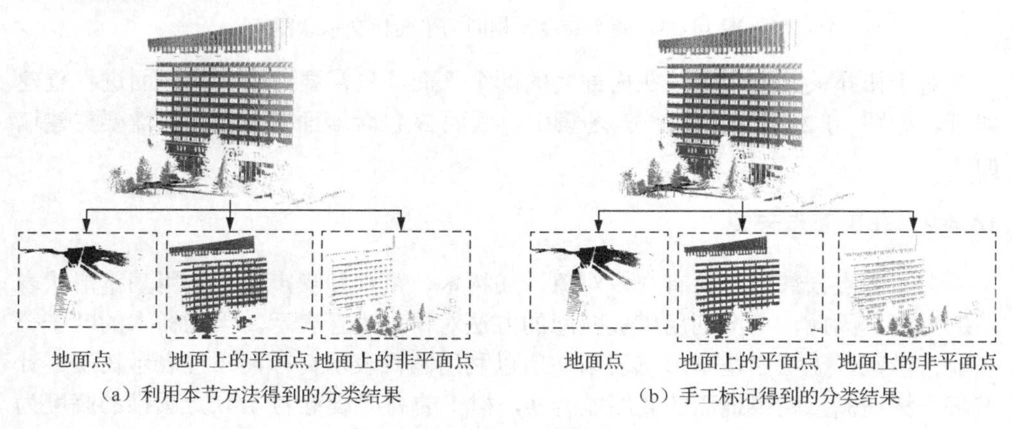

（a）利用本节方法得到的分类结果　　（b）手工标记得到的分类结果

图 14-35　分类结果比较

表 14-2 列出了点云场景 1 利用两种方法得到不同类型点的个数。可以看出，两种方法得到的结果有一定的差距，但是，这并不影响最后的场景重建结果。

表 14-2　点云场景 1 利用两种方法得到不同类型点的个数

点云场景 1	地面点	地面上的平面点	地面上的非平面点
本节方法	493325	318401	666526
手工标记	481261	290072	706919
误差	12064	28329	40393

14.5　本 章 小 结

本章针对点云建筑物和场景的提取与逼近式重建方法，进行了详细的介绍。

首先，阐述了一种针对复杂的点云建筑物进行重建的方法。这种方法将古建筑物的重建分为基本形状重建和自由曲面重建。该方法首先对复杂建筑物的点云数据进行分层；其次，通过 Hough 变换以及最小二乘法识别出每层数据中的直线和圆柱，完成基本形状的提取；再次，对自由曲面的分层数据进行了重采样和提取；最后基于空间关系通过组合的方式，得到最终的古建筑物模型。

其次，基于提取的基本形状，通过分析形状间的拓扑关系，详细叙述了一种点云场景的逼近式重建方法。该方法首先利用五个微分几何特征量对点云场景数据进行分类：地面点、地面上的平面点和地面上的非平面点；其次，对地面上的平面点和非平面点采用的不同方法进行分割；最后，通过分析形状间的拓扑关系，描述点云场景中基本形状间的拓扑关系。

最后，基于点云簇的形状信息和形状间的拓扑信息，对于不同类型的点云簇，利用不同的基本形状进行表示，从而完成场景的重建。然而，这种方法只能用于由基本形状组成的简单建筑物的重建，对于复杂的古建筑物模型并不适用。

参 考 文 献

[1] NING X J, WANG Y H. 3D reconstruction of architecture appearance: A survey[J]. Journal of Computational Information Systems, 2013, 9(10): 3837-3848.

[2] 沈蔚, 李京, 陈云浩, 等. 基于 LIDAR 数据的建筑轮廓线提取及规则化算法研究[J]. 遥感学报, 2008, 12(5): 692-698.

[3] 杨芳. 基于点云的中国唐朝风格的古建筑建模方法研究[D]. 西安: 西安理工大学, 2013.

[4] WANG Y H, ZHANG H H, HAO W, et al. Three-dimensional reconstruction method of Tang dynasty building based on point clouds[J]. Optical Engineering, 2015, 54(12): 1-11.

[5] LAFARGE F, MALLET C. Building large urban environments from unstructured point data[C]. Proceedings of IEEE International Conference on Computer Vision(ICCV 2011), Barcelona, Spain, 2011: 1068-1075.

[6] LAFARGE F, MALLET C. Creating large-scale city models from 3D-point clouds: A robust approach with hybrid representation[J]. International Journal of Computer Vision, 2013, 99(1): 69-85.

[7] ZHOU Q Y, NEUMANN U. Complete residential urban area reconstruction from dense aerial LiDAR point clouds[J]. Graphical Models, 2013, 75(3): 118-125.

[8] CHENG Y. Mean shift, mode seeking, and clustering[J]. IEEE Transaction on Pattern Analysis and Machine Intelligence, 1995, 17(8): 790-799.

[9] 郝雯. 基于基本形状的点云场景重建与对象识别方法研究[D]. 西安: 西安理工大学, 2014.

[10] NING X J, WANG Y H, HAO W, et al. Structure-based object classification and recognition for 3D scenes in point clouds[C]. Proceedings of 2014 International Conference on Virtual Reality & Visualization(ICVRV 2014), Shenyang, China, 2014: 166-173.

[11] HAO W, WANG Y H. Classification-based scene modeling for urban point clouds[J]. Optical Engineering, 2014, 53(3): 1-9.

[12] NING X J, WANG Y H, ZHANG X P. Hierarchical model generation for architecture reconstruction using laser-scanned point clouds[J]. Optical Engineering, 2014, 53(6): 2609-2612.
[13] HAO W, WANG Y H, NING X J, et al. Automatic building extraction from terrestrial laser scanning data[J]. Advances in Electrical and Computer Engineering, 2013, 13(3): 11-16.
[14] NING X J, WANG Y H. Object extraction from architecture scenes through 3D local scanned data analysis[J]. Advances in Electrical and Computer Engineering, 2012, 12(3): 73-78.
[15] NING X J, ZHANG X P, WANG Y H. Automatic architecture model generation based on object hierarchy[C]. Proceedings of ACM SIGGRAPH-ASIA, Seoul, Korea, 2010: 1-2.
[16] NING X J, ZHANG X P, WANG Y H. Segmentation of architecture shape information from 3D point cloud[C]. Proceedings of the 8th Virtual Reality Continuum and its Applications in Industry, Yokohama, Japan, 2009: 127-132.
[17] HAO W, WANG Y H, LIANG W. Slice-based building facade reconstruction from 3D point clouds[J]. International Journal of Remote Sensing, 2018, 39(20): 6587-6606.
[18] VAPNIK V. The Nature of Statistical Learning Theory[M]. New York: Springer, 1999.
[19] ZHOU Q Y, NEUMANN U. Fast and extensible building modeling from airborne LiDAR data[C]. Proceedings of the 16th ACM SIGSPATIAL International Conference on Advances in Geographic Information Systems, California, USA, 2008: 1-8.
[20] CHANG C C, LIN C J. LIBSVM: A library for support vector machines[J]. ACM Transactions on Intelligent Systems and Technology, 2011, 2(3): 1-27.
[21] 武夏夏. 空间拓扑关系表达方式间的转化与应用[D]. 重庆：重庆大学, 2007.
[22] 张骏. 三维空间拓扑分析关键技术研究[D]. 南京：南京航空航天大学, 2008.

第 15 章　点云艺术风格化

非真实感绘制（non-photorealistic rendering，NPR）技术早在 20 世纪 80 年代就被提出，并在 SIGGRAPH 会议上被单独设为一个类别，此后 NPR 技术有了一个稳步的发展过程。NPR 技术是一种具有一定艺术风格的图形技术，其目的并非反映图形的真实性，而是描述图形的艺术特性、内在含义，以及模拟艺术家的手绘风格。因此，艺术风格化是将绘画艺术和计算机技术相结合的研究领域，专注于抽象与加工真实场景，表达图形的艺术特质，反映艺术作品的风格，或者作为真实感图形的有效补充，因此在教育、艺术等领域有广泛的应用价值。

现有针对 NPR 的方法概括为两大类：一类是二维图像的艺术风格化；另一类是三维图形的艺术风格化。二维图像的艺术风格化方法较多，其中一类是无笔划绘制技术，主要是对输入图像进行滤波、分割、特征增强、边缘检测等处理；另一类是基于笔划的绘制技术，以笔划为最基本的元素，根据输入图像生成大小不同的笔划元素，再根据笔划元素来模拟素描画。

三维图形的艺术风格化方法相对较少，现有方法也主要集中在具有规则拓扑结构的三维模型上，基本是网格模型中的素描画绘制，直接基于点云模型生成的方法相对较少。虽然可以通过网格化将点云模型转换成网格模型，进而采用基于网格模型的模拟方法，但是点云模型的网格化过程十分复杂，并且许多点云由于其散乱性未必能被网格化，基于网格模型的艺术风格化模拟方法难以在点云模型上实现。点云作为最常见的一种数据，更容易表达物体的外形特征，相比于其他三维模型，具有无法替代的优势。因此，基于点云研究并实现三维 NPR，更能有效凸显对物体的呈现能力，扩大三维图形的艺术风格化的广泛应用。

本章以点云模型表达的物体为研究对象，就常见的水墨画和素描画这两种 NPR 的艺术风格画为切入点，在分析物体点云模型外部结构特征的基础上，给出点云模型中针对三维特征线的提取和连接方法，以及在不同视点下的轮廓线提取算法，对基于点云的这两种艺术风格化模拟和绘制方法进行阐述。

15.1　点云树水墨化

点云模型的艺术风格化中，早期以西方绘画为研究对象的艺术风格化研究较多，然而，针对中国传统画作的模拟研究相对较少[1-3]。国画是中国众多艺术作品中的典范之一，反映了不同时期的文化底蕴，其独特的绘制方法与鲜明的特征使其自成一系，独立于世界艺术之林。研究国画效果的计算机模拟技术开发，对传统绘画艺术的普及具有积极作用[4-6]。

树在自然界中十分常见，是中国画家最喜欢描绘的景物之一，如图 15-1 所示。由于树模型的复杂性与不完全连通性，点云树艺术风格化的过程成为目前研究的热点和难点之一[7-9]。本节主要讨论点云树的水墨画艺术风格化方法。

图 15-1　树水墨画图

Way 等[5]借助多边形模型中提取顶点的法线方向、表面曲率及相对视点深度等特征，提出一种基于概率模型的纹理合成方法，用于生成具有艺术风格的树。在三维渲染过程中继续使用传统的三维 NPR 渲染框架，换言之，该算法包括两个部分，先计算出树模型的轮廓，并对轮廓进行风格化，随后对内部进行纹理映射，从而生成艺术风格化的树。然而，由图 15-1 可以看出，不同于其他景物模型，轮廓线对树水墨画的艺术风格效果没有明显的影响。

通过观察树的水墨画可以发现，树干和树枝画法工整，树叶讲求“以形写神”。刘静[7]根据树水墨画的这种特点提出了一种自动渲染三维树水墨风格的方法，该方法框架如图 15-2 所示。该方法基于仿真创作过程，为了达到真实水墨画的效果，采用分部件渲染的方式，对树的不同部分分别实现水墨风格化绘制，然后进行融合，具有模拟过程的典型性。下面就该方法予以详细介绍。

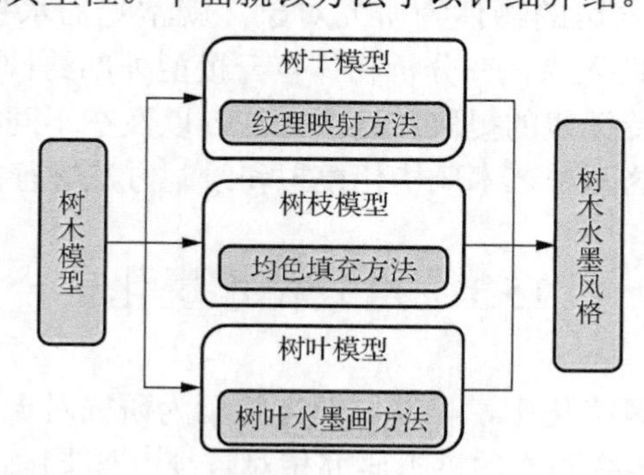

图 15-2　自动渲染三维树水墨风格的方法框架

15.1.1　树干、树枝纹理映射

树干艺术风格化采用混色二维纹理映射的渲染方式来实现，直接将定义好的纹理图像映射到三维树干模型[8]上，进而生成具有水墨效果的树干。

1. 纹理生成

为了使模拟的手工绘制效果更具真实感，从画家绘制的水墨画中提取一些树干绘制部分作为原始纹理，如图 15-3（a）所示。然而，无论是照片翻拍的绘画作品，还是扫描出的绘画作品，从中提取的纹理都会损失一些水墨作品中的晕染效果，相比画家笔下真实的水墨画少了一丝韵味。针对该问题，采用高斯平滑的方法，在颜色缓冲区对像素进行加权处理，形成类似运动模糊的效果，更接近自然墨色的晕染，如图 15-3（b）所示，在进行高斯模糊处理后，纹理表现出晕染效果。

（a）原始纹理

（b）高斯平滑方法处理后的纹理

图 15-3　树干水墨纹理

2. 纹理映射

纹理映射是对三维模型进行水墨风格渲染的常用手法。纹理是表示物体表面细节的一幅或几幅二维图像，它们共同展示了一个对象的颜色、图案和视觉特征。若将纹理按照一定的方式映射到物体表面，会使得物体表面看起来更加真实。因此，在真实感渲染和非真实感渲染中，纹理映射已成为一种十分关键的渲染方法。

将二维纹理映射到树干模型上，实现树干的水墨化渲染，效果如图 15-4 所示。从图中能够发现，树干已经基本具备了中国水墨画风格。树干模型中的每个网格都应用了相同的纹理，使得整棵树干的颜色比较均匀，缺少变化性。然而，真实画作中的树都是树根的颜色重，树干顶部的颜色较浅。因此，不直接根据上述传统的纹理映射方法进行渲染，而是在映射时参考树干的高低加入干扰的颜色，使其更贴近艺术作品，更加具有艺术化风格。添加干扰颜色的过程如下：

（1）将树干按高度（Z 坐标）进行聚类，划分成不同的层，如图 15-5（b）。

（2）计算树干能分割出的点云总层数，记为 layernum。

图 15-4　树干水墨化渲染效果

（3）由于水墨画中墨水的浓淡是用灰度来表示，因此通过总层数 layernum 等分整个灰度空间，每层的颜色差为256/layernum。

（4）对于每一层点云，设置相应的颜色 $\text{Color}_n = (\text{layernum} - n) \cdot 256/\text{layernum}$，其中 $n \in [1, \text{layernum}]$。

OpenGL 中除了包含纹理映射的方法，还提供了能对纹理进行组合的函数，用于实现对纹理值和其他颜色值的混合，使得绘制效果更加逼真。将纹理和赋给各层点云的颜色进行混合，得到树干的水墨效果模型，如图 15-6 所示，相比图 15-4 所示的单纯纹理映射的树干水墨模型，该模型更加具有艺术效果。

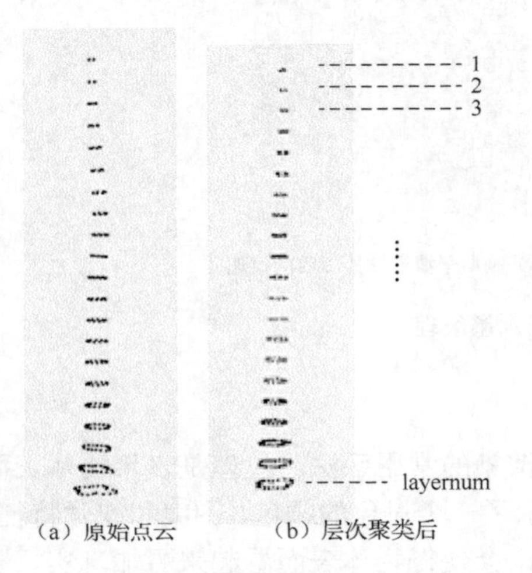

（a）原始点云　（b）层次聚类后

图 15-5　树干层次聚类

图 15-6　树干的水墨效果模型

在一幅水墨画中，树干与树枝的风格基本相同。那么，通过将树干的纹理直接映射到树枝上，能够实现树枝的水墨化。但是考虑到树枝细小，分布较散且大部分树枝被树叶所掩盖。因此，为了提高渲染效率，应用树干纹理颜色的均值直接对树枝进行颜色填充，纹理均色如式（15-1）所示：

$$\text{averageColor}=\sum_{i=1}^{w}\sum_{j=1}^{h}\frac{C_{ij}}{wh} \tag{15-1}$$

其中，w 为纹理图像宽度；h 为纹理图像高度；C_{ij} 为纹理图像颜色。

分别应用树干水墨纹理直接映射方法和纹理均值填充方法对树枝模型进行渲染，效果如图 15-7 所示。可以看出，由于树枝的特殊性质，这两种方法得到的渲染效果差别不大。但是，相较于纹理直接映射方法，纹理均值填充方法的效率高，内存占用率小。

（a）纹理直接映射

（b）纹理均值填充

图 15-7　树枝模型渲染效果

15.1.2　树叶水墨化

树叶占了一棵树的绝大部分空间[9]，对其进行水墨艺术风格化是树水墨艺术风格化的重点内容之一[10]。树模型不同于其他一些三维模型，也是由于树中含有很多树叶，树模型不连通，风格化时困难较大。

观察画家所画的水墨画可以发现，树叶都是一笔带过，每笔颜色亦有不同，不求描绘具体形状，只求表现出意境。结合该特点，通过模型简化、笔画面片构造、绘制方向及墨色确定、画笔模型构造及绘制晕染等一系列步骤完成树叶的水墨艺术风格化，渲染结果更接近真实的水墨作品。

1. 模型简化

Schroeder 等[11]提出了一种基于顶点移除的简化方法，该方法基于网格上各个顶点的局部几何特征与拓扑信息对网格顶点进行分类，再根据不同顶点的评判标准来判断该顶点是否可以被剔除。Hamman[12]提出了一种基于三角形移除的简化方法，该方法利用模型信息计算出所有顶点的曲率，并根据各顶点的曲率计算所有三角形的权值，移除权值最小的三角形。对于移除三角形后的区域，再次进行三角剖分，随后计算所有新引入三角形的权值。该过程迭代进行，直至简化的模型满足条件。Hoppe 等[13]利用能量函数最优化方法进行模型简化，通过引入距离能量、表示能量和弹簧能量，使得简化模型是原模型的优化逼近。尽管该方法能达到理想的模型简化效果，但算法效率较低。Turk[14]提出了基于网格重构的多边形模型简化方法，该方法在原模型上分布一组新的顶点，以原网格三角形顶点的曲率与三角形面积作为引子决定新顶点的位置。Forsey 等[15]综合考虑网格简化与曲面拟合技术，得到 Bezier 曲面表示的规则四边形网格的简化模型。基于该简化思想，Dehaemer 等[16]提出了一种生成规则四边形网格模型的简化模型的自适应方法。

上述方法都有着各自的优势，且最终目的都是得到精准的简化模型，因此方法的效率普遍较低。然而，若直接利用树叶的原始点云和网格信息进行后续的艺术风格化处理，不仅导致很多的冗余计算，增加计算机的处理时间，而且过密的网格面片也不利于构造笔画面片，更不利于晕染。NPR 的表达不同于传统的真实感绘制（realistic rendering），它对所要描述对象数据的精确性要求不高，而主要关注几何形状特征的表达。因此，为了尽可能提高树叶水墨化处理的效率，可以先对树叶原始点云进行简化处理。

基于对树叶模型的分析，在将树叶的网格数量减少到原有数量的 60%时，既能大大简化处理过程，又能得到分布稠密合适的面片，进而有利于笔画面片的构造，方便后续的绘制及晕染。树叶简化的思路如下：基于树叶网格的特点，如果在某个网格周围很小空间内（默认为周围 10 个网格），其他网格的法矢与该网格的法矢之间变化很小，甚至相同，就认为此网格可以被删除。如果被删除的树叶网格的数量达到了预定的个数，简化过程结束。该算法具体描述如下：

（1）为每一个网格添加 delete 标志位，并初始化为 false。

（2）根据待处理树叶网格分布的特点，给定一个相似度阈值 $T = 0.8$ 。

（3）分别计算当前网格 Π 周围的 10 个网格的法矢与网格 Π 的法矢之间的相似度 t，若 $t > T$ ，则将其 delete 标志位更改为 true，以表示可以被剔除。

（4）重复步骤（3），直到 delete 标志位为 true 的数目满足要求。

（5）删除 delete 标志位为 true 的网格，并删除对应的点云。

图 15-8 为两个相邻网格关系示意图，其中，Π_1 为当前的网格，Π_2 为 Π_1 周围的某一网格，Π_1 和 Π_2 的法矢 n_1 和 n_2 如式（15-2）、式（15-3）所示：

$$n_1 = \overrightarrow{A_1B_1} \times \overrightarrow{A_1C_1} \tag{15-2}$$

$$n_2 = \overrightarrow{A_2B_2} \times \overrightarrow{A_2C_2} \tag{15-3}$$

两个网格法矢的相似度如式（15-4）所示：

$$\mathrm{Sim}(n_1, n_2) = \cos\theta = \frac{n_1 \cdot n_2}{|n_1| \cdot |n_2|} \tag{15-4}$$

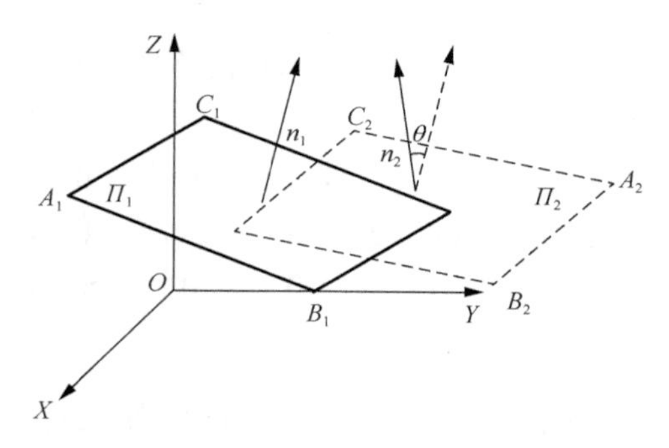

图 15-8　相邻网格关系示意图

树叶模型简化效果如图 15-9 所示，可以看出经过简化后的网格仍然可以表现出树叶的基本分布。

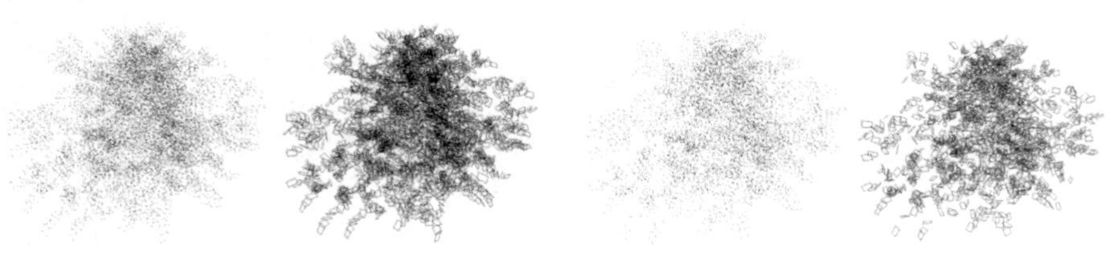

（a）原始点云和网格　　（b）简化后点云和网格

图 15-9　树叶模型简化效果

2. 笔画面片构造

众所周知，要作画必须要有画纸。那么，必须为每一笔确定出绘制的平面，即确定笔画面片，否则无法直接在三维空间中绘图。由于在水墨画中树叶的笔画比较随意，加上水墨画本身具有的晕染效果，如果以原有网格作为笔画面片会局限笔画的大小和晕染的范围。因此，借助于基本的三维几何变换公式，生成最终用于绘制的笔画面片，面片的数量与简化后的树叶模型网格数量保持一致，这样既能保持原始树叶的分布特征，又能为画笔提供足够的空间进行绘制。笔画面片构造原理如图 15-10 所示，树叶的原始网格为 *abcd*，得到的最终的笔画面片为 $a''b''c''d''$ 。

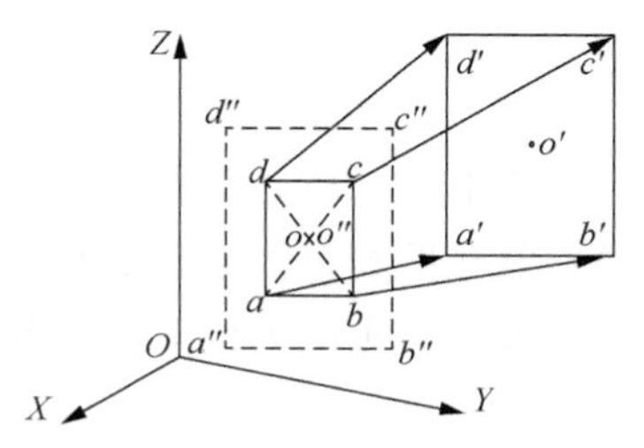

图 15-10　笔画面片构造原理

首先，应用比例变换得到 $a'b'c'd'$ 。要保持网格的形状，每个顶点的 x、y 和 z 比例系数要相同，则有

$$(x',y',z')=(x,y,z)\begin{bmatrix}\text{scale} & 0 & 0\\ 0 & \text{scale} & 0\\ 0 & 0 & \text{scale}\end{bmatrix} \tag{15-5}$$

其中， $\text{scale}=1.5$ 。

经过比例变换后得到的 $a'b'c'd'$ 偏离了原来的位置，虽然每个树叶的相对位置没有变化，但是都已经偏离了原来的树干。因此，要将 $a'b'c'd'$ 平移到原来的平面，并且使二者中心重叠，从而得到最终的面片 $a''b''c''d''$ 。以两个中心坐标的平移量作为面片平移量计算面片的最终位置。中心坐标计算如式（15-6）和式（15-7）所示：

$$\begin{cases}x_o = (x_a + x_c)/2\\ y_o = (y_a + y_c)/2\\ z_o = (z_a + z_c)/2\end{cases} \tag{15-6}$$

$$\begin{cases}x_{o'} = (x_{a'} + x_{c'})/2\\ y_{o'} = (y_{a'} + y_{c'})/2\\ z_{o'} = (z_{a'} + z_{c'})/2\end{cases} \tag{15-7}$$

平移量：

$$\begin{cases}t_x = x_o - x_{o'}\\ t_y = y_o - y_{o'}\\ t_z = z_o - z_{o'}\end{cases} \tag{15-8}$$

最终的笔画面片的四个顶点坐标计算如式（15-9）所示：

$$\begin{cases}x'' = x' + t_x\\ y'' = y' + t_y\\ z'' = z' + t_z\end{cases} \tag{15-9}$$

3. 绘制方向确定

画家在绘画下笔时都有一定的方向性，如从左到右或者从上到下。在绘制树叶时，也有固定的方向，通常是按照树叶生长的方向进行绘制，即从树中心向四周扩散。因此，可以按照画家真实作画的方向来确定绘制方向。

1）计算树中心坐标

考虑到实际绘制时，每一笔都在笔画面片上进行，因此只需要确定在笔画

平面上的绘制方向，即该平面的 x、y 坐标，就可以确定树叶的水墨化绘制方向。如图 15-11 所示，树干中心也是整个树中心，根据树中心点的坐标来确定绘制方向。

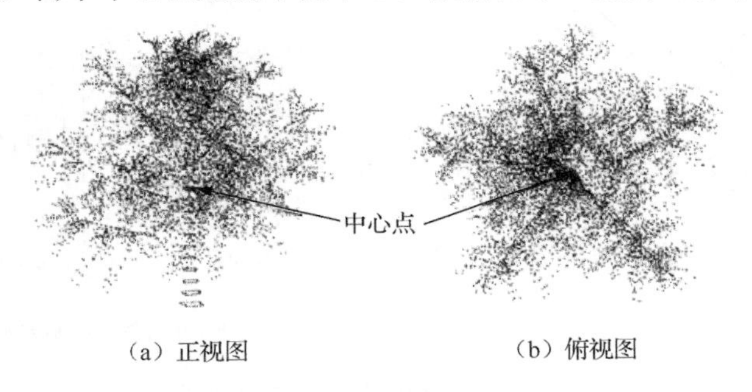

（a）正视图　　（b）俯视图

图 15-11　树中心点

基于前述生成的树干点云数据的聚类结果来计算树中心坐标。树干模型由高度不同的类圆层表示，每一层的点云数据基本是均匀分布在圆上。那么，每一层圆心坐标为

$$\begin{cases} x_{\text{center}} = \sum_{i=1}^{\text{num}} x_i / \text{num} \\ y_{\text{center}} = \sum_{i=1}^{\text{num}} y_i / \text{num} \\ z_{\text{center}} = \sum_{i=1}^{\text{num}} z_i / \text{num} \end{cases} \tag{15-10}$$

其中，num 表示每一层点云的个数。最终的圆心坐标可表示为

$$\begin{cases} x_{\text{center}} = \sum_{i=1}^{\text{layernum}} x_i / \text{layernum} \\ y_{\text{center}} = \sum_{i=1}^{\text{layernum}} y_i / \text{layernum} \\ z_{\text{center}} = \sum_{i=1}^{\text{layernum}} z_i / \text{layernum} \end{cases} \tag{15-11}$$

式中，layernum 表示层的总数。通过式（15-11）即可得到圆心坐标 $(x_{\text{center}}, y_{\text{center}}, z_{\text{center}})$，正如前文提到的，本节仅关注树叶在 XOY 平面的生长方向，因此，不考虑树叶在高度方面的影响。

2）确定绘制方向

图 15-12（a）中简易地表示了树俯视图，黑色点为树的中心坐标 $(X_{\text{center}}, Y_{\text{center}})$，以此为中心，将树分为四个部分。绘制时，属于哪个区域的叶子，就按照图中所示的绘制方向进行绘制。接下来，详细进行说明。

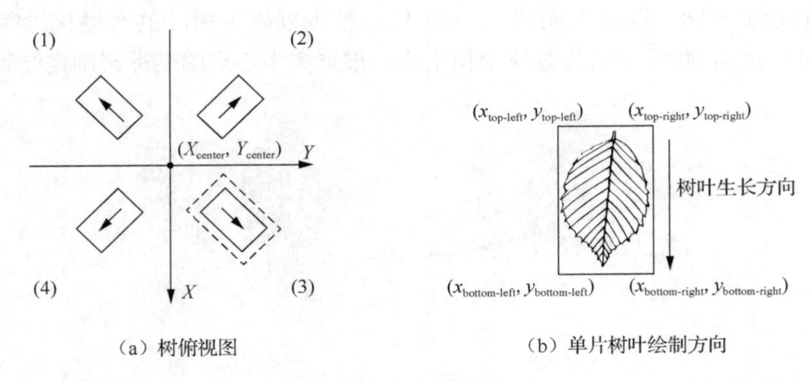

（a）树俯视图　　（b）单片树叶绘制方向

图 15-12　树叶绘制方向示意图

首先，确定笔画面片属于哪个区域。以每个笔画面片的中心作为判断的标准，中心落在哪个区域，笔画面片就属于哪个区域，如下所示：

$$\begin{cases} x_0 \leqslant X_{center} \ \&\& y_0 \leqslant Y_{center}, \ \text{facet} \in (1) \\ x_0 \leqslant X_{center} \ \&\& y_0 > Y_{center}, \ \text{facet} \in (2) \\ x_0 > X_{center} \ \&\& y_0 \leqslant Y_{center}, \ \text{facet} \in (3) \\ x_0 > X_{center} \ \&\& y_0 > Y_{center}, \ \text{facet} \in (4) \end{cases} \tag{15-12}$$

其中，(x_0, y_0) 表示笔画面片中心；facet 表示笔画面片。

确定笔画面片所属区域后，接下来确定绘制方向。图 15-12（b）是单片树叶生长方向，也是画家绘制的方向。可以看出，绘制方向都是从上到下，即从 $(x_{top-left}, y_{top-left})$、$(x_{top-right}, y_{top-right})$ 到 $(x_{bottom-left}, y_{bottom-left})$、$(x_{bottom-right}, y_{bottom-right})$。问题的关键是怎样确定每一个笔画面片中的左上角、右上角、左下角和右下角，具体的判断方法如下。

首先，对每个笔画面片四个顶点的 X 坐标和 Y 坐标进行排序，分别求出具有最大、最小 X 值与 Y 值的点，并分别用 point_{xmax}、point_{ymax}、point_{xmin} 和 point_{ymin} 来表示。由于所有的树叶面片都在同一个空间内，几乎不会出现四个顶点的 X 坐标或 Y 坐标相同的状况。因此，利用 point_{xmax}、point_{ymax}、point_{xmin} 和 point_{ymin} 可表示每个笔画面片的四个顶点。

其次，根据树叶所处不同区域确定笔画面片的四个顶点的位置。在区域(1)，$(x_{top-left}, y_{top-left})$ 位置的点是 point_{ymax}；$(x_{top-right}, y_{top-right})$ 位置的点是 point_{xmax}；$(x_{bottom-left}, y_{bottom-left})$ 位置的点是 point_{xmin}；$(x_{bottom-right}, y_{bottom-right})$ 位置的点是 point_{ymin}。在区域(2)，$(x_{top-left}, y_{top-left})$ 位置的点是 point_{xmax}；$(x_{top-right}, y_{top-right})$ 位置的点是 point_{ymin}；$(x_{bottom-left}, y_{bottom-left})$ 位置的点是 point_{ymax}；$(x_{bottom-right}, y_{bottom-right})$ 位置的点是 point_{xmin}。在区域(3)，$(x_{top-left}, y_{top-left})$ 位置的点是 point_{xmin}；$(x_{top-right}, y_{top-right})$ 位置的

点是 $point_{ymax}$；$(x_{bottom\text{-}left}, y_{bottom\text{-}left})$位置的点是 $point_{ymin}$；$(x_{bottom\text{-}right}, y_{bottom\text{-}right})$位置的点是 $point_{xmax}$。在区域(4)，$(x_{top\text{-}left}, y_{top\text{-}left})$位置的点是 $point_{ymin}$；$(x_{top\text{-}right}, y_{top\text{-}right})$位置的点是 $point_{xmin}$；$(x_{bottom\text{-}left}, y_{bottom\text{-}left})$位置的点是 $point_{xmax}$；$(x_{bottom\text{-}right}, y_{bottom\text{-}right})$位置的点是 $point_{ymax}$。

绘制时，各自面片的$(x_{top\text{-}left}, y_{top\text{-}left})$、$(x_{top\text{-}right}, y_{top\text{-}right})$向$(x_{bottom\text{-}left}, y_{bottom\text{-}left})$、$(x_{bottom\text{-}right}, y_{bottom\text{-}right})$可表现出画家作画时的绘制方向。图 15-13 用箭头画出绘制方向，可以看出箭头的方向符合树叶自然生长方向以及画家绘画的习惯。

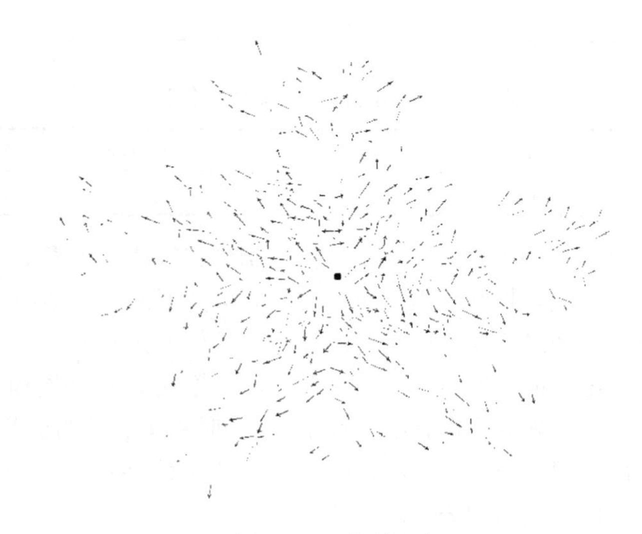

图 15-13　绘制方向

4. 墨色确定

中国水墨画分为五色，分别是焦、浓、重、淡、清，如图 15-14 所示。每一种墨色又有干、湿、浓、淡的变化。墨色的深浅和状态，在计算机上都表现为灰度的大小。

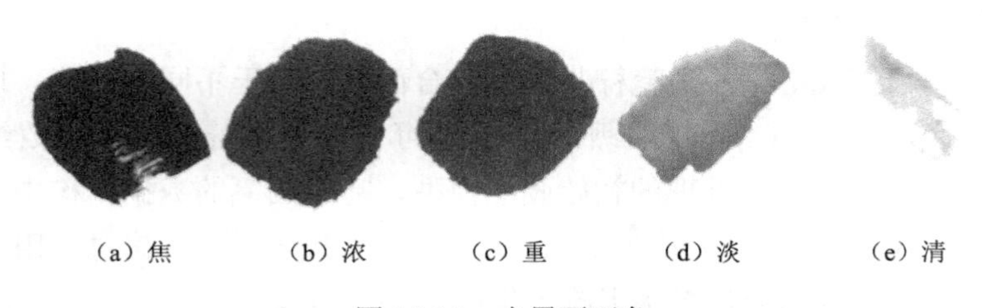

(a) 焦　(b) 浓　(c) 重　(d) 淡　(e) 清

图 15-14　水墨画五色

将焦、浓、重、淡、清五色在灰度级[0,255]内设定 4 个墨色分界点 S_1、S_2、S_3 和 S_4，再补充首位两个分界点 $S_0=0$、$S_5=255$，则可以得到灰度级与墨色的映射关系，如表 15-1 所示。设定的这四个分界点也比较平均地分割了整个灰度级，通常，取 $S_1=25$，$S_2=102$，$S_3=153$，$S_4=220$。计算各墨色在树叶水墨画中所占的比例 p_i（i=1,2,3,4,5），比例如表 15-2 所示。

表 15-1 灰度级与墨色的映射关系

焦	浓	重	淡	清
S_0、S_1	S_1、S_2	S_2、S_3	S_3、S_4	S_4、S_5

表 15-2 树叶水墨画中墨色比例表

焦（p_1）	浓（p_2）	重（p_3）	淡（p_4）	清（p_5）
5%	20%	50%	20%	5%

根据上述信息，将墨色也按照这个比例绘制到三维树叶模型上，实现具有真实感的树叶水墨画绘制。树叶模型中每一个笔画面片对应一个笔画，因此对每一笔的颜色进行控制，使最终墨色满足比例分布的具体步骤如下：

（1）为每一个笔画面片随机生成一个颜色，使用函数 srand()和 rand()来生成一个随机数。用每个笔画面片的编号作为种子，同时将生成的随机数对 256 取余，最终就会为每个面片得到一个可用（在 0～255）的颜色值。由于函数 srand()和 rand()的特性，这些颜色值服从均匀分布。

（2）如表 15-2 所示，各种墨色在树叶水墨画中所占比例并不符合均匀分布。那么，需要对产生的随机颜色进行处理。若按照均匀分布，焦、浓、重、淡、清的比例 p_1、p_2、p_3、p_4 和 p_5 应该均为 20%，但其中焦、重与清的比例都不正确。因此，需要将焦中的颜色以 75%的概率加上颜色偏移量 S_2-S_0，将清中的颜色以 75%的概率减去颜色偏移量 S_5-S_3，即可满足艺术作品中各墨色的比例。

5. 画笔模型构造

现实中的画笔（毛笔）由笔杆与笔毛组合而成，对于不同的画笔，均有各自的位置、颜色和墨水量等信息。那么，画笔可以视为由若干特性参数组成的数据结构。图 15-15 为未经处理的初始画笔模型，初始画笔的数据结构中不仅有高（height）、宽（width），还有颜色（color）。color 结构表示灰度信息，用于存储画笔的颜色特征，灰度的变化直接影响了生成笔迹的质量。

根据图 15-15 可知，根据上述结构建立的初始画笔模型比较单调，缺乏变化感。因此，将宣纸纹理的干扰因素加入到画笔模型中，以体现中国水墨画千变万化的艺术特色，进而形成效果更加多样、更加真实的水墨画。将宣纸纹理融合到画笔模型中，其实现公式与宣纸纹理融合的公式相同。融合后，color 结构中包含宣纸的纹理信息，融合效果如图 15-16 所示。加入宣纸纹理之后，得到了其特殊的艺术效果，同时还较好地体现了中国水墨画的艺术特性。

图 15-15　未经处理的初始画笔模型

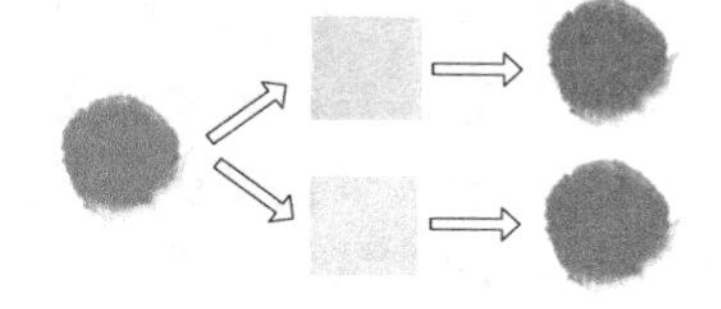

图 15-16　融合效果

6. 绘制晕染

中国水墨画最主要的一个特点是重在写意而非写形，力求画得神似而不苛求具体技法是否合乎规则，这种随意性也确定了它不太可能被准确仿拟。对树叶模型进行水墨画艺术风格化的过程中，力求满足水墨画的这种随意性，以便在整体上营造出水墨画的意境。

对树叶进行渲染之前，已经确定了每一笔画的绘制方向、初始的画笔和初始的墨色。在真实的水墨画中，画家往往不描绘出每片树叶的具体形状，而是用短短一笔来表示，水墨画靠笔画中水墨的晕染扩散来表现其意境。水墨的晕染扩散是一种类似毛细管扩散的现象，其扩散方式取决于纸的结构，而水墨粒子在水环境中做布朗运动。图 15-17 展示了水墨扩散的效果模型。

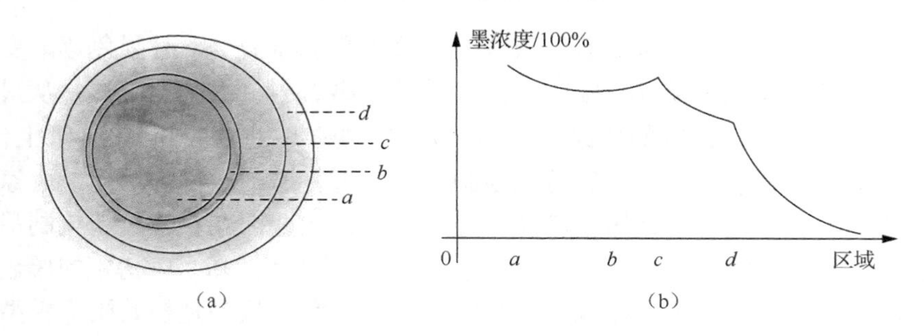

图 15-17　水墨扩散的效果模型

该扩散模型分为四个区域，分别是原始墨迹区域 a、原始边界区域 b、重扩散区域 c 和浅扩散区域 d。其中，a 是毛笔的落笔区域，颜色通常较重，扩散不明显；

b 是 a 的边界，颜色随着远离笔画中心的方向略微有些变淡；c 的扩散效果与颜色变化都比较平稳；d 的墨色明显变浅。

扩散指水墨等接触宣纸之后，由于湿度差、布朗运动会向四周散开的一种物理现象。分析常见的披发状扩散模型能够发现，在扩散过程中，沿着原始墨迹的边界，水墨等粒子的运动由内向外进行。那么，在基于效果的模拟中，可以将扩散视为水墨沿着绘制方向远离笔迹的运动。

扩散的方向确定之后，还需要确定扩散的范围，或者说扩散强度 S，即能扩散到的最远距离。显然，水墨的用量决定了其能在原始墨迹周围扩散的最远距离，对于水墨的用量，与对象在现实中的特征有着极大的关联。基于上述分析，初始画笔中含墨水的多少直接决定了扩散强度的大小。

分析真实的扩散效果模型可知，水墨扩散过程中的边界表现为复杂的曲线变化，这种变化在水墨细节的渲染过程中扮演着十分重要的角色。对于三维水墨艺术风格化，在模拟对象的水墨扩散效果时，重点要关注的并非扩散边界的逼真性，而是要在视觉感官上呈现出水墨扩散的意境。根据这一理论，实现水墨扩散效果模型的简化。对于简化后的水墨扩散模型，从原始墨迹开始，墨色沿着扩散的方向慢慢变淡，简化的墨色变化规律可以认为是线性递减的，如图 15-18 所示。

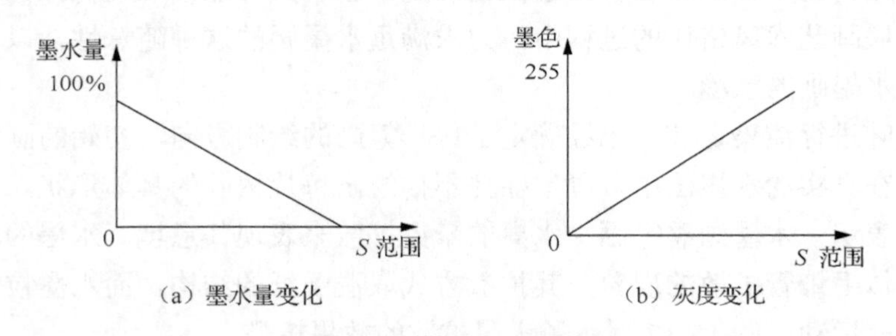

图 15-18　简化的墨色变化规律

简化后的水墨扩散模型沿着扩散方向，墨水量逐渐减少，且墨色逐渐变淡。扩散强度 S 应为墨水量从 100%～0%所扩散的距离大小，墨色也应该是从最浓到无色的变化。对于大范围的描绘，显然满足这一规律，通过画笔在画纸上作画，一笔直下至墨水耗尽，随后重新蘸墨绘画，一直重复这一过程。然而，画家对树叶绘制的过程中，笔法总是短小精炼，并不等到墨水全部耗尽才重新绘制另外一笔。基于符合真实画作的目标，认为画笔的初始墨水量为 100%，初始的墨色为前面计算出的符合真实墨色分布规律的颜色。扩散强度 S 认为是初始画笔模型长度的一半，同时表现出笔法的短小和略微扩散效果。符合简化树叶墨色变化规律的示意图如图 15-19 所示。

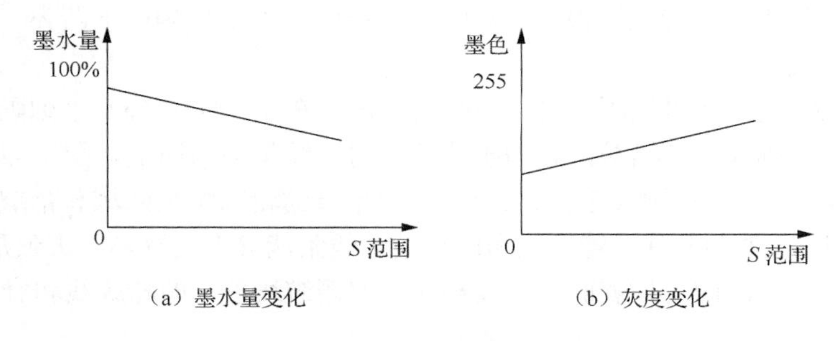

（a）墨水量变化　　（b）灰度变化

图 15-19　简化树叶墨色变化规律的示意图

扩散强度 $S = \text{brush\_height}/2$，那么，墨水量的计算公式为

$$\text{color}[\text{brush\_height} + i] = \text{brush\_color} + \frac{\text{range} \cdot i}{S} \tag{15-13}$$

对榆树进行中国水墨画艺术风格化处理，不同角度水墨画渲染效果如图 15-20 所示。可以看出，刘静[7]的方法能够对树这种复杂、不连通的三维模型产生较好的水墨艺术风格化效果。

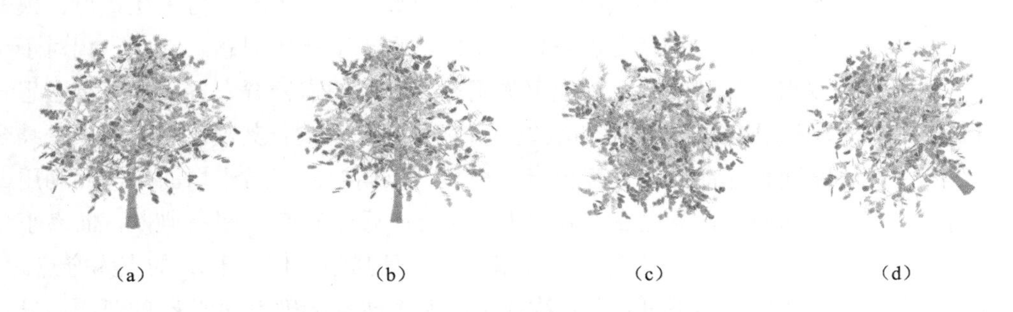
（a）　（b）　（c）　（d）

图 15-20　榆树不同角度水墨画渲染效果

15.2　点云物体素描画

素描画模拟技术是 NPR 技术中的重要内容之一，其通过强调物体的某些重要细节特征，而忽略其他非关键细节，以体现物体的几何特征。这种特性使得素描画技术在各个领域都极具理论研究和应用推广价值。

15.2.1　素描画的脊、谷线

在现实生活中，表达物体形状特征的线条有很多，而形状特征线是素描画模拟技术关注的重点。特征线根据形状特点的不同，主要分为以下两类[17-21]：轮廓线和脊、谷线。

图 15-21 为真实素描画，可以清晰地看出，在图 15-21（a）中刻画的是人物脸部外表面轮廓和内部褶皱，且褶皱棱角分明，线条刻画细腻。图 15-21（b）中额头的褶皱区域线条明确。图 15-21（c）中建筑的轮廓特征区域和褶皱线条刻画明确。素描画绘制过程中，轮廓线和内部褶皱线条能够表达物体的大致形体特征，因此画家往往关注的是外表面轮廓线条和内部褶皱线条，即轮廓线和脊、谷线。

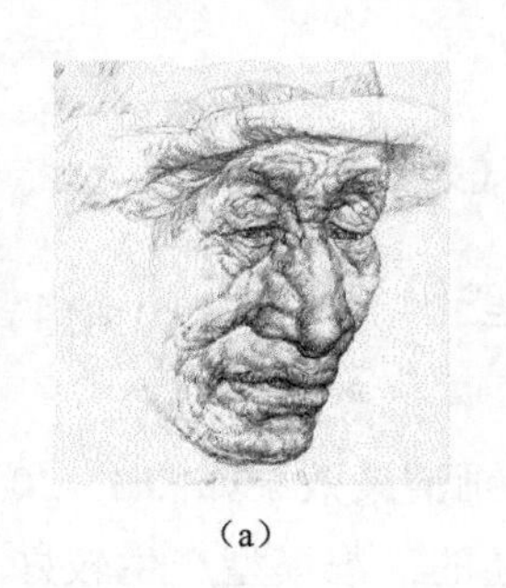
（a）

（b）

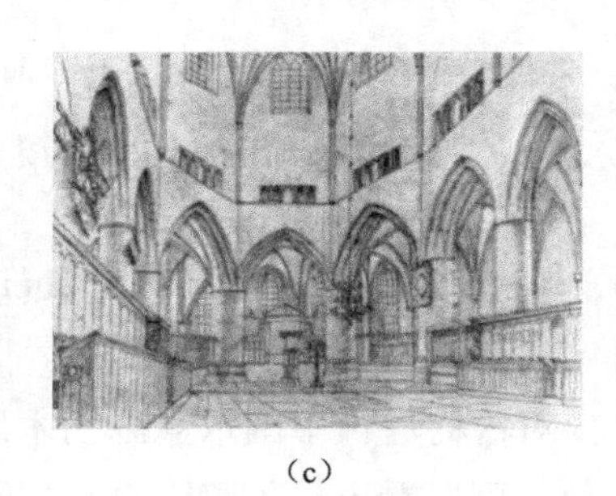
（c）

图 15-21　真实素描画

第 6 章已经介绍了点云模型的脊、谷线提取算法，故本节不再赘述。点云模型数据缺乏拓扑结构，并且存在着采样不均匀，噪声干扰等问题。因此，相对于网格模型，提取点云模型的脊、谷线更加困难。常用的点云脊、谷点提取算法思想如下：首先，利用 PCA 求取点的法矢，并调整法矢方向；其次，利用最小二乘法在点云模型表面拟合曲面，计算出点云模型上点高斯曲率与平均曲率，并利用点高斯曲率与平均曲率计算主曲率和主方向；最后通过阈值 k_α 进行判断，曲率小于零且其绝对值大于 k_α 的点为谷点，曲率大于零且其绝对值大于 k_α 的点为脊点。该算法存在阈值选取上的不足，在首次应用时并不能直接确定阈值 k_α 的范围，只能通过多次尝试才能获得合适的阈值。

针对上述问题，对阈值的获取方法进行改进，本节采用一个阈值参数 $\alpha(0<\alpha<1)$ 来修正原有算法阈值，具体方法如下：首先，通过脊、谷点提取算法[20,21]计算每个点的法矢，然后调整法矢方向，使其朝外；其次，使用移动最小二乘法拟合曲面，求得曲率。遍历曲率获得最大曲率 $k_{\max}$ 和最小曲率 $k_{\min}$。当最小曲率 $k_{\min}>0$ 时，说明该模型没有谷点。给定阈值参数 $\alpha(0<\alpha<1)$，满足式（15-14）的为谷点，满足式（15-15）的为脊点：

$$\begin{cases} k_i < 0 \\ k_i < \alpha k_{\min} \end{cases} \tag{15-14}$$

$$\begin{cases} k_i > 0 \\ k_i > \alpha k_{\max} \end{cases} \tag{15-15}$$

以兔子点云模型为例，图 15-22 为利用上述方法提取不同视点下的脊、谷点。从图中可以直观地看到，随着 α 值的减小，脊、谷点由稀到密，当达到一个合适的值时，脊、谷点疏密程度最佳。对于兔子点云模型，当 $\alpha = 0.1$ 时，脊、谷点数量较为合适。

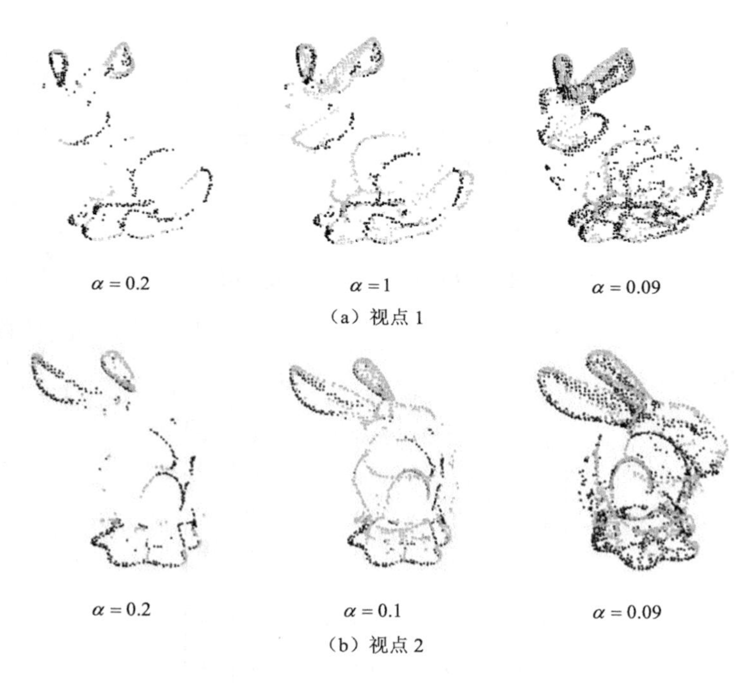

图 15-22　脊、谷点提取示例

15.2.2　点云轮廓线提取

点云轮廓线提取包括点云旋转变换、轮廓点的提取、轮廓线的连接等过程。下面分别给予阐述。

点云轮廓线是在特定视点下的曲线。当视点发生变化时，可通过点云旋转变换，将视点还原到初始的位置，此时模型的坐标也发生变化。绕 Z 轴旋转时，如果给定旋转角度，可以通过式（15-16）的变换方法来完成旋转：

$$\begin{cases} x' = x\cos\theta - y\sin\theta \\ y' = x\sin\theta + y\cos\theta \\ z' = z \end{cases} \tag{15-16}$$

三维 Z 轴旋转方程可以用齐次坐标形式表示，如式（15-17）所示：

$$\begin{bmatrix} x' \\ y' \\ z' \\ 1 \end{bmatrix} = \begin{bmatrix} \cos\theta & -\sin\theta & 0 & 0 \\ \sin\theta & \cos\theta & 0 & 0 \\ 0 & 0 & 1 & 0 \\ 0 & 0 & 0 & 1 \end{bmatrix} \begin{bmatrix} x \\ y \\ z \\ 1 \end{bmatrix} \tag{15-17}$$

图 15-23 为以 θ 为旋转角度绕 Z 轴旋转的示意图。

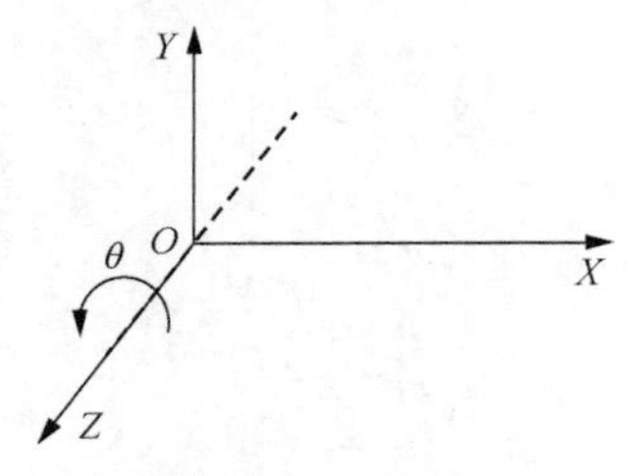

图 15-23　以 θ 为旋转角度绕 Z 轴旋转的示意图

类似于绕 Z 轴旋转，绕三维 X、Y 轴旋转的齐次坐标形式表示分别如式（15-18）和式（15-19）所示：

$$\begin{bmatrix} y' \\ z' \\ x' \\ 1 \end{bmatrix} = \begin{bmatrix} \cos\theta & -\sin\theta & 0 & 0 \\ \sin\theta & \cos\theta & 0 & 0 \\ 0 & 0 & 1 & 0 \\ 0 & 0 & 0 & 1 \end{bmatrix} \begin{bmatrix} y \\ z \\ x \\ 1 \end{bmatrix} \tag{15-18}$$

$$\begin{bmatrix} z' \\ x' \\ y' \\ 1 \end{bmatrix} = \begin{bmatrix} \cos\theta & -\sin\theta & 0 & 0 \\ \sin\theta & \cos\theta & 0 & 0 \\ 0 & 0 & 1 & 0 \\ 0 & 0 & 0 & 1 \end{bmatrix} \begin{bmatrix} z \\ x \\ y \\ 1 \end{bmatrix} \tag{15-19}$$

虽然脊、谷线能够很好地刻画物体的内部细节特征，但是仅仅利用脊、谷线还不足以反映物体的完整细节，外表面轮廓线也是不可或缺的重要组成部分。基于已有的脊、谷线的基础，可提取最外表面轮廓线，而轮廓点是构成轮廓线的关键，因此，要求取正确的外表面轮廓点。有关轮廓点提取算法的细节可参阅文献[20]。

图 15-24（a）为通过上述轮廓点检测算法提取的兔子模型轮廓点，使用 Demarsin 等[22]提出的 MST 连接轮廓线的方法可将离散的外表面轮廓点连接成轮廓线，具体细节可参阅第 6 章的相关内容。

（a）兔子模型轮廓点

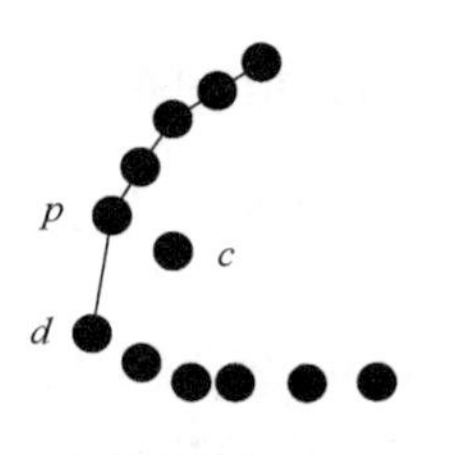

（b）轮廓点简化示例图

图 15-24　轮廓线连接过程

根据上述方法求得的轮廓点，在正常边界点周围往往会出现一些干扰点或者噪声点，如图 15-24（a）所示，圆圈内的点表示干扰点，干扰点往往影响着轮廓线连接的正确性。图 15-24（b）为轮廓点简化示例图，图中 c 为干扰点。如果利用最短距离连接法，干扰点 c 到正常点 p 的距离小于正常点 d 到正常点 p 的距离，那么点 p 和点 c 相连，但正确的应该是点 p 和点 d 相连。

针对这个问题，给出一种加入距离阈值的轮廓线连接方法，从而避免干扰点造成的误差。思路如下：首先在轮廓点集合 A 中选择一个点 p 作为初始生长点，并在 A 中选择和 p 点相连的点 p_{front}，通过式（15-20）确定方向向量；其次利用 KNN 算法，选取初始生长点 p 的 k 个近邻点集 $\text{NBHD}(p)=\left\{p_j \| p_j-p_i \|<r, j=0,1,\cdots,k\right\}$。将 $\text{NBHD}(p)$中的元素按照和点 p 的距离从小到大进行排序，则有 $\text{NBHD}(p)=\left\{p_1<p_2<p_3<\cdots<p_k\right\}$；最后在 $\text{NBHD}(p)$中从小到大依次选取和方向向量距离小于 R 的点作为下一个初始生长点，并删除 A 中 $\text{NBHD}(p)$的点，再次查找下一个生长点直到轮廓点集合 A 为空停止。

$$n_p = p_{\text{front}} - p \tag{15-20}$$

有关轮廓线连接算法的具体细节可参阅文献[20]。图 15-25 为兔子点云生成的轮廓线示例，可以看出生成的轮廓线可以防止干扰点的影响，使干扰点处的连线能够比较平滑地连接。

图 15-25　兔子点云生成的轮廓线示例

15.2.3　脊、谷线与轮廓线整合

本节重点介绍可见性下的脊、谷线和轮廓线的整合，形成完整的基于“线条”的物体表示。

基于曲率计算脊、谷点，曲率小于一定阈值的是谷点，大于一定阈值的是脊点。在特定视点下，由于物体的自挡性，点云模型背面的脊、谷点不可见，只能看见视点下正面的脊、谷点。因此，在特定视点下，首先要确定脊、谷点的可见性。

对于可见性的判定，可以使用类似光线跟踪的方法，将光线不断变粗，变成圆柱体，检测圆柱体与模型上除 p 点之外是否存在其他交点。在检测时可能存在一种情况：存在其他交点，但是该交点是 p 点周围的点，而不是 p 点的遮挡点，此时应该将这种情况排除。设视线沿着 Z 轴正方向，如图 15-26 所示，首先选取脊（谷）点 p，由 p 点出发，构造一个平行于 Z 轴的线段来表示光线，将光线不断变粗构造成一个圆柱体，若该圆柱体和模型有除 p 点之外其他点有交点 s，并且交点 s 不在 p 点附近，则点 s 为 p 点的遮挡点；若不存在交点或者存在交点 m 且其在 p 点附近，则 p 点没有遮挡点。圆柱体底面所在的平面为和视线方向垂直的平面，并且该平面过 p 点。设 p 点和周围近邻点的平均距离为 Dis，则底面圆的半径为 $\lambda \cdot \mathrm{Dis}$，其中 λ 为距离参数。圆柱的高为视点到 p 点的距离。有关可见性算法的详细描述可参阅第 6 章的相关内容。

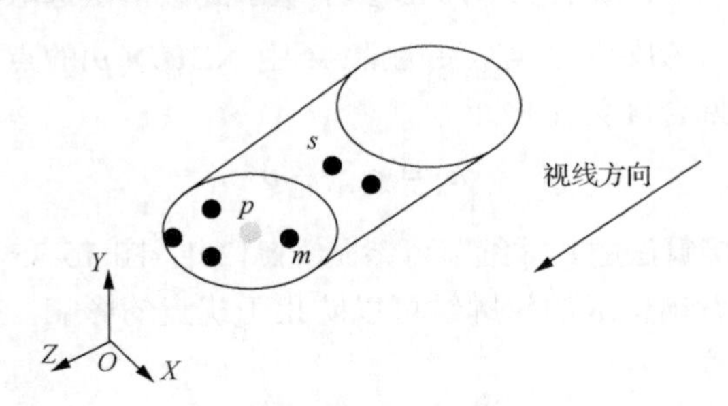

图 15-26　遮挡点判断示意图

如图 15-27 所示，黑色表示不可见点，灰色表示可见点，黑色和灰色构成一个完整的兔子模型。

脊、谷线为点云下求得的空间坐标的连线，反映不同视角下的形状特征，而轮廓线为特定视角下的二维点集构成的特征线。因此，在同一坐标系中，同一个模型下，要将脊、谷线和轮廓线融合，需要首先判断脊、谷线的可见性，其次将脊、谷线投影到二维平面上，获得一体化的脊、谷线和轮廓线。

图 15-27　可见点和不可见点构成的完整兔子模型

对脊、谷线和轮廓线进行整合，以 Z 轴正方向为视线方向，利用可见性算法检测出可见的脊、谷点并进行连接，然后将脊、谷线投影到 XOY 二维平面上，得到二维脊、谷线，此时脊、谷线和轮廓线在同一个平面上。下面介绍一种脊、谷线和轮廓线的整合算法，该算法的伪代码如表 15-3 所示。

表 15-3　脊、谷线和轮廓线整合算法伪代码

算法：脊、谷线和轮廓线整合
输入：脊、谷点集合 A，轮廓线集合 B
输出：脊、谷线和轮廓线整合集合 C
1　确定 Z 轴正方向为初始视线方向
2　For 脊、谷点集合 A 的每一个点 $p(x,y,z)$
3　　利用可见性算法判断 $p(x,y,z)$是否可见
4　　if $p(x,y,z)$可见
5　　　保存在集合 D 中
6　End For
7　连接集合 D 中的点成可见脊、谷线
8　将脊、谷线投影到 XOY 面上，确保脊、谷线和轮廓线集合 B 在同一平面
9　得到脊、谷线和轮廓线整合集合 C

图 15-28 为脊、谷线和轮廓线的融合绘制图。分别采用了兔子模型、鸟模型和马模型进行算法效果的展示，这些模型上脊、谷特征明显，是点云脊、谷线提取的典型模型，采用这些模型能较好地展示算法的鲁棒性。可以看出，脊、谷线和轮廓线整合完整，并能满足素描画的需要。

（a）兔子模型

（b）轮廓线

（c）原始脊、谷线

（d）脊、谷线和轮廓线融合

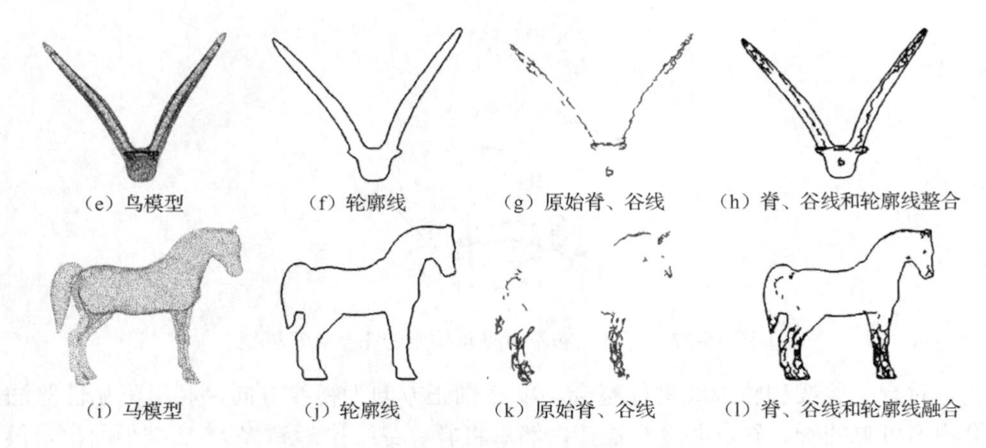

图 15-28 脊、谷线和轮廓线的融合绘制图

15.2.4 线条扩散模型获取

为了绘制具有不同风格的素描画，往往还需要对轮廓线，脊、谷线等特征线和色调进行有机组合。通过参数对画笔进行粗细、浓淡、密度等调整控制可以实现不同风格的基本画笔，使用者还可以为各个特性设置影响因子，增加风格的多样性，这称为基于轮廓线的风格化绘制（stylized silhouette rendering，SSR），是素描画绘制中一种重要的表现形式[19,20]。

1. 基于深度的线条粗细变化

根据绘画艺术的原理，距离视点近的笔划比距离视点远的笔划粗，简称为近粗远细[23]。

基于深度的线条粗细变化算法思想是以 Z 坐标值最大的点作为初始视点，以 Z 轴正方向为视线，采用平行投影的方式将 Z 坐标值映射为线条粗细度，当 Z 坐标值越大时，距离视点越近，线条越粗；Z 坐标值越小，距离视点越远，线条越细。给定一个初始视点，当视点发生变化时，可以通过点云旋转变换，将视点恢复到初始位置。

具体实现如下：首先选取 Z 坐标值最小的点作为初始视点，沿着 Z 轴正方向的直线为视线，遍历 Z 坐标值确定最大值 $z_{\max}$ 和最小值 $z_{\min}$，并将 Z 坐标值划分成不同的段；其次采用平行投影的方式，通过式（15-23）将每段映射到不同的粗细度上，求得 p 点的粗细度 t_p；如图 15-29 所示，最后根据两个相邻点的粗细度值，求得两点之间线段的宽度值。依次在脊、谷线集合 A 中取出点 p 和点 p 的前一个节点 p_{front}，设两点组成一条线段 $p_{\text{front}}p$，记线段 $p_{\text{front}}p$ 中点为 p_{mid}。根据式（15-24）可得线段 $p_{\text{front}}p_{\text{mid}}$ 的宽度值；同理，根据式（15-25）可得线段 $p_{\text{mid}}p$ 的宽度值：

$$(z_{\max}-z_{\min})\times\eta+z_{\min}=z_p \tag{15-21}$$

$$(\rho_{\max}-\rho_{\min})\times\eta=t_p \tag{15-22}$$

推导得

$$t_p=\frac{z_p-z_{\min}}{z_{\max}-z_{\min}}\times(\rho_{\max}-\rho_{\min}) \tag{15-23}$$

其中，$\rho_{\max}$、$\rho_{\min}$ 分别为粗细度最大值和最小值。

$$t_{\text{front,mid}}=(t_{\text{front}}+\frac{t}{2})\times\text{cofi} \tag{15-24}$$

$$t_{\text{mid},p}=(\frac{t_{\text{front}}}{2}+t)\times\text{cofi} \tag{15-25}$$

其中，cofi 为控制因子。

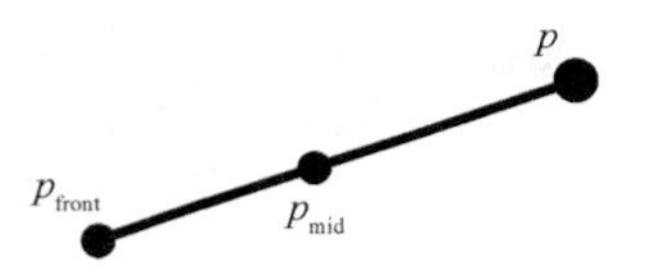

图 15-29　线条粗细变化图

图 15-30 为兔子点云基于深度的线条粗细变化示例。可以看出，根据深度的不同，线条粗细也随之变化。距离视点越近，线条越粗；距离视点越远，线条越细。

（a）原图

（b）基于深度的线条变化

图 15-30　兔子点云基于深度的线条粗细变化示例

2. 基于角度的线条粗细变化

笔划影响素描画风格的因素是其粗细程度。图 15-31 是一张真实手工素描画，对其进行分析可知，弯曲程度越大的区域，即对应角度越小的区域，线条越宽；弯曲程度越小的区域，即对应角度越大的区域，线条越窄，并且线条呈现扩散状。因此，相邻点的宽度可以随着线条变形的方向增强或者减弱，在平滑的区域线条宽度适当减小；弯曲区域线条宽度适当增大；在画笔路径变形时，相邻点之间的线条根据点的曲率情况进行增强或削弱。

基于角度的渐变式线条粗细算法的主要思路如下：如图 15-32 所示，首先确定一个特征点和它的两个相邻点，利用式（15-29）求出该点与相邻两点向量的夹角；其次，在角度等级表中查找该点角度等级，如表 15-4 所示；最后，将相邻两点之间的线段根据中点分成两部分，根据相邻两点间的粗细度值，通过式（15-30）和式（15-31）计算每部分的宽度，从而获得两点间线段之间的宽度渐变值：

$$n_{p_{\text{front}}p} = p_{\text{front}} - p \tag{15-26}$$

$$n_{p_{\text{next}}p} = p_{\text{next}} - p \tag{15-27}$$

$$\cos\alpha = \frac{n_{p_{\text{front}}p} \cdot n_{p_{\text{next}}p}}{|n_{p_{\text{front}}p}| \times |n_{p_{\text{next}}p}|} \tag{15-28}$$

推导得

$$\alpha = \cos^{-1}\frac{(p_{\text{front}} - p)\cdot(p_{\text{next}} - p)}{|p_{\text{front}} - p| \times |p_{\text{next}} - p|} \tag{15-29}$$

$$t_{\text{front,mid}} = \left(t_{\text{front}} + \frac{t}{2}\right) \times \text{cofi} \tag{15-30}$$

$$t_{\text{mid},p} = \left(\frac{t_{\text{front}}}{2} + t\right) \times \text{cofi} \tag{15-31}$$

图 15-31　真实手工素描画

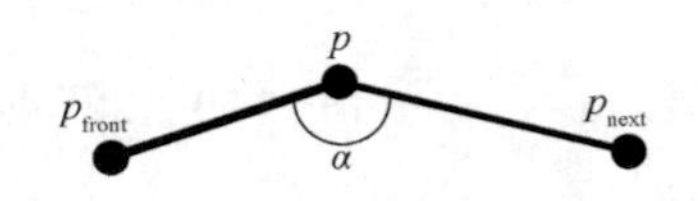

图 15-32　角度图

表 15-4　角度等级表

度数 α	等级 t_α
$0 < \alpha \leqslant \pi/9$	10
$\pi/9 < \alpha \leqslant \pi/6$	9
$\pi/6 < \alpha \leqslant 2\pi/9$	8
$2\pi/9 < \alpha \leqslant 5\pi/18$	7
$5\pi/18 < \alpha \leqslant \pi/3$	6
$\pi/3 < \alpha \leqslant 4\pi/9$	5
$4\pi/9 < \alpha \leqslant 5\pi/9$	4
$5\pi/9 < \alpha \leqslant 2\pi/3$	3
$2\pi/3 < \alpha \leqslant 5\pi/6$	2
$5\pi/6 < \alpha \leqslant \pi$	1

线条扩散模型的构造包含三个步骤：①以特征线构造模型，保留图像的轮廓信息；②分析素描画线条粗细变化趋势，获得线条的粗细变化信息；③构造画笔模型，将画笔和线条相结合，得到线条扩散模型。

关于线条扩散模型，如果只由特征线组成，其构造后的效果单一，并且缺乏变化感。不仅如此，同一特征线采用不同画笔描绘出来也有很大的差异。因此根据每个画笔的位置、颜色、宽度等信息，把画笔构造为由宽度 width、高度 height、颜色 color 等参数组成的数据结构。由于是素描画绘制，color 定义灰度信息，直接影响着绘制的效果。图 15-33 为画笔模型不同粗细、不同灰度的三种样式。A 模型相对于 B 模型线条较粗，颜色深；B 模型相对于 C 模型线条较粗，颜色深。

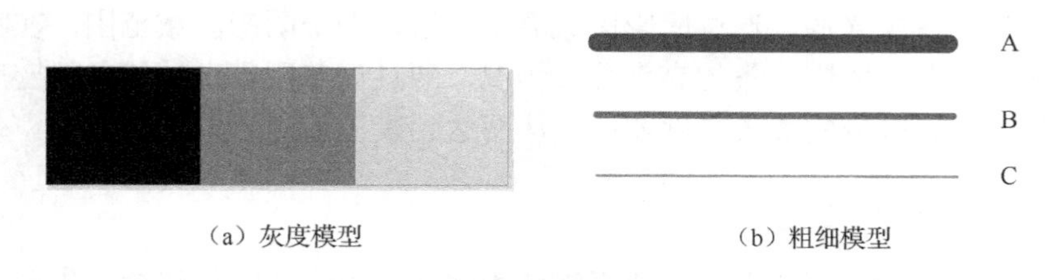

（a）灰度模型　（b）粗细模型

图 15-33　画笔模型

选取任一种样式作为画笔模型，将画笔模型应用到特征线中，从而得到具有素描艺术效果的线条，并且能够体现出素描画的艺术特点。

如图 15-34 所示，分别采用了兔子模型的正、侧面进行算法效果的展示，模型的脊、谷线比较明显，并且分布较均匀，是点云线条扩散中的典型模型。兔子模型采用基于深度的线条粗细变化算法和基于角度的线条粗细变化算法，加入画笔模型，最终得到线条粗细扩散模型。模型的正、侧面算法效果图表明，利用线条粗细变化算法来刻画点云三维模型的细节特征，能够获得良好的三维视觉效果。

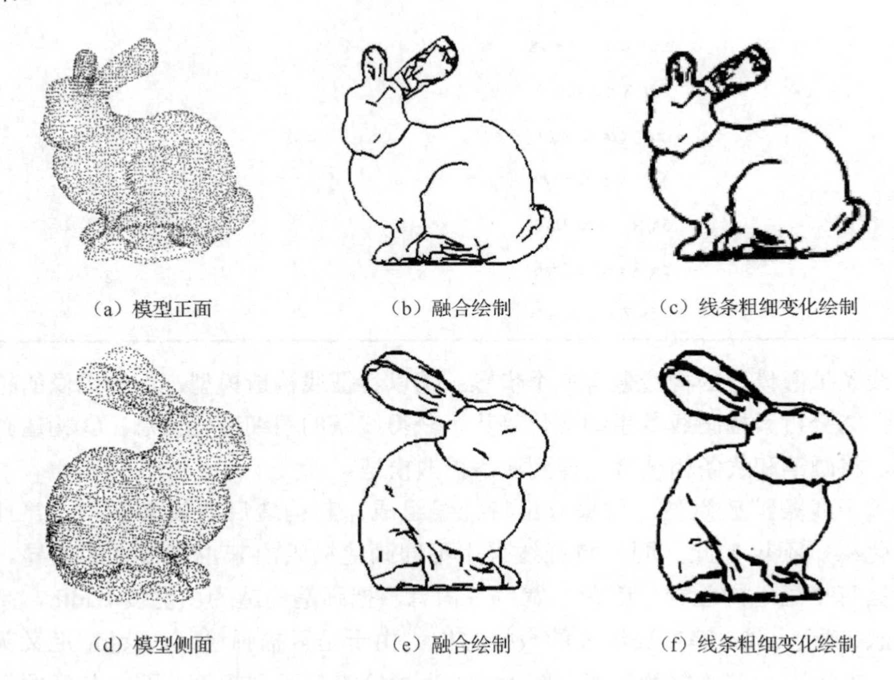

图 15-34　兔子模型的正、侧面算法效果图

15.2.5　阴影区域的生成

首先设定虚拟光源，通过阴影区域界定算法，划分阴影区域范围，在特定的阴影区域内，分析阴影线条的亮度分布情况，通过调整阴影区域线条的密度和灰度，来处理阴影区域的线条亮度表达，从而达到素描画的效果。

1. 阴影区域界定

当处于特定的光照方向时，代表物体表面凹凸不平的特征线会产生一定的阴影区域，通过灰度可以表示明暗和阴影[24]。如图 15-35 所示，模型表面在凹凸区域中有明显的灰度明暗阴影区域，而且阴影区域存在于脊线的一侧。因此，在素描画的绘制中，阴影区域的划分也是点云模型渲染的重要内容之一。

图 15-35　素描效果图

由于模型表面凹凸不平，一定光照下，通过特定视线观察模型会产生阴影区域。本节介绍一种特定光照方向下获取阴影区域的算法，该算法可以划分出在特定视线和特定光照下模型凹凸区域中的阴影区域。在该光线下，要确定光线过脊、谷线投影到模型凹凸区域中产生的区域，这是求取阴影区域的关键。

如图 15-36 所示，以 *Z* 轴正方向为初始视线方向，以平行于 *XOZ* 平面且与 *XOY* 平面成45°夹角的方向为光照方向，同时视线和光线的夹角也是45°。光线经过某一个脊点在模型上的凹凸区域产生投影点，将脊线产生的投影线连接起来构成一个投影区域。众所周知，同一个光线产生的投影区域在不同视角下观察到的阴影区域大小也不同。在给定视角下，要判断投影区域是否有被遮挡的部分，计算出可见的投影区域，即最终的阴影区域。

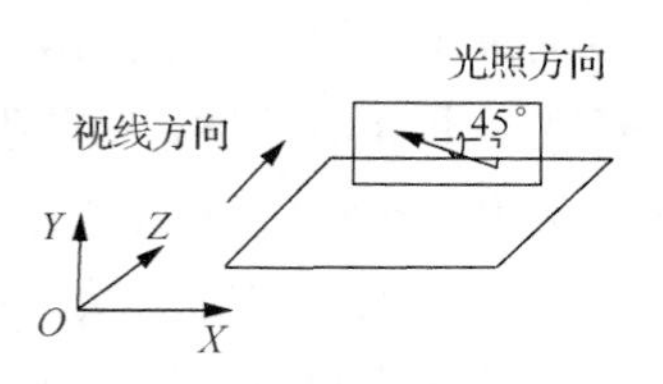

图 15-36　光照方向示意图

本节设计一种阴影区域界定算法，具体思路如下：图 15-37 为凹曲面简化图，脊线由多个连接的折线段构成，近似一条曲线，因此对其中一段折线求得阴影区域可以推广到整条脊线上。图 15-37（a）中曲面 *ABCD* 是一个凹曲面，*AB* 为曲面上的脊线折线，在特定光照下，A 点在曲面上的投影点为 A_1，B 点在曲面上的投影点为 B_1，A_1B_1 为投影线段。在图 15-37（b）中，脊线 EF 在曲面上投影线为 E_1F_1，曲线 EE_1 为线段 EE_1 所在的和光照方向平行的平面与曲面的交线，同理在曲面上曲线 FF_1 是线段 FF_1 所在的和光照方向平行的平面与曲面的交线，在曲面上 EFF_1E_1 为投影区域。此时，沿着视线方向，利用可见性算法判断曲面 EFF_1E_1 的无遮挡区域，此区域就为在该视线下的阴影区域。

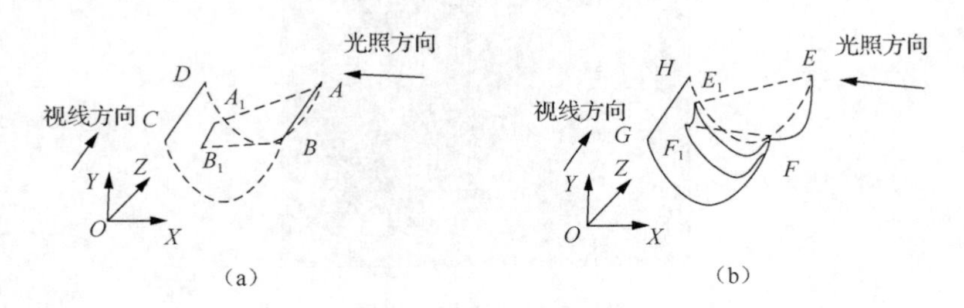

图 15-37 凹曲面简化图

求取脊线在凹凸曲面上的投影线，相当于判断脊点沿着光线的方向到达曲面上某一点，即计算脊线和曲面的高度，以及光线和坐标之间夹角的关系。如图 15-38 所示，采用平行于 XOZ 平面且与 XOY 平面成 45° 夹角的方向为光照方向，此时视线和光线夹角为 45°。判断脊点在光线下的投影点，可以看作脊点沿着光线经过模型上方，刚好存在一点的高度等于光线到达时光线的高度，则这个点就是投影点。因为点云模型中点之间具有间隙，光线可能穿过间隙，所以当光线穿过模型上一个点周围一定范围内，可以视为光线刚好穿过该点，则该点也视为脊点在模型上的投影点。那么，首先计算模型上点与点的平均间隙距离 Dis，在 YOZ 面上构造一个矩形，该矩形的长为 B 的 Z 坐标值，宽为 θDis。然后通过 A 与 B 之间 X 坐标差值和 B 的 Z 坐标值，利用角度计算光线穿过 A 点到达 B 点周围时的投影点高度，若投影点高度大于 B 点的高度，则说明光线从 B 点上方经过，B 点是 A 点阴影区域内一点；若投影点高度小于 B 点高度，则说明 B 点不是 A 点阴影区域内一点；若投影点高度等于 B 点高度，则说明 B 点是 A 点的投影点。将投影点连接起来构成投影线，并和脊线端点连接构成投影区域。在给定视角下，利用可见性算法判断投影区域的可见性，然后求出可见的阴影区域，最后将阴影区域投影在 XOY 二维平面上和轮廓线进行整合。

如图 15-39 所示，图 15-39（a）是使用上述方法前的兔子模型，图 15-39（b）是使用上述方法后的兔子模型。可以看出，在脊、谷线的一侧形成了阴影区域。

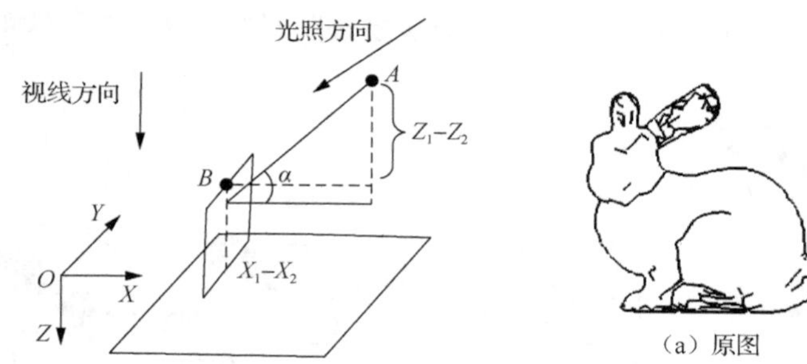

图 15-38　阴影区域判断示意图

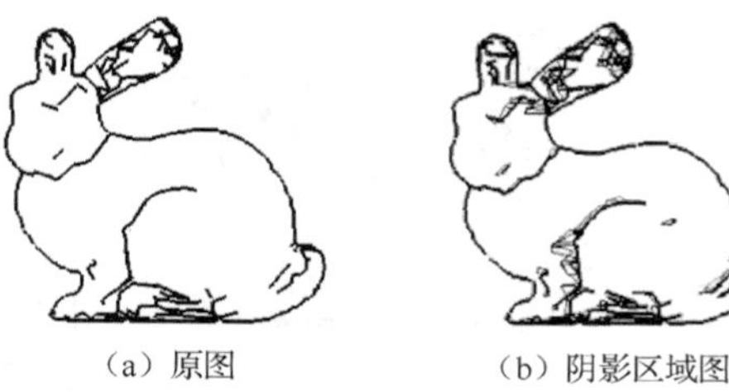

图 15-39　阴影区域界定图

2. 阴影区域表达

1）阴影区域线条密度

阴影是一种形状，蕴含物体的形状、纹理和亮度等信息[25]。阴影线在物体表面亮度比较暗的区域，即阴影区域。在素描画中，阴影通过线条的密度和灰度联合表达。绘制融合不同密度和灰度的线条，可以表达物体表面的亮度信息。观察可知，较暗的区域，阴影线密而粗；较亮的区域，阴影线稀而细。阴影线的密度通过线与线之间的间隔来表示，间隔越大，阴影线越稀；间隔越小，阴影线越密；阴影明暗程度可由线条的密度决定。

由图 15-21（b）的真实素描画可知，在物体表面凹凸区域上产生的阴影，距离脊、谷线越近，阴影线条越密，距离脊、谷线越远，阴影线条越稀。因此，在点云模型中可使用线条的密度来呈现出阴影区的明暗程度。

本节介绍一种阴影线条生成算法。如图 15-40 所示，首先计算阴影线方向向量。脊（谷）线 L 是由脊（谷）点 p_1、p_2 和 p_3 连起来的折线。p_1 的投影点为 p_6，p_2 的投影点为 p_4，p_3 的投影点为 p_5。首先通过式（15-32）求出 p_1p_6 的方向向量 n。然后让 p_1 沿着方向向量 n 移动一段距离 t 得到点 p_c，如式（15-33）所示。同理，求出 p_2p_4 的方向向量 n'，计算出 p_2 沿着方向 n' 移动一段距离 t 得到的点 p_k。最后，连接点 p_c、p_k 形成一条线段 p_cp_k，此线段为一条脊（谷）线下的阴影线条。随着 t 取多个值时，可以得到同一个脊（谷）线下的多条阴影线。考虑到距离脊（谷）线越近，线条越密，因此使 t 以非线性增长的方式取值，如式（15-34）所示：

$$n = p_6 - p_1 \tag{15-32}$$

$$p_c = p_1 + tn \tag{15-33}$$

$$t = k \times d \tag{15-34}$$

其中，n 为方向向量；t 为距离值；$k \in \left\{\frac{1}{16}, \frac{1}{8}, \frac{1}{4}, \frac{1}{2}\right\}$。

图 15-41 为兔子模型阴影图，在阴影区域生成了多条阴影线，并且阴影线的趋势和特征线趋势相同。

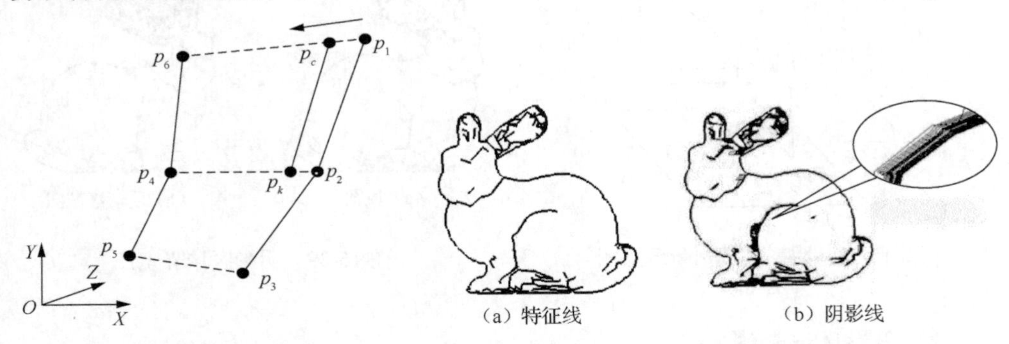

图 15-40　阴影线条图

图 15-41　兔子模型阴影图

2）阴影区域线条灰度

阴影区域中模型的某一局部用同一种颜色（不同深浅）来表示，如对于光照不同的部分，通过颜色的深浅来表示明暗和阴影。如图 15-35 所示的素描画中，可以清晰地看出，光照下形成的阴影区域中，越靠近特征线的区域越暗，越远离特征线的区域越亮。一个立体的对象，有受光的一边和阴影的一边，因为表面上受光强弱的不同，所以有深淡不同的变化[25]。

如图 15-42 所示，首先构造一个渐变灰度模型[26,27]，其像素值包括白色和不同程度的灰色，灰度呈现渐变颜色。将一条特征线的阴影区域，划分成 n 块，根据该块离脊、谷线的远近，对应已定义的颜色灰度值，形成阴影区的灰度变化。如图 15-43 所示，脊、谷线 L 由线段 p_1p_2 和线段 p_2p_3 构成，对于脊、谷线 p_1p_2，通过前面介绍过的特定光照下的多条阴影线条 l_1、l_2 和 l_3 构成不同灰度的阴影区域。l_1 和 p_1p_2 构成了一个封闭的四边形，将该四边形标记为 1 区域，同理 l_1 和 l_2 构成了一个封闭四边形，标记为 2 区域，l_2 和 l_3 构成了一个封闭的四边形，标记为 3 区域。1 区域比 2 区域暗，2 区域比 3 区域暗。有关阴影区域线条算法的具体细节可参阅文献[20]。

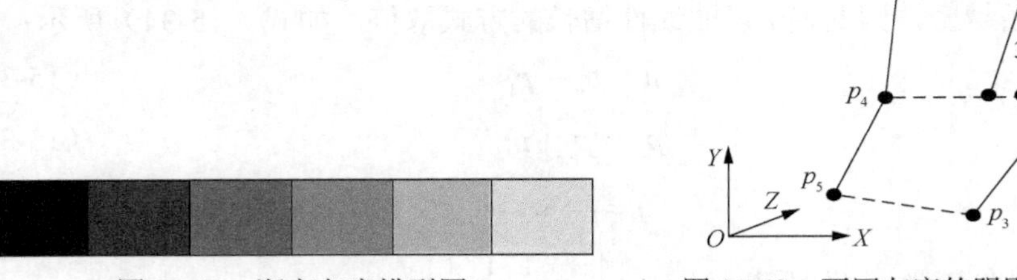

图 15-42　渐变灰度模型图

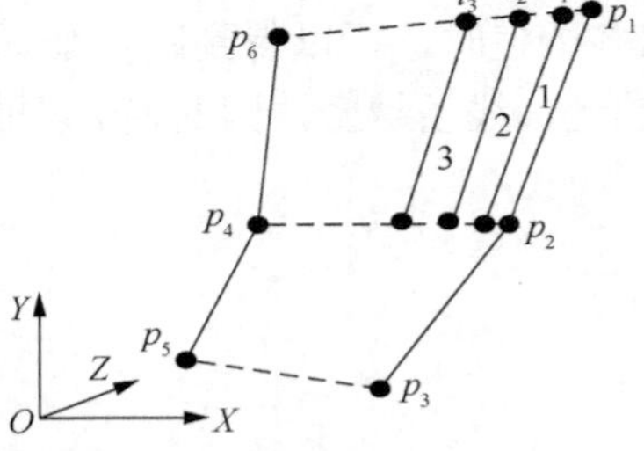

图 15-43　不同灰度的阴影区域划分图

图 15-44（a）是兔子模型整合图原图，图 15-44（b）是使用上述方法后的兔子模型。可以看出，在脊、谷线的阴影区域根据距离脊谷线的远近程度，由黑色到白色不同程度灰度的渐变来表示。此外，图 15-44（c）是真实手工素描画，可以看出，计算机模拟不同视点下的素描画，不但具有有效性，而且具有及时性，在 3D 打印技术成熟的时期更具有划时代的意义。

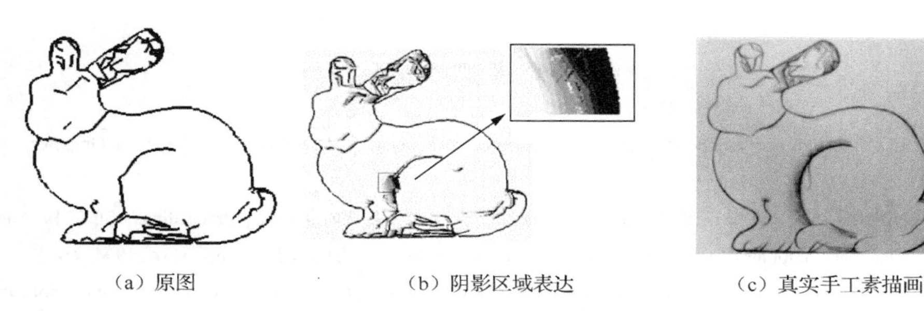

（a）原图　（b）阴影区域表达　（c）真实手工素描画

图 15-44　阴影区域亮度图

15.3　本 章 小 结

本章介绍了基于点云的计算机模拟艺术风格化方法，包括水墨画和素描画这两种 NPR 方法。

以树为研究对象，而树由树干、树枝和树叶组成，在实现绘制各组成部分水墨画的基础上，通过融合最终形成树的水墨画。其中，树干艺术风格化采用了纹理映射的渲染方法来实现。由于树枝与树干具有基本相同的风格，应用树干纹理均值对树枝进行颜色填充。树叶的水墨化则通过模型简化、笔画面片构造、绘制方向及墨色确定、画笔模型构造及绘制晕染等一系列步骤来实现。

在基于点云的素描画实现中，首先根据手工素描画的特点，引入了脊、谷线和轮廓线；针对前述章节提取和连接脊、谷线方法的基础上，给出了对其优化的算法；针对轮廓线的提取，阐述了一种基于视点变化下的外表面轮廓点提取方法，该方法首先给定初始视点，将当前视点下的模型投影到一个平面上，然后建立局部坐标系和邻域点到中心点之间的夹角，选择出外表面轮廓点；在轮廓点的连接算法中，采用了在一定距离阈值下选择较短距离点作为连接点进行轮廓点的连接。其次在获得的脊、谷线和轮廓线基础上，基于融合策略，得到完整的物体特征线。进而，根据素描画中近粗远细的特点，给出基于深度的线条粗细变化方法；同时结合素描画中线条基于视点的变化规律，给出了基于视点的和线段的夹角来区分线条粗细变化的方法。最后分析手工素描画中画笔的样式，构造画笔模型，结合画笔模型和线条粗细变化模型，达到素描画模拟的效果。此外，结合特定光照下阴影形成的特点，基于阴影区域的界定，设计了一种阴影区域表达方法，该方法首先计算脊、谷线的方向向量，结合阴影区域灰度渐变策略，并根据同一脊、谷线所呈现出的阴影线条之间的区域远近距离，匹配渐变颜色值，从而形成渐变式线条灰度以便表达阴影。最终，通过线条模型和阴影模型的融合，有效提升了素描画绘制效果。

参考文献

[1] HAEBERLI P. Paint by numbers: Abstract image representations[J]. ACM SIGGRAPH Computer Graphics, 1990, 24(4): 207-214.

[2] WINKENBACH G, SALESIN D H. Computer-generated pen-and-ink illustration[C]. Proceedings of the 21st Annual Conference on Computer Graphics and Interactive Techniques(SIGGRAPH 94), New York, USA, 1994: 91-100.

[3] HERTZMANN A. A survey of stroke-based rendering[J]. IEEE Transactions on Computer Graphics and Application, 2003, 23(4): 70-81.

[4] 罗鹏飞. 图像艺术风格化中的两个关键问题研究[D]. 西安: 西安理工大学, 2011.

[5] WAY D L, LIN Y R, SHIH Z C. The synthesis of trees in Chinese landscape painting using silhouette and texture strokes[J]. Journal of WSCG, 2002, 10: 499-507.

[6] LI B, XIONG C, WU T, et al. Neural abstract style transfer for chinese traditional painting[J]. Lecture Notes in Computer Science, 2019, 11362: 212-227.

[7] 刘静. 树木的计算机艺术风格化方法研究[D]. 西安: 西安理工大学, 2013.

[8] WANG Y H, CHANG X, NING X J, et al. Tree branching reconstruction from unilateral point clouds[J]. Lecture Notes in Computer Science, 2012, 7220(1): 250-263.

[9] ZHU C, ZHANG X P, JAEGER M, et al. Cluster-based construction of tree crown from scanned data[C]. Proceedings of the 3rd International Symposium on Plant Growth Modeling, Simulation, Visualization and applications(PMA 2009), Beijing, China, 2009: 352-359.

[10] WANG Y H, WANG L J, HAO W, et al. A stylization method of Chinese ink painting for 3D tree model[C]. Proceedings of the 13th ACM SIGGRAPH International Conference on Virtual-Reality Continuum and its Applications in Industry, Shenzhen, China, 2014: 201-204.

[11] SCHROEDER W J, ZARGE J A, LORENSON W E. Decimation of triangle meshes[J]. Computer Graphics, 1992, 26(2): 65-70.

[12] HAMMAN B A. Data reduction scheme for triangulated surfaces[J]. Computer Aided Geometric Design, 1994, 11(2): 179-214.

[13] HOPPE H, DEROSE T, DUCHAMP T, et al. Mesh optimization [J]. Computer Graphics, 1993, 27: 19-26.

[14] TURK G. Retiling polygonal surfaces[J]. Computer Graphics, 1992, 26(2): 55-64.

[15] FORSEY D, BARTELS R. Hierarchical B-spline refinement[J]. Computer Graphics, 1998, 22(4): 205-212.

[16] DEHAEMER M J, ZYDA M J. Simplification of objects rendered by polygonal approximations[J]. Computers and Graphics, 1991, 15(2): 175-184.

[17] 王刚. 基于点云的树叶真实感绘制方法研究[D]. 西安: 西安理工大学, 2013.

[18] WANG Y H, LIU J, HAO W, et al. A generation method of Chinese meticulous painting based on image[J]. Lecture Notes in Computer Science, 2015, 8971: 187-199.

[19] 范华, 秦茂玲. 基于轮廓线的非真实感绘制技术[J]. 计算机技术与发展, 2007, 17(10): 237-241.

[20] 王超. 基于点云的三维物体素描画模拟方法研究[D]. 西安: 西安理工大学, 2017.

[21] WANG Y H, ZHANG H H, NING X J, et al. Ridge-valley-guided sketch-drawing from point clouds[J]. IEEE Access, 2018, 6: 13697-13705.

[22] DEMARSIN K, VANDERSTRAETEN D, VOLODINE T, et al. Detection of feature lines in a point cloud by combination of first order segmentation and graph theory[C]. Proceedings SIAM conference on Geometric Design and Computing, Phoenix, USA, 2005: 1-15.

[23] DODSON B. Keys to Drawing[M]. Cincinnati: North Light Books, 1990.

[24] 吕海燕. 点云模型阴影线条画的绘制[D]. 济南: 山东大学, 2009.

[25] 周方白. 素描实践讲话[M]. 上海: 上海人民美术出版社, 1957.

[26] WANG Y H, NING X J, YANG C X, et al. A novel method for face detection across illumination changes[C]. Proceedings of 2009 WRI Global Congress on Intelligent Systems, Xiamen, China, 2019: 374-378.

[27] WANG Y H, NING X J, YANG C X, et al. A method of illumination compensation for human face image based on quotient image[J]. Information Sciences, 2008, 178(12): 2705-2721.